钒的化学、生物化学、药理学性质及应用

Vanadium Chemistry, Biochemistry, Pharmacology and Practical Applications

［加］艾伦·S. 特蕾西 Alan S. Tracey
［美］盖尔·R. 威尔斯基 Gail R. Willsky   著
［美］伊斯特·S. 竹内 Esther S. Takeuchi

主　译　杨金燕
副主译　张溅波　于雅琪　任艳丽

北　京
冶金工业出版社
2022

北京市版权局著作权合同登记号　图字：01-2020-6400

Vanadium Chemistry, Biochemistry, Pharmacology and Practical Applications 1st Edition / by Alan S. Tracey, Gail R. Willsky, Esther S. Takeuchi / ISBN：978-1-4200-4613-7
Copyright © 2007 by CRC Press.
Authorized translation from English language edition published by CRC Press, part of Taylor & Francis Group LLC; All rights reserved. 本书原版由 Taylor & Francis 出版集团旗下，CRC 出版公司出版，并经其授权翻译出版。版权所有，侵权必究。

Metallurgical Industry Press Co., Ltd. is authorized to publish and distribute exclusively the Chinese (Simplified Characters) language edition. This edition is authorized for sale throughout Mainland of China. No part of the publication may be reproduced or distributed by any means, or stored in a database or retrieval system, without the prior written permission of the publisher. 本书中文简体翻译版授权由冶金工业出版社有限公司独家出版并限在中国大陆地区销售。未经出版者书面许可，不得以任何方式复制或发行本书的任何部分。

Copies of this book sold without a Taylor & Francis sticker on the cover are unauthorized and illegal. 本书封面贴有 Taylor & Francis 公司防伪标签，无标签者不得销售。

图书在版编目（CIP）数据

钒的化学、生物化学、药理学性质及应用/杨金燕主译. —北京：冶金工业出版社，2021.1（2022.4 重印）
ISBN 978-7-5024-8679-2

Ⅰ.①钒… Ⅱ.①杨… Ⅲ.①钒—化学性质—研究 ②钒—生物化学—研究 ③钒—药理学—研究 Ⅳ.①O614.51

中国版本图书馆 CIP 数据核字（2021）第 010023 号

钒的化学、生物化学、药理学性质及应用

出版发行	冶金工业出版社	电　话	(010)64027926
地　　址	北京市东城区嵩祝院北巷 39 号	邮　编	100009
网　　址	www.mip1953.com	电子信箱	service@mip1953.com

责任编辑　于昕蕾　美术编辑　彭子赫　版式设计　孙跃红　禹 蕊
责任校对　郑　娟　责任印制　李玉山
北京虎彩文化传播有限公司印刷
2021 年 1 月第 1 版，2022 年 4 月第 2 次印刷
710mm×1000mm 1/16；14.75 印张；286 千字；219 页
定价 88.00 元

投稿电话　(010)64027932　投稿信箱　tougao@cnmip.com.cn
营销中心电话　(010)64044283
冶金工业出版社天猫旗舰店　yjgycbs.tmall.com
（本书如有印装质量问题，本社营销中心负责退换）

前　言

本书内容涵盖了时间跨度超过25年的研究，集中描绘了对氧化态钒的水配位反应的表征。最初，关于钒的水化学研究较少，但关于^{51}V核磁共振波谱的基本原理的研究已经起步，配体性质和配位几何对核磁共振波谱的影响也在逐渐得以明确。此时，只有一两个实验室认识到了核磁共振波谱学在钒形态研究中的作用。这种情况随后发生了改变，对这种技术在判断钒化合物形态方面的巨大价值的认识以及从大鼠实验中观察到的可以通过向饮食中添加钒来改善糖尿病的结果，均促进了这一科学领域的迅速发展。对一系列生物卤化和氧化反应起催化作用的钒依赖型卤代过氧化物酶的发现进一步促进了对钒化学（尤其是涉及过氧化氢的化学过程）的深入了解。

本书是建立在一个复杂的层次结构基础上进行讨论的，而非简单按时间顺序罗列前人的研究结果。涉及了对^{51}V核磁共振波谱的一些基本原理的探讨，并紧接着描述了一些有关钒酸盐自缩合的反应。之后还介绍了钒酸盐与一些简单的单齿配体之间的反应，这些反应可能会促使一些更为复杂的大分子结构的形成，如二醇、含氧酸、氨基酸、肽等。对以上方面在接下来均会进行讨论，但目前最主要的关注点是配位电子性质对配位和反应活性的影响。对比分析了配体（特别是过氧化氢和羟基胺配体）对杂配体反应活性的影响，简要讨论了钒依赖型环过氧化物酶及其模型体系。此外，还讨论了环境中的钒以及一些技术应用。由于钒污染与钒化学有着千丝万缕的联系，本书还就钒污染进行了一些讨论。需要指出的是，本书对于氧化态钒以外的讨论较少，也不对钒的氧化还原活性进行深入探讨，除非在必要时简要提及。

前 言

然而，书中确实囊括了对过钒酸盐和卤代过氧化物酶模型化合物的催化反应的简要讨论。

本书包括了对钒环过氧化物酶和钒的生物和生化活性以及潜在的药理学应用的讨论。基于前文的探讨，最后几章延伸介绍了今后钒可能在纳米技术、可回收的氧化还原电池和银/钒氧化物电池一些方面的应用。

致 谢

感谢布法罗（Buffalo）大学的医学和生物医学科学办公室的医学计算中心的阿特金森（Tecla R. Atkinson）绘制了第10章和第11章中的生物学图像。感谢布法罗大学的生物化学系的布卢门塔尔（Kenneth Blumenthal）博士和纽约（NY）州布法罗（Buffalo）市的豪普特曼·伍德沃德（Hauptman-Woodward）医学研究所的科迪（Vivian Cody）博士对第11章的批判性审查。感谢竹内（Kenneth J. Takeuchi）博士和玛希洛克（Amy Marschilok）博士对第13章的贡献。

竹内（Kenneth J. Takeuchi）博士于1975年以优异成绩获得辛辛那提（Cincinnati）大学的学士学位，1981年获得俄亥俄（Ohio）州立大学化学博士学位。她在北卡罗来纳（North Carolina）大学卡佩尔希尔（Chapel Hill）分校从事了两年的化学方向的博士后工作。1983年，她接受了纽约（NY）州立大学布法罗（Buffalo）分校（UB）的化学方向的助理教授的职位；她于1990年被授予了终身职位并晋升为副教授，1998年晋升为教授。竹内教授曾在阿科化学（ARCO Chemical）公司担任顾问5年，并在过去5年担任格雷特巴奇（Greatbatch）公司的顾问。她以作者或共同作者身份发表了75篇论文，在各种科学会议上发表了140多篇演讲。她的研究领域包括钌的配位化学、配体对过渡金属化学的影响、电化学、材料化学和电池相关化学。

艾米·马希洛克（Amy Marschilok）博士于1999年以优异成绩获得纽约州立大学布法罗分校的化学学士学位，并于2000年加入斐陶斐荣誉学会（Phi Beta Kappa）。她于2004年获得了纽约州立大学布法罗分校的博士学位，并于同年获得了该校化学系优秀教学奖中的杰出助教奖。自 2004 年以来，她一直以高级科学家的身份在纽约（NY）州克拉伦斯（Clarence）的（Greatbatch）公司从事电池研发的工作。自 2004 年起，她还义务作为纽约州立大学布法罗分校的研究助理，协助培养本科生。她以共同作者身份发表了 10 篇同行评议论文和 14 篇研究报告。

作者简介

特雷西（Alan S. Tracey）博士的研究领域主要涉及两个方面，即液晶表面活性剂材料和钒（V）的水化学，并重点关注这两方面在生化方面的应用。他以作者身份出版了 150 份科学出版物。他在加拿大不列颠（British）哥伦比亚（Columbia）大学获得荣誉化学学士学位，在西蒙弗雷泽（Simon Fraser）大学获得博士学位。他在巴西、瑞士和澳大利亚完成了博士后工作后，回到并供职于西蒙弗雷泽（Simon Fraser）大学，并于近期提前退休。

威尔斯基（Gail R. Willsky）博士在剑桥（Cambridge）麻省理工学院（Massachusetts Institute of Technology）获得生物物理学学士学位，并在波士顿（Boston）塔夫茨（Tufts）大学微生物系获得博士学位。她在马萨诸塞州（Massachusetts）剑桥的哈佛大学（Harvard）的生物系的美国国立卫生研究院（NIH）从事博士后和生物化学研究助理的工作。随后，威尔斯基调任到纽约（NY）州立大学布法罗（Buffalo）分校（UB）的生物化学系担任助理教授，目前是该系的副教授。她曾以访问学者身份在法国斯特拉斯堡（Strasbourg）的国家科研中心（CNRS）的基因实验室和南加州（Southern California）大学医学院的生理学系进行访学。

她最初致力于生物细胞膜方面的研究，首先是关于大肠杆菌（*Escherichia coli*）中的磷酸盐转运，然后是酿酒酵母（*Saccharomyces cerevisiae*）的细胞膜上的质子 ATP 酶。在分离酵母中具有钒酸盐抗性的突变体时，她对口服钒盐缓解糖尿病症状这一现象产生了浓厚的研究兴趣，并将她的研究重点转向了这一领域。她以通过细胞培养和 STZ 诱导所得的糖尿病大鼠模型和人类 II 型糖尿病患者为研究对象，研究了含钒盐及复合物的胰岛素增强机制。美国国立卫生研究院、美国心脏协会和美国糖尿病协会均向她的这项工作提供了资助。威尔斯基在世界各地进行讲学，并发表了这方面的研究论文和书籍章节。

威尔斯基在教育方面也做出了卓越的贡献，她在纽约州立大学布法罗分校开设生物化学本科课程的同时，指导了超过75名高中生、本科生、医学生或研究生的实验室研究。她还推进了妇女参与科学研究的运动，是布法罗大学性别学会执行委员会的成员，也是妇女科学协会（AWIS）布法罗分会主席。她因在布法罗大学，与妇女科学协会、2001年泛美妇女馆和国际崇德社（Zonta International）合作，开发了一个名为"想象自己是一名科学家"的职业计划，获得了布法罗地区少数民族工程意识组织颁发的特别成就奖。该计划目前已纳入中学课程体系中。

竹内（Esther S. Takeuchi）博士是格雷特巴奇（Greatbatch）公司电池研发组和卓越中心的执行董事。自从加入电池研究中心以来，她一直致力于锂电池的研究和应用。植入式心脏除颤器电源的开发是她研究的一个重点。她的工作受到多个组织的表彰，其中包括纽约西部（WNY）美国化学学会为表彰她在医用电池应用方面的创新性的研究工作而向她颁发的雅各布·F·舍尔科夫（Jacob F. Schoellkopf）奖，电化学学会为表彰她在锂/银钒氧化物电池开发方面的贡献，而向她颁发技术奖（电池方向），布法罗州立大学社区咨询委员会颁发的杰出科学成就奖，美国大学妇女协会颁发的杰出女性奖，以及德尤维尔（D'Youville）学院颁发的医疗成就奖。她还是美国医学和生物工程研究所的研究员，曾入选纽约西部女性名人堂，是一位拥有130项专利的发明家。2004年，她正式当选为国家工程院院士。

在加入格雷特巴奇公司之前，竹内博士获得了宾夕法尼亚（Pennsylvania）大学的化学和历史双学士学位，并在俄亥俄（Ohio）州立大学完成了化学博士学位的攻读。她还完成了在北卡罗来纳（North Carolina）大学和纽约州立大学布法罗分校的博士后工作。

译 者 的 话

钒是21世纪化学工业的金属"维生素",同时也是环境中的重要污染物,其毒性对整个生态系统和人体健康造成重要影响。与此同时,钒还是治疗糖尿病药物的重要成分,在药理学及医学中有重要作用。目前国内外对钒化学、药理学的研究逐步增多,但我国还没有集中于钒的化学、生物化学和药理学特征的专著。现出版本书,在指导思想上主要侧重钒的化学和生物化学特征及药理学作用的阐述,同时还涉及对钒的应用的介绍。涉及的内容对与元素钒相关的环境学、生物学、药学、医学、材料学及化学工程学等众多学科的研究均有一定的指导作用。对于有机会能将这一钒领域的经典著作翻译成中文,并为国内相关专业科研工作者提供参考,我们整个团队都感到十分荣幸,并本着严谨负责的态度,花费近两年的时间,终于完成了全书的校译工作。

本书共分为13个章节。其中,第1、3、7和8章由杨金燕翻译,第2章由廖瑜亮翻译,第4章由朱燕园翻译,第5章由简宏先和赵新悦共同翻译,第6章由何文艳翻译,第9章由罗后巧翻译,第10章由于雅琪翻译,第11章由李金鑫翻译,第12章由郑伟长和赵新悦共同翻译,第13章由武振中翻译。此外,初稿完成后,全部译者组成员均参与了校订工作,最后,全书由杨金燕、于雅琪、张溅波、任艳丽完成统编。

由衷地感谢原著作者 Alan S. Tracey 博士、Gail R. Willsky 博士和 Esther S. Takeuchi 博士以及为这部力作的诞生付出了心血的学者们,是他们严谨认真的工作推动了钒研究领域的发展。

需要特别说明的是,我们自始至终以忠于原著为首要原则进行本书的编译及校对,但限于能力、水平以及语言差异,加之原著作涉及

译者的话

较多的学科领域，疏漏之处在所难免。因此，我们恳请广大读者们在阅读和使用本书的过程中，不吝赐教，批评指正，欢迎随时与我联系（yanyang@scu.edu.cn）。我们将仔细斟酌考虑每一条对本译作的改进有所帮助的宝贵建议，并在后续重印时做出相应的修订。期待本译作能对国内从事钒以及相关研究的同仁及莘莘学子有所帮助。

杨金燕

2020年6月于四川大学

目　录

1　绪论 ……………………………………………………………… 1
1.1　V(V) …………………………………………………………… 2
1.2　V(Ⅱ)、V(Ⅲ) 和 V(Ⅳ) ………………………………………… 2
参考文献 ………………………………………………………………… 4

2　钒酸盐的形态 ………………………………………………… 7
2.1　检测方法 …………………………………………………… 7
2.1.1　^{51}V NMR 波谱 ……………………………………… 8
2.1.2　pH 值对钒化学位移的影响 ……………………… 10
2.1.3　^{51}V NMR：相关谱和交换谱 ……………………… 11
2.1.4　^{1}H 和 ^{13}C NMR 波谱 ……………………………… 12
2.1.5　^{17}O NMR 波谱 ………………………………………… 13
2.1.6　亲脂溶液中的 NMR 波谱 ………………………… 14
2.2　钒酸盐自缩合反应 ………………………………………… 17
2.2.1　常见的钒酸盐 ……………………………………… 17
2.2.2　钒酸盐十聚体 ……………………………………… 21
2.3　钒配合物的化学计量 ……………………………………… 23
参考文献 ………………………………………………………………… 23

3　钒酸盐的单齿配体 …………………………………………… 28
3.1　醇类及酚类 …………………………………………………… 28
3.1.1　伯醇、仲醇、叔醇 ………………………………… 28
3.1.2　酚 ……………………………………………………… 30
3.2　胺类及酸类 …………………………………………………… 30
3.2.1　脂肪族和芳香族胺类 ……………………………… 30
3.2.2　羧酸、磷酸盐、砷酸盐和硫酸盐 ………………… 31
3.2.3　含巯基配体 ………………………………………… 31
参考文献 ………………………………………………………………… 32

目 录

4 钒酸盐与多齿配体的水相反应 …… 34

4.1 乙二醇、α-羟基羧酸和二羧酸 …… 34
- 4.1.1 乙二醇：环己烷二醇、碳水化合物和核苷 …… 35
- 4.1.2 α-羟基羧酸、麦芽酚 …… 39
- 4.1.3 二羧酸：草酸、丙二酸和琥珀酸 …… 43

4.2 异羟肟酸 …… 44

4.3 含硫酸盐配体 …… 46
- 4.3.1 β-巯基乙醇和二硫苏糖醇 …… 46
- 4.3.2 二（2-巯基乙基）醚、三（2-巯基乙基）胺及相关配体 …… 47
- 4.3.3 半胱氨酸、谷胱甘肽、氧化谷胱甘肽和其他二硫化物 …… 47

4.4 氨基醇及其配体 …… 48
- 4.4.1 二元氨基醇和二胺 …… 48
- 4.4.2 多齿氨基醇：二乙醇胺及其衍生物 …… 48

4.5 氨基酸及其衍生物 …… 51
- 4.5.1 乙二胺-N,N′-二乙酸及其类似物 …… 51
- 4.5.2 吡啶羧酸类、吡啶羟基类和水杨酸 …… 53
- 4.5.3 酰胺类化合物 …… 55

4.6 α-氨基酸和二肽 …… 55
- 4.6.1 α-氨基酸 …… 55
- 4.6.2 二肽 …… 56

4.7 其他多齿配体 …… 65

参考文献 …… 67

5 钒酸盐与过氧化氢和羟胺的配位 …… 74

5.1 过氧化氢 …… 75

5.2 羟胺 …… 79

5.3 过氧钒酸盐和羟胺钒酸盐的配位几何结构 …… 80

参考文献 …… 87

6 过氧化钒酸盐的反应 …… 91

6.1 二过氧化钒酸盐的杂配体反应 …… 91
- 6.1.1 单齿杂配体的配位 …… 91
- 6.1.2 氧代二过氧钒酸盐的多齿杂配体配位反应 …… 95

6.2 单过氧钒酸盐与杂多酸的反应 …… 97

6.2.1 钒与氨基酸、吡啶甲酸酯和二肽的配位反应 …………………… 97
  6.2.2 α-羟基羧酸的配合作用 …………………………………………… 101
 6.3 过氧钒酸盐的氧转移反应 …………………………………………… 103
  6.3.1 卤化物的氧化 ……………………………………………………… 104
  6.3.2 硫化物的氧化 ……………………………………………………… 105
 参考文献 ……………………………………………………………………… 106

7 钒酸羟胺的液态反应和 NMR 波谱学特征 ……………………………… 111

 7.1 钒酸羟胺与杂配体的相互作用 ……………………………………… 111
 7.2 钒酸羟胺配合物的 NMR 波谱学特征 ……………………………… 112
 参考文献 ……………………………………………………………………… 116

8 钒酸盐低聚体的反应 ……………………………………………………… 118

 8.1 较小的低聚体 ………………………………………………………… 118
 8.2 钒酸盐十聚体 ………………………………………………………… 121
 参考文献 ……………………………………………………………………… 122

9 配体性质对产物结构和反应活性的影响 ……………………………… 124

 9.1 烷基醇 ………………………………………………………………… 124
 9.2 乙二醇、α-羟基酸和草酸酯 ………………………………………… 127
 9.3 双过氧钒酸盐和双羟胺钒酸盐：杂配体反应活性 ………………… 128
 9.4 酚类化合物 …………………………………………………………… 130
 9.5 二乙醇胺 ……………………………………………………………… 131
 9.6 反应活性模式 ………………………………………………………… 132
 参考文献 ……………………………………………………………………… 133

10 生物系统中的钒 …………………………………………………………… 136

 10.1 钒在环境中的分布 …………………………………………………… 136
 10.2 钒配合物 ……………………………………………………………… 138
 10.3 钒转运及结合蛋白 …………………………………………………… 139
 10.4 含钒的酶 ……………………………………………………………… 141
  10.4.1 固氮酶 …………………………………………………………… 141
  10.4.2 钒卤代过氧化物酶 ……………………………………………… 142
 参考文献 ……………………………………………………………………… 146

目录

11 钒化合物对生物系统的影响 ········ 152
11.1 钒化合物对生物系统的作用：细胞生长、氧化还原路径和酶 ········ 152
11.1.1 钒含量与氧化还原反应 ········ 153
11.1.2 钒化合物对磷酸盐代谢酶的抑制作用 ········ 156
11.1.3 钒化合物对细胞生长发育的影响 ········ 159
11.1.4 钒的营养与毒理学 ········ 161
11.2 钒的药理学特性 ········ 162
11.2.1 钒作为糖尿病治疗药物的研究进展 ········ 163
11.2.2 钒作为癌症的治疗剂 ········ 169
11.3 钒的治疗和细胞凋亡机制 ········ 171
11.3.1 作为钒治疗机制之一的细胞氧化还原反应 ········ 171
11.3.2 作为治疗机制之一的钒与信号转导级联的相互作用 ········ 171
11.4 总结 ········ 176
参考文献 ········ 179

12 技术发展 ········ 193
12.1 分子网络和纳米材料 ········ 193
12.2 钒氧化还原电池 ········ 194
12.3 银钒氧化物电池 ········ 196
参考文献 ········ 196

13 银钒氧化物材料的制备、表征及其在电池上的应用 ········ 198
13.1 引言 ········ 198
13.2 银钒氧化物及相关材料的制备、结构和反应活性 ········ 198
13.3 银钒氧化物的电池应用 ········ 205
13.3.1 最初的银钒氧化电池 ········ 207
13.3.2 可再充电的银钒氧化物电池 ········ 211
13.4 总结 ········ 214
参考文献 ········ 215

1 绪 论

钒是一种广泛分布的元素，已发现其存在于约 65 种矿物中，且含量普遍较低。钒占地壳组成的 0.014%，在过渡金属元素中其丰度排第五。在其他金属矿床中可以发现钒的存在，尤其是钛磁铁矿和钒钾铀矿。在一些石油和煤炭沉积物中也发现了浓度相对较高的钒。因此，当这些矿床被开发利用时，会造成严重的污染危害。特别是燃气和燃油设备的灰分中通常含有 10% 以上的钒。在一些淡水中也发现了高浓度的钒，美国环境保护署将钒列为重点关注的金属。海水中钒的浓度约为 30nmol/L，并且其浓度随区域变化很大。金属态钒与其他一些金属添加剂被用于各种不锈钢的生产中，它也是一些超导合金的组成部分。同时，钒能催化 CO 歧化生成 C 和 CO_2。钒的氧化物（V_2O_5）作为一种功能强大、用途广泛的催化剂，已被广泛应用于工业过程中，并在纳米材料领域得到了最新应用；而过氧钒酸盐常被用作有机合成中的氧化剂，并存在于天然酶中，如钒卤代过氧化物酶。

钒最常见的氧化态为 +2、+3、+4 和 +5 价，但也存在 +1、0 和 −1 价。+3~+5 价的氧化态钒可以在溶液中存在，这三种氧化态都有已知的生物学意义，即使其功能可能尚不明确。

直到 21 世纪初，人们对钒的氧化态了解最多的是 V(Ⅳ)。但高场核磁共振（NMR）光谱仪的应用改变了这种情况，它为详细了解 V(Ⅴ) 氧化态提供了有效手段。事实上，从 20 世纪八九十年代以来，特别是在水相中，V(Ⅴ) 化合物的研究已经有了很大的发展。

V(Ⅴ) 化学研究的动力主要来自与 V(Ⅴ) 相关的生物化学活动的多样性。V(Ⅴ) 存在于天然钒卤代过氧化物酶中，但除此之外，各种 V(Ⅴ) 的配合物对酶活性都有很大的影响，既可以抑制大量酶的活性，也可以促进另一些酶的活性。另外，氧化钒在糖尿病动物中具有明显的模拟胰岛素或增强胰岛素的作用。尽管进行了大量研究，但导致这种行为的钒的特定机制仍是未知的。已有大量致力于获取高度有效的类胰岛素化合物的研究。许多化合物具有基本相同的活性，这表明类胰岛素化合物的功能还处于未被完全了解的水平。类胰岛素效应可能来自对多种酶功能的同时修饰，而配体的作用是确保钒能被有效地转运至合适的位点。过氧钒酸盐的情况有所不同。这些钒配合物通常是非常有效的类胰岛素物质，至少在细胞培养过程中是这样的。这些配合物是很好的氧化剂，并且通过氧化机制起作用。然而，只有建立这些配合物的功能选择性，它们才能成功应用于动物模型中。

钒污染的潜在危害、钒在生物酶系统中的功能、钒在众多酶功能中所扮演的角色及钒的类胰岛素作用均是密不可分的。对这些功能的理解关键在于了解这些功能所依据的化学基础。钒的化学性质很大程度取决于 V(Ⅳ) 和 V(Ⅴ)，但显然不仅仅取决于这些氧化态。事实上，钒氧化态之间的氧化还原相互作用可能是钒生物学功能的一个关键方面，尤其是在诸如钒固氮酶之类的酶中，其中氧化还原反应是酶功能的基础。

1.1 V(Ⅴ)

V(Ⅴ) 氧化态的研究是本书的重点，尤其侧重于 V(Ⅴ) 含氧阴离子和钒酸盐的溶液化学方面。另外，本书也对 V(Ⅴ) 的生物化学、药理学及技术应用予以介绍。其化学行为的介绍包括钒酸盐的自缩合作用及其与单齿及多齿配合物的反应以及相应的配位几何构型。研究者对混合配位化学特别有研究兴趣，混合配位化学是相关研究不可分割的一部分。综合分析配位化学的各个方面表明，配体的供电子能力对钒配位和反应有显著和系统的影响。高氧化态的钒对许多生物过程具有显著的影响，并具有生物、营养和药理多方面影响，包括在治疗糖尿病和癌症方面的应用潜力。本书将阐述导致这些行为的可能机制。同时本书将对钒卤代过氧化物酶做简要介绍，并介绍模拟这些酶的功能的模型化合物。此外还将介绍钒在生物圈中的分布及陆地和海洋生物中的钒。

钒科学技术的发展为本书的后两章奠定了基础。各种形式的 V_2O_5 聚合物在纳米材料研究中显现出了巨大的潜力。该领域的研究尚处于起步阶段，但其潜在的应用价值已被认可。钒电池已被开发出来并已应用在大型和小型设备中。锂/银氧化钒电池植入设备在医疗上具有重要的应用。

1.2 V(Ⅱ)、V(Ⅲ) 和 V(Ⅳ)

本书中未对 V(Ⅱ)、V(Ⅲ) 和 V(Ⅳ) 三种氧化态做详细讨论，但这些氧化态钒同样具有重要的化学性质及生物学意义。对这些氧化态钒的最广泛的认识是海鞘对钒的积累，海鞘通过还原机制将 V(Ⅴ) 以 V(Ⅲ) 形式富集在被称为钒细胞的改良血细胞中，钒细胞中钒浓度是海水中钒浓度的 10^6 倍。关于 V(Ⅲ) 在海洋被囊动物[1~3]和多毛纲蠕虫[4]体内的生物化学和生物学意义开展了大量的研究。这些氧化态钒最重要的生化作用可能在于它们对固氮酶的影响。V(Ⅲ) 和 V(Ⅱ) 氧化态在钒固氮酶的氧化还原循环中均有重要功能。它们可以替代钼参与氮-固定酶系统。在钼缺乏的情况下，钒固氮酶将发挥作用，更重要的是，当环境温度显著降低时，它们比钼固氮酶更有效[5,6]。因而，钒固氮酶在北极和高

1.2 V(Ⅱ)、V(Ⅲ) 和 V(Ⅳ)

山环境中可能具有重要作用。

$V^{2+}(aq)$ 氧化态在水溶液中不稳定。$V^{2+}(aq)$ 的氧化还原电位使其能够将氢离子还原为氢气，同时生成 $V^{3+}(aq)$。因而，在还原条件下 V(Ⅱ) 氧化态才能够得以维持。$V^{2+}(aq)$ 离子同 6 个水配体形成八面体配合物，八面体配位是 V(Ⅱ) 的特征。氮的作用是提供良好的连接中心，并可作为多齿配体的一个官能团，例如二元胺[7]和吡啶[8]。最多可以将 4 个吡啶配合到 V(Ⅱ) 中心。吡啶的配合是逐步进行的并且非常顺畅。一摩尔当量的吡啶与 V(Ⅱ) 在水溶液中反应的形成常数为 11L/mol[8]。与之相比，V(Ⅴ) 与吡啶的相互作用非常弱，只有在吡啶浓度较高的条件下，才能观察到双吡啶配合物[9]。

与 V(Ⅱ) 不同，V(Ⅲ) 和 V(Ⅳ) 氧化态在水中是稳定的。尽管在酸性条件下这些氧化态都比较稳定，然而，在中性或碱性条件下，且有氧存在时，V(Ⅲ) 和 V(Ⅳ) 氧化态都很难维持。令人吃惊的是，V(Ⅳ) 比 V(Ⅲ) 更容易被 O_2 氧化。在酸性溶液中，V(Ⅲ) 离子以六水八面体配合物的形式存在，在一定 pH 条件下，V(Ⅲ) 可以通过去质子化形成 V(Ⅱ) 和 V(Ⅰ)。另外，已探明钒的二聚体、三聚体、四聚体，目前已经给出了其结构式并确定了其形成常数[10]。也已探明在硫酸盐存在时钒的各种聚合形式（尤其是与钒生物积累浓度相关的聚合物的聚合形式）[10]。

V(Ⅲ) 配合物通常是八面体配位，尽管其他配位方式或构型也是常见的，特别是采用三角双锥体等大的配体时常以其他构型存在。含氮和氧的多齿配体，如氨基聚羧酸盐是常见的 V(Ⅲ) 强配体[11]。含这种配体的配合物一般都是单核的，但是与一些配体以适当的结构进行配合，也可以形成双核结构。二聚化是通过氧提供氧桥形成的。然而，与适当的含有烷氧基的三齿配体进行配位时，通过双桥接烷氧基形成环状 $(VO)_2$ 核也可以发生二聚化作用。含硫配体也可以同 V(Ⅲ) 发生配位作用。比如硫醇盐就是很好的配合剂[12,13]，而 V(Ⅲ) 硫聚合物是在原油脱硫过程中形成的。

硫酸盐本身可以和 V(Ⅲ) 形成配合物，当有适当的 V(Ⅲ) 配体存在时，例如同草酸盐配体，会形成结晶 V(Ⅲ) 硫酸盐聚合物，在聚合物中硫酸盐作为双齿桥接配体存在[11]。虽然聚合物在溶液中水解为以双草酸钒配合物为主的物质，但一些硫酸盐配合物仍旧可以存在。与草酸盐以外的配体如氨基吡啶相比，硫酸盐更易与钒发生配位，它能以单齿或双齿的形式参与配位过程。钒也会通过与铁/硫结合而被固定在钒固氮酶的催化部位，在钒固氮酶中 V(Ⅲ) 参与了氧化还原过程。在 $[VFe_3S_4]^{2+}$ 簇中有非常显著的电子离域作用，这使得探明钒的氧化态变得困难。然而，钒氧化态大多数是 V(Ⅲ) 氧化态[14]。与 V(Ⅳ) 和 V(Ⅴ) 不同，强烈的钒氧结合并不是 V(Ⅲ) 的主要水化学性质。

V(Ⅳ)(aq) 同 V(Ⅲ) 和 V(Ⅴ) 一样，由于 pH 值不同而存在各种离子态，包括 $VO(H_2O)_5^{2+}$、$VO(OH)(H_2O)_4^+$ 及 $(VOOH)_2(H_2O)_n^{2+}$ 双核钒配合物。在这些形式的阳离子中，在酸性条件下存在的 V(Ⅳ) 是高度水溶性的。然而，在弱酸性条件下，即当 pH 值在 4 左右，V(Ⅳ) 多为非离子态，形成水合氧化物 $VO_2 \cdot nH_2O(K_{sp} \approx 10^{-22})$，其溶解性低并会从溶液中沉淀出来，从而使其溶液浓度水平较低。然而，有人认为 V_2O_4 更难溶[15]。在碱性条件下，V_2O_4 氧化物可以重新溶解形成阴离子化合物 $VO(OH)_3^-$。显然，这种化合物是电子顺磁（EPR）静默的，这表明它至少是一种二聚体物质。

VO^{2+} 的性质对于 V(Ⅳ) 的化学特性至关重要。V=O 键强烈结合，通常键长约为 1.6nm，与其在 V(Ⅴ) 氧化物中的键长值相似。V(Ⅳ) 倾向于与氧结合，这种键的强度直接关系到配位的好坏。它强烈影响所连接的配体组位置，因此强烈影响 V(Ⅳ) 配合物的配体取向。四方锥配位是较易发生的配位模式，VO 键垂直突出于其他配位原子所在的平面。VO 键对面的空位为强配位体的配位提供了空间，因而能够形成六配位配合物。

各种类型的单齿、二齿、三齿和四齿配位基都易与 VO^{2+} 形成配合物。典型的配位功能组为 O、N 和 S，所以 V(Ⅳ) 对生化系统具有强烈的影响。氧化还原型谷胱甘肽、抗坏血酸、核苷酸和单糖等与生物化学相关的配体都是良好的配合剂[16,17]。已有研究详细介绍了 V(Ⅳ) 的配位化学，其讨论了众多 V(Ⅳ) 配合物的形成和结构属性[18]。许多顺磁性配合物的结构细节很难被探明，特别是在晶体化合物不能被用于 X 射线分析的情况下。这个问题在一定程度上通过利用电子核双共振（ENDOR）光谱中的冷冻溶液可以解决。这种技术可以精确测量超精细耦合，这些耦合依赖于相互作用的原子核之间的距离，其可以提供详细的结构信息。在各种 V(Ⅳ) 配合物的研究中该技术的应用已有详细的讨论，包括那些由核苷酸、氨基酸、卟啉和其他有机化合物配体形成的配合物[19]。

参考文献

[1] Ueki, T., N. Yamaguchi, and H. Michibata. 2003. Chloride channel in vanadocytes of a vanadium-rich ascidian Ascidia sydneiensis samea. Comp. Biochem. Physiol. B: Biochem. Mol. Biolog. 136: 91-98.

[2] Michibata, H., T. Uyama, and K. Kanamori. 1998. The accumulation mechanism of vanadium by ascidians. In Vanadium compounds. Chemistry, biochemistry and therapeutic applications, A. S. Tracey and D. C. Crans (Eds.), American Chemical Society, Washington, D. C., pp. 248-258.

[3] Smith, M. J., D. E. Ryan, K. Nakanishi, P. Frank, and K. O. Hodgson. 1995. Vanadium in ascidians and the chemistry of tunichromes. In Vanadium and its role in life. H. Sigel and A. Si-

gel (Eds.), Marcel Dekker, Inc., New York, pp. 423-490.

[4] Ishii, I., I. Nakai, and K. Okoshi. 1995. Biochemical significance of vanadium in a polychaete worm. In Vanadium and its role in life. H. Sigel and A. Sigel (Eds.), Marcel Dekker, Inc., New York, pp. 491-509.

[5] Miller, R. W. and R. R. Eady. 1988. Molybdenum and vanadium nitrogenases of Azotobacter chroococcum. Low temperature favours N_2 reduction by vanadium nitrogenase. Biochem. J. 256: 429-432.

[6] Eady, R. R. 1990. Vanadium nitrogenases. In Vanadium in biological systems. N. D. Chasteen (Ed.), Kluwer Academic Publishers, Dordrecht, pp. 99-127.

[7] Niedwieski, A. C., P. B. Hitchcock, J. D. DaMotta Neto, F. Wypych, G. J. Leigh, and F. S. Nunes. 2003. Vanadium (II)-diamine complexes: Synthesis, UV-Visible, infrared, thermogravimetry, magnetochemistry and INDO/S characterisation. J. Braz. Chem. Soc. 14: 750-758.

[8] Frank, P., P. Ghosh, K. O. Hodgson, and H. Taube. 2002. Cooperative ligation, back-bonding, and possible pyridine-pyridine interactions in tetrapyridine-vanadium (II): A visible and x-ray spectroscopic study. Inorg. Chem. 41: 3269-3279.

[9] Galeffi, B. and A. S. Tracey. 1989. 51-V NMR investigation of the interactions of vanadate with hydroxypyridines and pyridine carboxylates in aqueous solution. Inorg. Chem. 28: 1726-1734.

[10] Meier, R., M. Boddin, S. Mitzenheim, and K. Kanamori. 1995. Solution properties of vanadium (III) with regard to biological systems. Met. Ions Biolog. Syst. 31: 45-88.

[11] Kanamori, K. 2003. Structures and properties of multinuclear vanadium (III) complexes: Seeking a clue to understand the role of vanadium(III) in ascidians. Coord. Chem. Rev. 237: 147-161.

[12] Money, J. K., K. Folting, J. C. Huffman, and G. Christou. 1987. A binuclear vanadium (III) complex containing the linear $[VOV]^{4+}$ unit: Preparation, structure, and properties of tetrakis (dimethylaminoethanethiolato) oxodivanadium. Inorg. Chem. 26: 944-948.

[13] Hsu, H. F., W. C. Chu, C. H. Hung, and J. H. Liao. 2003. The first example of a seven-coordinate vanadium (III) thiolate complex containing the hydrazine molecule, an intermediate of nitrogen fixation. Inorg. Chem. 42: 7369-7371.

[14] Carney, M. J., J. A. Kovacs, Y. P. Zhang, G. C. Papaefthymiou, K. Spartalian, R. B. Frankel, and R. H. Holm. 1987. Comparative electronic properties of vanadium-iron-sulfur and molybdenum-iron-sulfur clusters containing isoelectronic cubane-type $[VFe_3S_4]^{2+}$ and $[MoFe_3S_4]^{3+}$ cores. Inorg. Chem. 26: 719-724.

[15] Baes, C. F. and R. E. Mesmer. 1976. The hydrolysis of cations. Wiley Interscience, New York, pp. 193-210.

[16] Baran, E. J. 1995. Vanadyl (IV) complexes of nucleotides. Met. Ions Biolog. Syst. 31: 129-146.

[17] Baran, E. J. 2003. Model studies related to vanadium biochemistry: Recent advances and perspectives. J. Braz. Chem. Soc. 14: 878-888.

[18] Maurya, M. R. 2003. Development of the coordination chemistry of vanadium through bis (acetylacetonato) oxovanadium (Ⅳ): Synthesis reactivity and structural aspects. Coord. Chem. Rev. 237: 163-181.

[19] Makinen, M. W. and D. Mustafi. 1995. The vanadyl ion: Molecular structure of coordinating ligands by electron paramagnetic resonance and electron nuclear double resonance. Met. Ions Biolog. Syst. 31: 89-127.

2 钒酸盐的形态

2.1 检测方法

一般来说,对水溶液中钒酸盐的形态研究通常以紫外-可见光分光度法(UV/vis法)和电化学法作为主要工具。然而,与钒酸盐相关的复杂化学过程使大部分的早期工作付诸东流,但并不是全部。反应液通常包含大量理论上无法确定的产物。准确描述化学过程的工作就像在不知道碎片形状以及数量的情况下做拼图谜题。直到借助高场NMR波谱仪的 ^{51}V NMR波谱法出现,一个可能能够详尽阐释钒(V)化学过程的工具才就此产生。已证明核磁共振(NMR)波谱与电势测定相结合是一个行之有效的测定钒(V)的手段。此外,X射线衍射研究也是一个重要的信息来源,但在任何情况下,要描述溶液中的化学过程就必须非常谨慎地使用这些信息。

溶液中发生的各种化学反应所产生的电极响应阻碍了电势法在复杂化学平衡研究上的应用。系统的表征依赖于氢离子和反应物浓度对所测电压的影响。继而,模拟化学系统,并将观测值与模拟值进行比较。特定化学平衡电极响应经常存在微弱差异,因此,溶液电势不能恰当地区分化学平衡的移动,电势测定只能粗略地描述反应体系。在极复杂体系的化学平衡研究中,UV/vis法基本上是一个分辨率非常低的无效方法,但对不太复杂的体系,它可以提供有用的信息,特别是在许多反应受限制的特殊情况下,其应用价值特别高,例如对于发生强配位配体的研究,通常需要充分稀释反应物才能探究其平衡反应。

电喷雾电离/质谱法是一种间接获得溶液结构信息的方法。这种技术要把液滴喷射到电场室中。液滴因喷射而变得高度带电,从而形成无数直径约 $10\mu m$ 的微小带电液滴。这些小液滴迅速蒸发,并在该过程中释放带电离子到质谱仪的入口。分析所得碎片数据可获得分子质量和分子结构的详细信息。对于在毫秒时间内发生化学变化的配合物,液滴蒸发带来的酸度和浓度变化会给结果的解释造成困难。认真识别这些因素是应用此方法的关键。该技术对钒配合物的研究具有重要价值,例如它主要被用于研究基于过氧钒酸盐的卤代过氧化物酶配合物模型[1,2]。有必要将研究转向用来自中间产物的证据建立可能的反应路径,例如对过氧钒酸盐的氧化机理研究。

^{51}V NMR波谱通常是研究复杂平衡或获得结构数据的首选方法。原则上,在

多数情况下可观察到所有反应物和产物种类的信号。图 2-1 中的 NMR 波谱显示了 ^{51}V 原子核的典型波谱色散。pH 值或反应物浓度的变化通常不影响正确解析波谱中的固有信息。NMR 法和电势法的结合很大程度上增加了 NMR 研究的精确性和冗余性。当 NMR 谱中出现信号重叠时，或者当某些平衡极易发生以至于某些反应物或产物浓度较难测定结果时，这种联合技术特别有效。当配体有未配位的、经过质子化/去质子化反应的侧链时，电位分析法的优势显著。这样的反应往往难以仅使用 NMR 来表征。

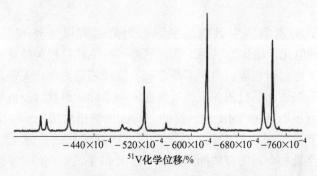

图 2-1　N-N 二甲基羟胺和二硫苏糖醇存在下溶液中钒酸盐的 ^{51}V NMR 波谱
（信号的宽谱色散是钒核磁共振谱的特征）

虽然 NMR 是一项灵敏度很低的技术，但钒具有高度敏感的原子核，很容易从低浓度（几微摩尔）的钒溶液中得到 NMR 波谱。通常情况下，研究如此低浓度的钒是没有必要的，NMR 研究更多使用 0.5mmol/L 及以上的总钒浓度。

2.1.1　^{51}V NMR 波谱

^{51}V 自旋数为 7/2，因此它具有四极矩并常被称为四极核。它的核四极矩大小为 $-0.052\times10^{-28}m^2$，大小适中。^{51}V 的 NMR 灵敏度约为质子的 40%，因此它的波谱通常很容易获得。核内电荷分离导致的四极性强烈影响着钒的 NMR 波谱。四极矩通过原子核周围的电子云中的电场梯度与环境相互作用。电场梯度源于核电子密度的非球型分布，并因此受到配体的影响。如果核电子密度的对称性为四面体或更高，那么电场梯度为零，且核无四极相互作用。

然而，配合物的几何形状通常不能很好地描绘出其电场梯度。表面高对称性分子可以在核上产生显著的电场梯度，而低对称分子可能会产生相反的情况。尽管可能不被认可，低对称分子最有名的例子是有常见尖锐 NMR 信号的双过氧化钒配合物，该物质通常为五角锥体构型。一般来说，对于分子质量相似的化合物，四面体或更高对称性的化合物比非对称的化合物具有更尖锐的信号。

四极核的影响表现为有效的核弛豫，并拓宽核磁共振谱中的信号。由于每个配合物的电场梯度不同，所以变化的线宽是钒 NMR 谱的特征。这种线宽的变化可能很小（如图 2-1 所示），也可能很大（如图 2-2 所示）。四极核的弛豫主要受化合物的翻转速率影响，因此低黏度的溶剂往往会有更高质量的波谱。由此也可推出，在分析变温数据时必须非常严谨。线宽作为温度的函数，其变化很可能源于四极相互作用而非化学交换。这一推论很可能是正确的，即使波谱中的某些信号无显著变化。所以应尽可能用二维交换谱（EXSY）来表征交换系统。

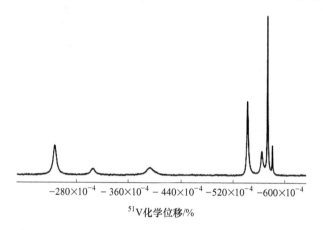

图 2-2　半胱氨酸存在下钒酸盐的 ^{51}V 图谱（pH = 8.4）
（钒谱中经常发现线宽不同的信号）

由于四极引起的快速弛豫现象，NMR 信号宽度通常是 200Hz 或 300Hz，或者更多。这个问题不像它一开始出现时看起来那样严重，因为 ^{51}V 拥有约 $3000 \times 10^{-4}\%$ 的大范围化学位移。如图 2-2 所示，线宽在 130~1000Hz 之间变化（在 400MHz 波谱仪内从 $1.3 \times 10^{-4}\%$ 变化到 $10.0 \times 10^{-4}\%$），但波谱得到了很好的分离。快速弛豫意味着波谱可以非常迅速地积累。只有在异常情况下，每秒 20 次到 30 次积累才会使信号强度受到干扰。如果研究对象具有较高的分子质量或存在于高黏度溶剂中，会经常出现图谱过宽的问题。这两种情况都会减缓钒原子核的旋转并增加四极弛豫的速率。在这些情况下，信号因太宽而不容易被观察。由于各种原因，分子在原子核周围具有非常大的电场梯度，即使在低黏度溶剂中也能产生很宽的谱线。

通常在短时间内可以获得浓度约 1mmol/L 样品的波谱，如果信号不是太宽，可以在几小时内检测出浓度约 10μmol/L 样品的波谱。由于信号的谱线宽度，在采集和处理谱线时通常使用小数据集。利用匹配滤波器可以获得处理频谱中的最佳信噪比。因此，应当使用与波谱中最尖锐信号的半峰高处线宽相对应的线宽因子。通常情况下，40Hz 或 50Hz 的线宽因子是较为理想的。当存在良好的信噪比时，借助洛伦兹到高斯变换的分辨率增强可以在信号被部分中断的情况下提供有用的信息。

由于大多数钒酸盐物质的弛豫时间很短,所以^{51}V 2D 交换波谱仅限于研究在几十毫秒内发生的动态过程。在可以使用^{1}H(或其他)NMR 波谱的反应如配体交换反应中,该时间尺度易被延长至 1s 或更长时间。

由于^{51}V 具有 7/2 的自旋数,所以通常观察到的 NMR 信号实际上是由 $\Delta m = \pm 1$ 时的选择规则定义的所有核自旋态之间的跃迁所衍生的复合七分信号。对于典型的溶液波谱,不同化学性质原子核的跃迁所对应的核弛豫或多或少是相同的,并且可以观察到相应的变宽信号。然而,在慢运动状态下,不同自旋间的弛豫路径性质导致除 $-1/2$ 到 $+1/2$ 之外的其他跃迁均超出了观察范围。当原子核的转动减慢的时候,这种情况就会发生,正如钒与蛋白质结合时所发现的那样。这使得利用 NMR 波谱直接观察和表征钒与蛋白质的配位成为可能[3,4]。

^{51}V NMR 波谱的化学位移参考物是 $VOCl_3$,不管 $VOCl_3$ 是作为纯液体还是溶于惰性有机溶剂,都可以提供清晰的信号。但它并不是一个很好的化学位移参考物,且水解不稳定。通常,$VOCl_3$ 的纯液体可用作外部参照。另一种方法是校准次级参比溶液,如 pH=8 的钒酸盐溶液,并用钒(Ⅳ)的信号作为次参考频率。除了初步校准外,这样操作还能消除 NMR 波谱探针中 $VOCl_3$ 样品受破坏的可能性。此外,除非波谱仪的磁场或射频显著漂移,否则通过锁定甚至匀场磁铁几乎都不能获得钒酸盐化合物的宽信号。样品可以在质子化溶剂中制备,并可在解锁的获取模式下获得波谱,这大大加快了样品周转时间。需要注意的是,因为匀场线圈会改变磁场强度,导致化学位移校准不正确,所以在解锁模式运行下磁铁不能被匀场。

配位基团的电负性与化学位移有直接关系,四核、五核、六核配位化合物随着取代基的电负性增加,化学位移将向更高场移动,它们的关系也与之类似[5]。尽管在电负性的总量上来看,这个结论显然正确,但在一系列同源化合物内(如烷基醇,见 9.1 节)以更细的尺度观察时,则不一定正确。此外,产生低能量电荷转移带的配体(例如儿茶酚)将会对核周围的电子环境产生很大影响,从而强烈影响钒的化学位移。基于 Ramsey 公式的线性关系清楚地表明了电荷转移跃迁与所观察到的化学位移之间的关系[6]。

当钒被取代时发生 J-耦联相互作用。这些相互作用通常不大,或者受四极相互作用中的波动就解耦了。比如钒酸盐三价阴离子从^{17}O 到^{51}V 的 J-耦联显示为 62Hz[7]。J-耦联已被用于溶液中化合物的核磁共振信号的分配。在过氧钒酸盐的研究中发现了一个特别好的例子,在二维相关谱(COSY)中运用 V-V 间的 J-耦联来将钒信号分配给不对称取代过氧二钒酸盐中的钒对[8]。

2.1.2 pH 值对钒化学位移的影响

钒的 NMR 波谱的一个共同特征是化学位移随 pH 值的变化而变化。这种行为的来源通常是依赖于 pH 值的平衡反应。这种平衡可能涉及配体反应，但通常这些反应在 ^{51}V NMR 波谱的时间尺度上是缓慢的。然而，质子化/去质子化的平衡反应基本都是快速的，可观察到的异常通常涉及质子化状态变化所伴随的配位几何结构变化。这种平衡对于可观察到的溶液化学过程来说很关键，可以简单地写出来，如公式 2-1（对于一般的钒酸盐配合物，VLH）。

$$VLH \xrightarrow{K_{12}} VL^- + H^+ \quad [VLH] K_a \Longrightarrow [VL^-][H^+] \tag{2-1}$$

这个平衡的 ^{51}V NMR 波谱以低 pH 限值、高 pH 限值和对溶液 pH 值敏感的化学位移所在的 pH 值区域来表征（图 2-3）。显然，化学位移由极限化学位移和钒酸盐配合物（VLH）的酸度常数（K_a）决定。如公式 2-2 所述，这种关系可以反转，并且受 pH 值影响的化学位移常用于提供化合物的 $-\lg K_a$（pK_a）。

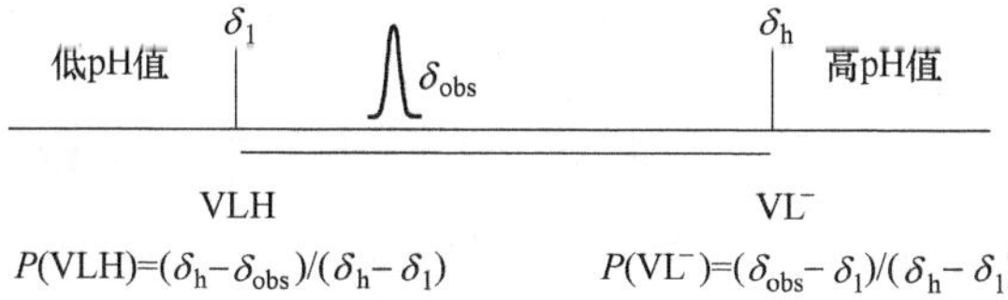

$$P(VLH)=(\delta_h-\delta_{obs})/(\delta_h-\delta_l) \qquad P(VL^-)=(\delta_{obs}-\delta_l)/(\delta_h-\delta_l)$$

图 2-3 受限于 pH 值范围的 ^{51}V NMR 波谱

在图 2-3 中，$P(VLH)$ 和 $P(VL^-)$ 代表两种形态的摩尔分数。

$$pH = \lg[(\delta_{obs}-\delta_l)/(\delta_h-\delta_2)] + pK_a \tag{2-2}$$

在以 pH 值为影响因素的研究中，以 pH 值为纵坐标，$\lg[(\delta_{obs}-\delta_l)/(\delta_h-\delta_{obs})]$ 为横坐标作图，所得截距为配合物的 pK_a（解离常数）。注意，公式 2-2 的斜率为 1。这是该公式一个很有用的特性，因为它可以方便人们检查滴定实验的精度并且有助于对它的解释说明。当仅能获得部分滴定曲线时，可以应用该公式来分析实验结果。

当涉及由 pH 变化所引起的化学位移时，应同时考虑不同形态钒所带电荷的情况。发生 $(30\sim40)\times10^{-4}$% 或更大的化学位移是很常见的，这取决于钒配合物的质子化状态。因此，当钒配合物所带电荷处于中间态时，应同时给出溶液 pH 值。当溶液 pH 值接近含钒配合物的 pK_a 时，这一点尤为重要。

在这里，对于 H^+ 没有什么特别的规定，基本上，图 2-3 和公式 2-2 可以应用于任何通过改变配体（L）但不改变 H^+ 而发生的快速配合反应，如，以 $-\lg[L]$ 代替 pH 并以 $-\lg K$ 代替 pK_a，就可以得到公式 2-3。

$$\lg[(\delta_{obs}-\delta_V)/(\delta_p-\delta_{obs})] = n\lg[L] + \lg K \tag{2-3}$$

在这种情况下，斜率取决于配合物形成所需的配体数。可以应用该公式的一个例子是乙酸和钒酸盐的反应，通过该反应可以生成双乙酰丙酮钒酸盐[9]。

2.1.3 ^{51}V NMR：相关谱和交换谱

核四极矩共振的大小取决于外加磁场作用下分子固定电场的梯度张量方向。

因此，分子的翻转振动会引起核四极矩共振的波动。这些波动通常会导致 J-耦联的解耦。然而，在四极耦合不是很大的情况下，因为围绕原子核的电场梯度相对较小，四极共振引起的波动可能不会引起解耦发生。作为一个经验法则，当半高时的信号宽度小于100Hz或200Hz时，J耦联相互作用就有可能不会解耦。在这种情况下，相关波谱可以提供非常有用的化学信息。在适当情况下，可以观测到共核和异核的相互关系。

过氧化氢配合过程中观察到的产物识别和协调分配为相关光谱学的应用提供了一个特别好的例子。对于 V_2L^{3-} 和 $V_2L_2^{3-}$ 这两种产物的信号分配是不确定的，这就产生了一个关于结构配置的问题。共核波谱清楚地显示出钒所处的位置以及明显的分子不对称现象。结果表明这两种配合物的配位方式分别是 VVL 和 VVL_2[8]。由于已知各自原子核的化学位移（见5.1节），因此，可以清楚地得知这些分子中没有产生过氧化物桥。

交换谱（EXSY）的应用范围更为广泛。事实上，^{51}V NMR 本身对于多种化合物而言是一种很好的技术。其优势在于，许多交换速率仅在毫秒之间，这通常也是能观测到钒弛豫现象的时间尺度。同时，在单位频率（Hz）中钒信号的分离程序较大，这意味着由于信号并未合并，所以能观测到快速反应的进程。因此，可以十分有效地获得交换数据。当然，如果交换时间超过30ms，所有交换信息都会因核弛豫现象而丢失，这时就需要利用其他的程序。在这种情况下，使用 ^{13}C 和 ^1H EXSY 替代 ^{51}V NMR 都可以取得理想的效果。钒酸盐及其聚合物就是一个很好的例子，其交换信息仅能借助 ^{51}V NMR 获得。这一技术可以提供钒酸盐低聚体形成动力学的详细信息[10]。

当使用交换波谱时，通常的一个前提条件是要判断出交换过程是直接进行的还是逐步进行的。在二维（2D）实验所允许的交换（混合）时间内，磁化作用可以从一个核传递到第二个核，并进一步传递到第三个核。这可以解释为核1和核3发生了直接交换，即便它们并不是这样交换的。通过系统地改变交换（混合）时间从而确定磁化作用是否成指数增强，可以解决这一问题。如果发生逐步交换，则在第一个交换步骤中，可以观测到磁化作用强度呈指数增长，然而，在第二个步骤中的磁化转移速率则会表现出一定的滞后现象。图 2-4 描述了直接交换和逐步交换这两种交换方式。

2.1.4 ^1H 和 ^{13}C NMR 波谱

很多常见的氢谱和碳谱都已经应用于钒酸盐配合物、配位反应、

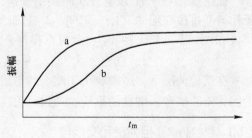

图 2-4 直接交换和逐步交换波谱
a—直接磁化转移；b—间接磁化转移

平衡和动力学的研究。目前已证明利用^{13}C是用于研究配位作用对配体化学位移的影响的一项功能强大的技术，特别是对于多齿配体而言。这类研究依赖于配体结合对配体上不同碳原子的化学位移的相对影响。连接点附近的碳原子的共振位置会发生较大的变化，而距离较远的碳原子的共振位置变化相对较小。通常，化学位移的改变被定义为$\delta_C-\delta_L$，δ_C为配合物的化学位移，δ_L为自由配体的化学位移。$\delta_C-\delta_L$为化学诱变（CIS）。靠近螯合位置的碳原子的CIS参考值为$(2\sim10)\times10^{-4}$%，远离螯合位置的CIS值则非常小。尽管CIS值可正可负，但是这些诱导位移往往能清晰界定配体的位置。质子核磁共振（PMR）波谱研究也可产生良好的效果。

^{13}C配位诱变已被广泛地应用。在乙醇胺衍生配合物的研究中，通过对三乙醇胺配位的研究表明了其能力。该配体的CIS值表明，它在水溶液中以三齿的形式完成配位，但在非水溶剂（如甲醇或乙腈）中则是四齿配体[11]。6.1.1节描述了协同-诱导化学位移的有趣的应用。N-(磷酰基甲基)亚氨基二乙酸盐的动力学研究为^{13}C EXSY实验提供了一个例子，其中配体的性质允许钒配合物对映异构体之间的互换得到研究[12]。同样，^{1}H和^{13}C已被应用于二甲基吡啶/二甲基吡啶二氧钒（V）系统中的配体交换研究[13]。

2.1.5 ^{17}O NMR 波谱

^{17}O和^{51}V一样是四极核。不同的是，^{17}O的天然同位素丰度很低，仅为0.038%。它的电四极矩与^{51}V相当，都非常小，因此是一种很好的NMR原子核，提供可用的同位素富集的样品。^{17}O NMR波谱学已经应用于对多种配合物配位结构的研究。早期的研究表明，^{17}O NMR和^{51}V NMR技术的联用可用于研究钒酸盐平衡和钒酸盐低聚物的形成[14]。由于^{17}O化学位移的特异性，^{17}O NMR波谱学应用广泛。例如，四面体钒配合物中的^{17}O的共振位置比八面体配位中的含氧官能团高500×10^{-4}%左右。表2-1给出了不同氧类型的典型化学位移范围。这张表的信息来源非常有限，因此实际化学位移的范围可能比所给出的宽。

表2-1 特定配位类型的^{17}O 化学位移

氧类型	化学位移范围/%
配位水	$(75\sim100)\times10^{-4}$
四面体 O 或 OH（无环，终端）	$(550\sim720)\times10^{-4}$
四面体 O（无环，桥接）	$(400\sim440)\times10^{-4}$
四面体 O（环状，终端）	928×10^{-4}
四面体 O（环状，桥接）	472×10^{-4}
八面体 O 或 OH（终端）	$(1000\sim1250)\times10^{-4}$
五配体 O（终端）	$(940\sim985)\times10^{-4}$

注：以上化学位移范围参考 Howarth 等人[14,46,47]和 Crans 等人[11,12,48]的研究成果。

通常，当知道异配位配体时，仅通过计算配位氧核数就知道配位数。可惜的是，由于存在快速交换的动力学过程，在水溶液中，往往不能确定水的配位。一般来说，游离水中的 ^{17}O NMR 信号必然大于配合水，而且即使交换很慢，也可能由于化学位移分离不充分，而观察到结合在配合物上的水信号。在这种情况下，^{51}V 到 ^{17}O 的异核二维相关实验可能非常有用，当然，随着高场核磁共振波谱仪的普及，直接观测也成为可能。

2.1.6 亲脂溶液中的 NMR 波谱

钒（V）配合物与脂质反应的实质引起了人们的兴趣。由于这些配合物本质上基本都是阴离子，它们的反应主要限于脂质聚集的烃区和游离水之间的界面区域。在界面区域的滞留时间、位置和最佳取向都是值得研究的内容。这个区域包括脂质头部基团，相关的水和离子。用表面活性剂作为脂质模型的胶束溶液已用于此类研究。如果研究的化合物不带电，那么它将更自由地分散到双层内部。胶束和反胶束是异向性液体（液晶）的一个特例，通常存在于双层膜和表面活性剂中。

由于可以直接观察到偶极耦合（D_{ij}）和四极分裂（Δv_q），异向性溶液为 ^{51}V NMR 波谱增加了一个额外维度。这些参数取决于分子结构和分子排列。它们的大小直接来源于介质中化合物的结构和取向性质[15~18]。在类脂质亲水材料中，它们极大地依赖于影响取向顺序的表面相互作用。对于像钒一样的四极原子核，异向性谱几乎总是由四极耦合支配。四极分裂由公式 2-4 定义，其中 eQ 是核电四极矩，V 是电场梯度张量，η_q 是 V 的不对称性。

$$\Delta v_q = \frac{eQ \cdot V_{zz}}{h \times 2I(2I-1)}[3S_{zz} + \eta_q(S_{xx} - S_{yy})] \qquad (2-4)$$

不对称性 η_q 被定义为 $(V_{yy} - V_{xx})/V_{zz}$，而由于 $V_{zz} + V_{xx} + V_{yy} = 0$ 且 $|V_{zz}| \geq |V_{xx}| \geq |V_{yy}|$，因此取值在 0~1 之间。参数 $eQ(V_{zz}/h)$ 是四极耦合常数。S 值的矩阵表示有序参数，它们给出了对于外加磁场的化合物矩阵。它们通常是根据分子固定坐标系来定义的。S 是一个对称的 3×3 矩阵，并且 S 的对角元素之和为零，因此在分子固定坐标系中，S 矩阵的组分数为 5（对于没有对称元素的化合物，如手性物质）到 1（对于具有 C_3 或更高对称轴的实体）。

晶体化合物中大量四面体和八面体物质的四极耦合常数已被确定。一般而言，对于四面体物质，四极耦合常数为 3~5MHz，非对称性参数通常接近 1[19,20]。相对于多氧钒酸盐中的许多六配位钒，八面体配位的钒的四极耦合常数更小，其值范围在 0.6~2MHz，η_q 几乎在 0~1 的整个范围内变化[21,22]。钒配合物在液晶溶液中相应的四极参数是未知的，但可能与前者相似。毫无疑问的是，四极耦合会引起含钒（V）配合物的 NMR 波谱发生分裂。

类似于四极诱导弛豫的情况，如果分子对称性是四面体或更高，则液晶中的四极分裂是零。这种对称性的电场梯度为零，因此不存在四极相互作用。然而，人们预期看到四面体或八面体衍生物因为结构扭曲而形成的小分裂。这些主要来源于与表面活性剂体系中外来物质（如亲脂性头基）的特定相互作用，例如在阳离子和阴离子八面体钴（Ⅲ）物种中所见[23]。预计其他结构类型将会有更大的分裂。此外，还必须考虑有序参数（S）。如果 S 值为零，就算相应的四极耦合常数很大，四极分裂也是零。事实上，在等相性溶液中，S 值为零，并且四极耦合的影响表现在由弛豫时间决定的线宽上。

图 2-5 显示了在向列溶致水性洗涤剂基材料液晶中钒酸盐的 NMR 波谱。在波谱中识别了来自 V_1、V_2 和 V_4 的信号。来自 V_1 的信号显示 200Hz 的小四极分裂。这个值与四面体对称性的小畸变一致，可能是由于在波谱所用的条件下，V_1 带有一个质子。V_2 没有观察到四极分裂。这只有在这个离子的两个 S 值为零时才会发生。与 V_2 相反，V_4 具有 5.36kHz 的大四极分裂，这表明该分子在该介质中排列相对较高，且具有相当高的 S 值。由于在异向性介质中也存在核间偶极耦合（D_{ij}），因此预计 V_4 各信号的线宽很大，因此会发生 V_4 各种钒之间的偶极相互作用[16]（公式 2-5）。在图 2-5 所示的波谱中，它们不被看作 V_2，因为两个 S 值都接近于零。在公式 2-5 中，γ_i 和 γ_j 是相互作用的核的磁旋比，r_{ij} 是核间距离，S_{ij} 是相应的 S 值。

$$D_{ij} = -h\gamma_i\gamma_j S_{ij}/(4\pi r_{ij}) \tag{2-5}$$

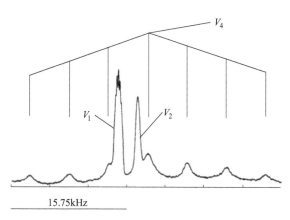

图 2-5　向列溶致液晶溶液中钒酸盐的 ^{51}V NMR 波谱

（该波谱显示出 V_1 和 V_4 的四极分裂信号，同时 V_2 的信号变宽。对于 V_1 和 V_4，四极分裂分别为 200Hz 和 5.35kHz。波谱由十四烷基三甲基溴化铵（TDTMABr）的中间相获得，其组成为：TDTMABr，160mg；癸醇，30mg；D_2O，450mg；NaCl，10mg）

值得关注的是，当图 2-5 的液晶样品中盐浓度大幅增加时，V_4 的四级分裂接近 0。这表明在洗涤剂双分子层溶液中存在某种类型的位点均化过程，从而导致了零分裂。虽然这是碱金属和卤素离子中存在的一种普遍现象，但在混合洗涤剂体系中，零分裂更为典型[24]。不能够识别这种均化过程将导致错误表征液晶溶液中的钒酸根离子[25]。位点均化类似于本体溶液中表面结合的四钒酸盐与四钒酸盐的交互作用一样简单。这更可能来自两种表面结合位点间的均化，其中 S 值具有相反的符号，在本体溶液中也一样。

偶极相互作用主要取决于核间矢量，比如说，在钒配合物配位体中的氢原子 H_i 和 H_j 之间具有偶极作用，同样，偶极作用也取决于（原子）核间矢量间的角度及外加磁场的方向（公式 2-5）。如果分子的偶极耦合作用强，则分子在磁场中的平均排列更明确。因为表面活性剂的排列通常是已知的，因此偶极耦合是描述脂质/分子相互作用的强有力工具。分子氘代反应产生氘四极分裂，这提供了等价的定向排列信息。后一种技术的案例表明烷基吡啶的链长对其编入阳离子双分子层洗涤剂体系的依赖性[26]。

在描述各向异性介质中钒光谱时，还有一个重要的各向异性参数，即化学位移的各向异性，化学位移中的各向异性仅说明当用平行于波谱仪磁场中的 VO 键测量[51]V 的化学位移并用垂直于实际电场的 VO 键重新测量[51]V 的化学位移时，两者是不同的。因此，观测到的化学位移中的各向异性（如四极分裂和自旋轨道耦合）取决于描述所研究物质线形的有序参数。原子核 $i(\sigma_\iota)$ 的各向同性化学位移通常可在 NMR 谱中化学位移张量的对角线元素中观察得到，如公式 2-6 所示。

$$\sigma_l = (1/3)(\sigma_{zzi} + \sigma_{yyi} + \sigma_{xxi}) \tag{2-6}$$

原子核 $i(\sigma_{ia})$ 化学位移的各向异性与化学位移张量及顺序矩阵的元素相关，正如公式 2-7 所示。

$$\sigma_{ia} = (2/3)[(S_{zz}\sigma_{zzi} + S_{yy}\sigma_{yyi} + S_{xx}\sigma_{xxi}) + S_{xz}(\sigma_{xzi} + \sigma_{zxi}) + S_{yz}(\sigma_{yzi} + \sigma_{zyi}) + S_{xy}(\sigma_{xyi} + \sigma_{yxi})] \tag{2-7}$$

观测到的化学位移仅仅是 σ_i 与 σ_{ia} 之和。钒的化学位移范围较大，约为 $3000 \times 10^{-4}\%$，因此液晶波谱能够显示出化学位移各向异性的重要影响。从对固体的研究可知化学位移各向异性非常大，为 $300 \times 10^{-4}\%$ 或 $400 \times 10^{-4}\%$ 甚至更大，并且晶体中的反离子对化学位移各向异性影响显著。

上述所讨论的所有各向异性参数在胶束溶液起作用，例如，当配合物在本体溶液中自由翻转时，相比相同的配合物融合到脂质界面（在脂质界面配合物的翻转大大减缓），钒原子核中的四极作用更加迅速。尽管在两种情形下并未发现四极分裂，但速率改变的差异对核弛豫时间有显著影响。因此，系统研究弛豫有利于理解脂质/配合物的相互作用。由于弛豫研究并不能提供分子取向的具体信息，因此需要对系统建模，从而确定模拟的弛豫时间及获得的其他信息是否与实际观察到的相一致。通常用弛豫来探究钒配合物（VO₂dipic）、从洗涤剂中制备的逆胶束模拟脂质及十四烷基三甲基溴化铵之间的相互作用[27]，本研究有力地支持了四极弛豫主要源于直接相互作用中的表面相互作用这一假说。

2.2 钒酸盐自缩合反应

钒酸盐与配体反应的研究一定要考虑到钒酸盐进行的自缩合反应。这些反应在化学过程中占主导地位并且受 pH 值影响很大[28]。类似地，平衡取决于介质的离子强度，因而严格控制离子强度是很重要的。一个关键因素是许多平衡都涉及阴离子，且阳离子浓度对这些平衡影响很大，因此固定这一因子很重要。即使如此，比如说用 KCl 测得的离子强度为 1mol/L 的溶液平衡常数与用 NaCl 测得的同样离子强度的溶液平衡常数不同。一项详细的研究表明了介质中的离子强度是如何影响低聚物形成的，例如当离子强度从 0.02mol/L 到 2.0mol/L 时钒酸盐四聚体的形成常数增加了约 200 倍[29]。

有时文献在介绍钒酸盐溶液的化学或生物化学过程时指出正钒酸钠和偏钒酸钠是性质不同的化合物。尽管对固体来说是这样的，如正钒酸钠是离散实体而偏钒酸钠是聚合物，但在水溶液中情况有所不同。在相同条件下（pH 值、离子强度、浓度等），不同形态固体形成的溶液是很难区分的。

2.2.1 常见的钒酸盐

在强碱性条件下，溶液中仅含钒酸根离子（VO_4^{3-}）。VO_4H^{2-} 的酸解离常数 pK_a 约为 12。因此，pH 值小于 12 时，钒酸盐的化学性质极为复杂。两个 VO_4H^{2-} 能相互结合产生水和钒酸盐二聚体（$V_2O_7^{4-}$❶），这种物质在更酸性的介质中能逐级质子化。当环境酸度增加至近中性时，还能形成聚合度更高级的低聚物。图 2-6 的 NMR 图谱为钒酸盐及其低聚物在弱碱性水溶液中的混合物。主要形态是环状低聚物：1 个四聚物，$V_4O_{12}^{4-}$；1 个五聚物（即钒酸盐五倍体），$V_5O_{15}^{5-}$。目前尚未发现这些离子能在酸性逐渐增加的条件下质子化。其他的低聚物如环状六聚物和线状三聚物、四聚物和六聚物（即钒酸盐六倍体），通常只是平衡溶液中的次要成分[30,31]。在高 pH 值（pH 值为 10~11）和高的钒浓度下，这些化合物很容易在 ⁵¹V NMR 谱中观察到。当然，各形态的浓度相对比例取决于总钒浓度，因此低聚化合物在总钒浓度低的溶液中占比较高。

在 pH 值约为 6 时，有钒酸盐十聚体形成，它在总钒浓度超过 0.2mmol/L 左右的时候成为溶液的主要形态。与上面讨论的钒酸盐低聚物不同，不论是固体还

---

❶ 原著为 $V_2O_7^4$，但此处根据钒的化学性质应改为 $V_2O_7^{4-}$。

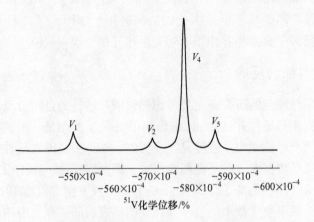

图 2-6 弱碱性条件下得到的 ^{51}V NMR 谱

(图谱显示出钒酸盐及其低聚物在水溶液中的典型分布。实验条件：
总钒酸盐浓度为 6mmol/L，pH 值为 8.0，NaCl 浓度为 1.0mol/L)

是溶液，钒酸盐十聚体的颜色都很深。随着酸度的增加，这种低聚物经历了连续的质子化反应，从-6 价阴离子变成-3 价阴离子，在这些状态中，-5 和-4 价阴离子是主要形态。在 pH 值低于 2 的强酸性条件下，钒酸盐十聚体被阳离子 $[VO_2(H_2O)_4]^+$ 取代（通常写作 VO_2^+）。由于其质子的化学计量系数高出其他钒酸盐衍生物很多，所以即使有强结合性的配体存在，阳离子仍通常是强酸性、高浓度下唯一的化合物。图 2-7 显示了总钒浓度为 0.1mmol/L 和 1.0mmol/L 时，pH 值对溶液主要钒酸盐形态分布的影响。图 2-7 所用的平衡常数为 0.6mol/L NaCl 溶液的平衡常数（引自 Pettersson 等人的工作[30]）。如上所述，离子强度的变化会影响各种平衡，从而影响各种化合物的相对分布情况。表 2-2 反映出了平衡点对介质离子强度的敏感性。

虽然 VO_4^{3-} 具有四面体结构是公认的，但它肯定不是钒酸盐唯一的配位方式。例如，在十钒酸盐中，存在 3 种类型的钒，全部为八面体配位，而固态偏钒酸钠显示为三角双锥体配位的钒酸盐链。在水溶液中，可能产生钒离子质子化导致配位变化的情况。例如，有人指出[32]负二价钒酸盐的质子化（$pK_a \approx 8.1$，取决于离子介质，见表 2-2) 导致了其配位结构从四面体构型变为三角双锥构型。热力学检测显示，在系统熵值与钒酸盐阴离子、磷酸盐、砷酸盐和铬酸盐对应质子化焓之间存在着紧密的关系[29,33]。钼酸盐的情况与上述离子相反，其质子化反应有水的参与，且热力学参数也与上述离子没有关系。这表明，当钒酸根质子化时，其配位作用没有变化。对配位水分子可能的几何构型优化计算表明，水分子将被排出配位层，并支持四面体配位分配给单阴离子钒酸盐[34]。

2.2 钒酸盐自缩合反应

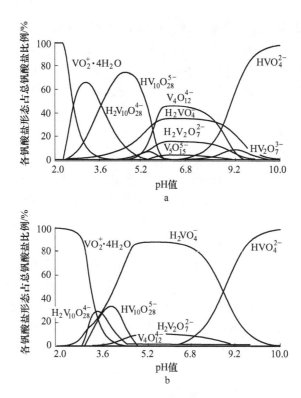

图 2-7 钒酸盐的形态分布图

（总钒酸盐浓度为 1.0mol/L（a）和 0.1 mol/L（b），参考 0.6mol/L NaCl 溶液计算。形成常数取自参考文献 [30]）

表 2-2 不同电解质和电解质浓度下测得的钒酸盐低聚物的形成常数

电解质	$2H_2VO_4^- \quad V_2O_7^{4-}$❶ K_{12}	$4H_2VO_4^- \quad V_4O_{12}^{4-}$ K_{14}	$5H_2VO_4^- \quad V_5O_{15}^{5-}$ $K15$	pK_a $(H_2VO_4^-)$	参考文献
—	$3.2×10^2$	$2.8×10^8$	—	8.80	[29]
—	$2.0×10^2$	$4.0×10^7$	—	8.75	[49]
0.10KCl	$4.1×10^2$	$2.4×10^9$	$3.2×10^{11}$	8.60	[29]
0.50KCl	$6.5×10^2$	$1.4×10^{10}$	$3.1×10^{12}$	8.37	[29]
1.00KCl	$7.7×10^2$	$2.7×10^{10}$	$9.8×10^{12}$	8.33	[29]
2.00KCl	$8.9×10^2$	$5.8×10^{10}$	$3.1×10^{13}$	8.26	[29]
0.15NaCl	$4.5×10^2$	$1.8×10^9$	$1.5×10^{11}$	8.17	[50]
0.60NaCl	$6.2×10^2$	$7.8×10^9$	$1.5×10^{12}$	7.95	[51]
3.00NaClO₄	$6.3×10^2$	$1.7×10^{11}$	$1.4×10^{14}$	8.00	[28]

❶ 原著为 $V_2O_7^{2-}$，但此处根据钒的化学性质应为 $V_2O_7^{4-}$。

2 钒酸盐的形态

因 VO_4H_3 在水溶液中含量甚微,目前对中性钒酸盐(VO_4H_3)形态的了解甚少[35]。$VO_4H_2^-$ 在 pH 值约为 3 时的初始质子化伴随着与一级质子化密不可分的二级质子化,其结果是形成阳离子物质。热力学和波谱结果[33]表明,这种化合物的形成往往伴随着与水分子结合而形成八面体衍生物($VO_2(H_2O)_4^+$,通常称为 VO_2^+)。理论计算也倾向于钒酸盐单阴离子为四面体配位形式,钒酸盐阳离子为八面体配位形式[36]。

钒酸盐并不易形成八面体配位,除钒酸盐十聚体的八面体配位(图 2-8)外,几乎没有证据表明当形成其他钒酸盐低聚物时,配位从四面体结构发生变化。显然,所有这些低聚物都以四面体钒酸盐为基本单元;即使是一个晶体钒酸盐三环五聚体(图 2-9a),其结构中所有钒的几何结构都是四面体结构,尽管这是两种不同类型的钒[37]。该低聚物具有与在水溶液中发现的钒酸盐五聚体(5-)不同的电荷状态(3-)。如果溶液中钒酸盐五聚体要形成类似的环状结构,则需要水分子的配位以及伴随着两个质子的损失。这将需要转变一些钒的状态以产生更高的配位数。然而,通常认为,在水溶液中,环状钒酸盐四聚体、五聚体和六聚体都是由四面体钒酸盐通过 VOV 键形成的单环化合物。已知结晶钒酸盐四聚体衍生物具有这种结构形式[38],环状三聚物(即钒酸盐三倍体)钒酸根阴离子 $V_3O_9^{3-}$(图 2-9b)[39]也是如此。图 2-10 描述了在 pH 值为 7 时所观察到的阳离子钒酸盐和常见离子钒酸盐的水溶液结构。

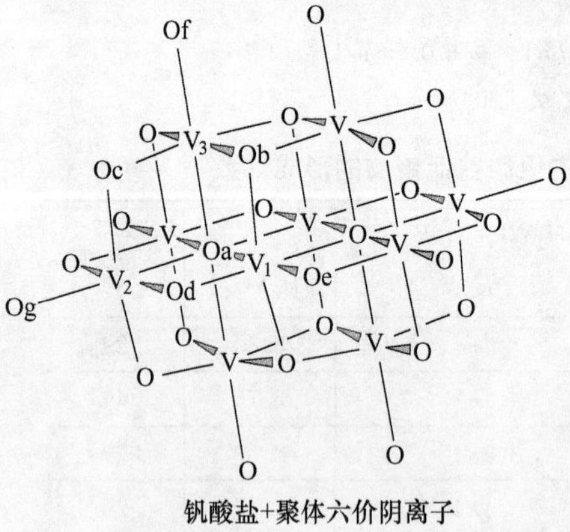

图 2-8 钒酸盐十聚体的八面体配位

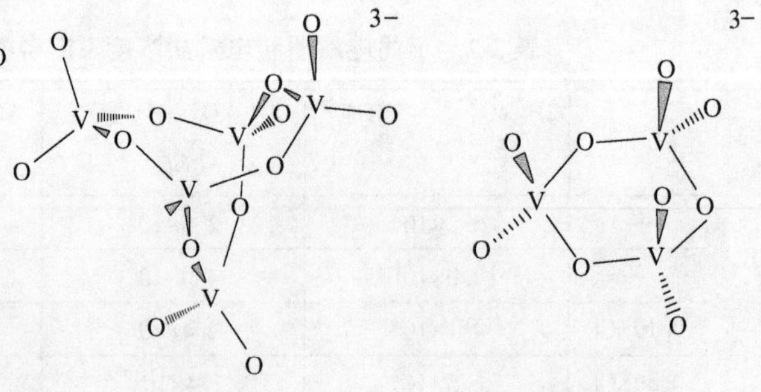

图 2-9 钒酸盐低聚物的构型

尽管钒酸盐十聚体(图 2-8)在 pH 值约为 6 以上时热力学是不稳定的,但其分解受动力学阻碍,且分解为低聚物和钒酸盐速率较慢,需要几小时才能达到平衡[40]。相比之下,聚合度较低的配体(如钒酸盐二聚体和钒酸盐四聚体)却可以快速平衡,只需要几十毫秒就可以在 pH=8.6 时达到平衡[10]。在总钒酸盐浓度为 5~20mmol/L 时,形成低聚物的主要交换途径是 V_1 形成 V_2,V_2 与 $2V_1$ 形

成 V_4,V_4 加 V_1 形成 V_5[10]。在这个浓度范围内,$2V_2$ 形成 V_4 的反应不如 V_2 和 $2V_1$ 形成 V_4 快。但是,$2V_2 \rightarrow V_4$ 的速率仅比 $2V_1 \rightarrow V_2$ 的速率小约 5 个单位。

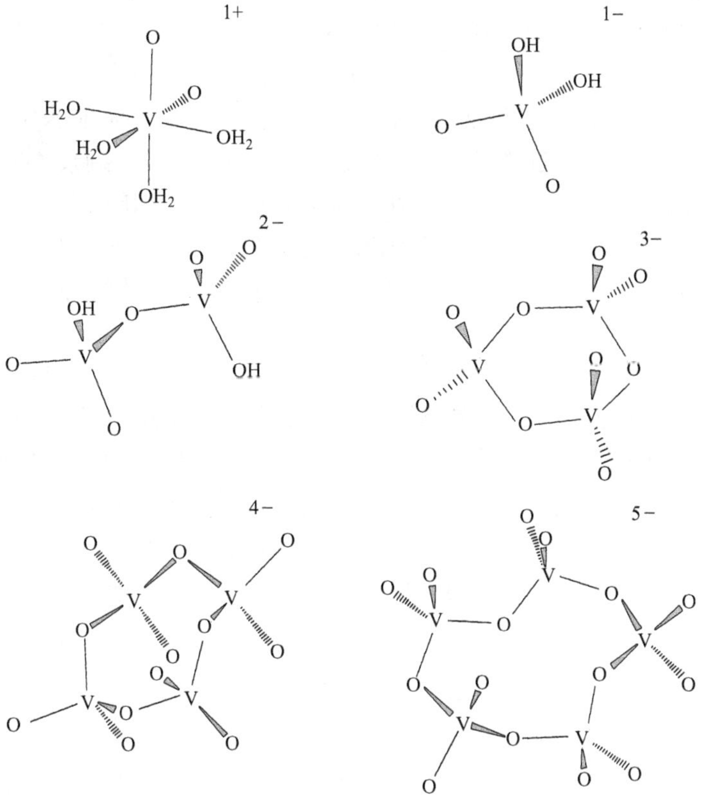

图 2-10 钒酸盐及其低聚物的部分构型

线性钒酸盐三聚体已被证明在氧原子间及在钒原子间发生了相互交换[31]。在交换过程中,终端和中心的钒原子发生相互转化。该转化过程并非钒原子与钒酸盐或钒酸盐二聚体间的交换所导致,而是源于钒原子的内部交换。此外,本实验条件下未发现 ^{17}O 与水的交换。由于交换率在低 pH 值环境下有所增加,因此推断,在平衡过程中形成了一种环状钒酸盐三聚体作为中间产物。该钒酸盐三聚体(图 2-9a)已由 X 射线衍射表征[39],其有力地证明了转换过程中该环状钒酸盐三聚体的出现。

2.2.2 钒酸盐十聚体

在 pH 值为 3~6 的适度酸性环境下,钒酸盐十聚体是低聚钒的首选形式,决定了钒的化学性质。尽管在稀释条件下,随着 pH 值变化钒酸盐十聚体会离解为单体,如 $H_2VO_4^-$ 或 $VO_2(H_2O)_4^+$。在钒配位上,钒酸盐十聚体展现了与其他低聚钒明显不同的几何特征。虽然有三种不同类型的钒，但其 10 个核均为八面体配位。这种配位只有在阳离子钒酸盐（$VO_2(H_2O)_4$）$^+$中才能观测到。

钒酸盐十聚体中 VO 键的键长是钒配合物中的典型键距。最长的键长是到被 6 个钒核环绕的 Oa 原子的距离（图 2-8）。在六阴离子中，长度为 V_1—Oa，0.2116nm；V_2—Oa，0.2316nm；V_3—Oa，0.2242nm，这些距离在钒被质子化时变化很小[41,42]。到外部氧原子 Of 及 Og 的键很短，分别为 0.1614nm 和 0.1605nm，这样的键长通常是在 V═O 键长度时观察到的。剩余的 V—O 键的距离从 0.183nm 到 0.203nm 不等，但在 V—O 单键的观察范围内。

钒酸盐十聚体具有 3$^-$到 6$^-$不等的离子态，钒核对氧的多重使用使人们对配合物氢原子位置定位进行了广泛的研究。^{17}O NMR 研究被认为特别有启发性[41]。$V_{10}O_{28}^{6-}$阴离子的质子化发生在三键氧钒上（图 2-11，Ob）。然而，负三价离子的三个质子并非都位于三键氧钒上。质子化也发生在双桥氧上（图 2-11，Oc），这表明这两种氧的碱度差别不大。晶体结构的研究结果更为明显，$H_2V_{10}O_{28}^{4-}$ 的四正己胺盐的结构显示氢只存在于三桥氧（Ob）上[42]，而相应的 4-乙基吡啶盐的结构只在双桥联氧上显示出两个氢（Oc）[41]。两种晶体材料内的氢键网络是有差异的，因此氢键对钒酸盐十聚体质子化作用位置有很强的影响。有趣的是，如果在钒酸盐十聚体溶液中加入浓度适宜的甲醇，甲醇氧会优先取代三桥氧（Ob）来供给相应的 O-邻甲基钒酸盐十聚体。

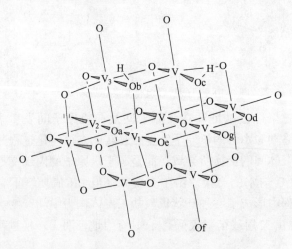

图 2-11 钒酸盐十聚体负四价阴离子

尽管钒酸盐十聚体（$V_{10}O_{28}^{6-}$）在 pH 值为 6 以上是热力学不稳定的，但其分解非常缓慢，在 25℃ 且 pH 值为 7.5 的条件下半衰期大约为 9h。高 pH 值条件下分解率大幅增加，在 25℃ 且 pH 值为 12 的条件下半衰期为 1.5h[43]。当条件酸度足以使聚阴离子显著质子化时，钒酸盐十聚体的分解率与这些速率相比明显不同。在25℃且pH值为1时，半衰期下降到$6s^{[44]}$。在这样的强酸性条件下，钒酸盐阳离子$VO_2(H_2O)_4^+$是热沉的。在整个pH值区间，离子对对钒酸盐十聚体有很大的影响，分解率取决于平衡离子的浓度和性质。

2.3 钒配合物的化学计量

如果配体的结合不是特别强，可以使用非常简单的技术获得钒配合物的化学计量[45]。这个过程需要利用两个钒浓度，第二个浓度是第一个浓度的两倍、三倍甚至更高。在相同条件下获得两个波谱。当配合常数足够小时，由于配体过量，改变钒酸盐浓度将只对自由配体浓度产生轻微影响。如果在最小钒酸盐浓度下还能在两个波谱中均观察到V_1、V_2、V_4和可能出现的V_5（常用的总钒酸盐浓度范围是2~10mmol/L），那么这些配合物将为钒的化学计量研究提供便利的参考。因为非配合配体浓度基本是恒定的，依据化学计量学，产物的形成受V_1浓度的1次、2次或者n次方的直接影响。

因此，如果在两个波谱中以相同的振幅衡量目标产物信号，从低浓度波谱中扣除高浓度波谱，具有低于目标配合物化学计量学特征的配合物残余信号将是正的，那些相对目标配合物有更高化学计量学特征的配合物，其残余信号将是负的，那些具有相同化学计量学特征的配合物的残余强度为零。如果，例如，当来自目标配合物和来自钒酸盐二聚物的两个信号从不同的NMR波谱中去除，那么所研究的信号对应于V_2化学计量的配合物。剩余V_1信号将有正的相对强度，而V_4和V_5信号会有负的相对强度。其他产物的信号相应地会有或负或正信号强度，这取决于其化学计量学特征。当然，扣除过程可以用于任何的目标配合物的信号。这个简单的过程为解释具体滴定研究提供了有力帮助。

本章缩写

（1）NMR：nuclear magnetic resonance，核磁共振。
（2）CIS：chemical induced shift，化学诱变。

参 考 文 献

[1] Bortolini, O., M. Carraro, V. Conte, and S. Moro. 1999. Histidine-containing bisper-oxovanadium (V) compounds: Insight into the solution structure by an ESI-MS and ^{51}V-NMR comparative study. Eur. J. Inorg. Chem. 1489-1495.

[2] Conte, V., O. Bortolini, M. Carraro, and S. Moro. 2000. Models for the active site of vanadium-dependent haloperoxidases: Insight into the solution structure of peroxo-vanadium compounds.

J. Inorg. Biochem. 80: 41-49.
[3] Butler, A. and H. Eckert. 1987. 51-V NMR as a probe of metal ion binding in metalloproteins. J. Am. Chem. Soc. 109: 1864-1865.
[4] Butler, A. and H. Eckert. 1989. 51-V NMR as a probe of vanadium (V) coordination to human apotransferrin. J. Am. Chem. Soc. 111: 2802-2809.
[5] Rehder, D., C. Weidemann, A. Duch, and W. Priebsch. 1988. 51-V shielding in vanadium (V) complexes: A reference scale for vanadium binding sites in biomole-cules. Inorg. Chem. 27: 584-587.
[6] Cornman, C. R., G. J. Colpas, J. D. Hoeschele, J. Kampf, and V. L. Pecoraro. 1992. Implications for the spectroscopic assignment of vanadium biomolecules: Structure and spectroscopic characterization of monooxovanadium (V) complexes containing catecholate and hydroxamate-based noninnocent ligands. J. Am. Chem. Soc. 114: 9925-9933.
[7] Lutz, O., W. Nepple, and A. Nolle. 1976. Indirect spin-spin coupling between [17]O and other quadrupolar nuclei in oxyanions. Z. Naturforsch. 31a: 1046-1050.
[8] Andersson, I., S. J. Angus-Dunne, O. W. Howarth, and L. Pettersson. 2000. Speciation in vanadium bioinorganic systems 6. Speciation study of aqueous peroxovanadates, including complexes with imidazole. J. Inorg. Biochem. 80: 51-58.
[9] Tracey, A. S., H. Li, and M. J. Gresser. 1990. Interactions of vanadate with mono- and dicarboxylic acids. Inorg. Chem. 29: 2267-2271.
[10] Crans, D. C., C. D. Rithner, and L. A. Theisen. 1990. Application of time-resolved 51-V 2-D NMR for quantitation of kinetic exchange pathways between vanadate mono-mer, dimer, tetramer, and pentamer. J. Am. Chem. Soc. 112: 2901-2908.
[11] Crans, D. C. and P. K. Shin. 1994. Characterization of vanadium (V) complexes in aqueous solutions: Ethanolamine- and glycine-derived complexes. J. Am. Chem. Soc. 116: 1305-1315.
[12] Crans, D. C., F. Jiang, I. Boukhobza, I. Bodi, and T. Kiss. 1999. Solution character-ization of vanadium (V) and-(Ⅳ) N-(phosphonomethyl) iminodiacetate complexes: Direct observation of one enantiomer converting to the other in an equilibrium mixture. Inorg. Chem. 38: 3275-3282.
[13] Crans, D. C., L. Yang, T. Jakusch, and T. Kiss. 2000. Aqueous chemistry of ammonium (dipicolinato) oxovanadate (V): The first organic vanadium (V) insulin-mimetic compound. Inorg. Chem. 39: 4409-4416.
[14] Heath, E. and O. W. Howarth. 1981. Vanadium-51 and oxygen-17 nuclear magnetic resonance study of vanadate (V) equilibria and kinetics. J. Chem. Soc., Dalton Trans. 1105-1110.
[15] Diehl, P. and C. L. Khetrapal. 1969. NMR studies of molecules oriented in the nematic phase of liquid crystals. Springer-Verlag, Berlin.
[16] Khetrapal, C. L., A. C. Kunwar, A. S. Tracey, and P. Diehl. 1975. Lyotropic liquid crystals. Springer-Verlag, Berlin.

[17] Paulsen, K. and D. Rehder. 1982. Nuclear quadrupole perturbations in 51-V NMR spectra of oxovanadium (+V) complexes. Z. Naturforsch. 37a: 139-149.

[18] Khetrapal, C. L. and A. C. Kunwar. 1977. NMR studies of molecules oriented in thermotropic liquid crystals. Academic Press, New York.

[19] Nielsen, U. G., H. J. Jakobsen, J. Skibsted, and P. Norby. 2001. Crystal structure of α-$Mg_2V_2O_7$ from synchrotron x-ray powder diffraction and characterization by 51V MAS NMR spectroscopy. J. Chem. Soc., Dalton Trans. 3214-3218.

[20] Delmair, F., M. Rigole, E. A. Zhilinskaya, A. Aboukais, R. Hubaut, and G. Mairesse. 2000. ^{51}V magic angle spinning solid state NMR studies of $Bi_4V_2O_{11}$ in oxidized and reduced states. Phys. Chem. Chem. Phys. 2: 4477-4483.

[21] Huang, W., L. Todaro, P. A. Glenn, R. Beer, L. C. Francesconi, and T. Polenova. 2004. ^{51}V Magic angle spinning NMR spectroscopy of Keggin anions [$PVnW_{12-n}O_{40(3+n)-}$]: Effect of countercation and vanadium substitution on fine structure constants. J. Am. Chem. Soc. 126: 11564-11573.

[22] Huang, W., L. Todaro, L. C. Francesconi, and T. Polenova. 2003. ^{51}V Magic angle spinning NMR spectroscopy of six-coordinate Lindqvist oxoanions: A sensitive probe for the electronic environment in vanadium-containing polyoxometalates. Counter-ions dictate the ^{51}V fine structure constants in polyoxometalate solids. J. Am. Chem. Soc. 125: 5928-5938.

[23] Iida, M. and A. S. Tracey. 1991. ^{59}Co NMR investigation of $Co(CN)_6^{3-}$ and $Co(NH_3)_6^{3+}$ interactions in nematic liquid crystalline surfactant solution. J. Phys. Chem. 95: 7891-7896.

[24] Tracey, A. S. and T. L. Boivin. 1984. Interaction of alkali metal and halide ions in lyotropic liquid crystalline solution. J. Phys. Chem. 88: 1017-1023.

[25] Tracey, A. S. and K. Radley. 1985. A vanadium-51 nuclear magnetic resonance inves-tigation of vanadate oxyanions in a lyotropic liquid crystalline bilayer system. Can. J. Chem. 63: 2181-2184.

[26] Weiss-Lopez, B. E., C. Gamboa, and A. S. Tracey. 1995. Location and average align-ment of alkylpyridinium ions in cationic nematic lyomesophases. Langmuir 11: 4844-4847.

[27] Stover, J., C. D. Rithner, R. A. Inafaku, D. C. Crans, and N. E. Levinger. 2005. Interaction of dipicolinatodioxovanadium (V) with polyatomic cations and surfaces in reverse micelles. Langmuir 21: 6250-6258.

[28] Pettersson, L., I. Andersson, and B. Hedman. 1985. Multicomponent polyanions. 37. A potentiometric and 51-V NMR study of equilibria in the H^+-HVO_4^{2-} system in 3.0MNa(ClO_4) medium covering the range 1<-lg [H^+] <10. Chem. Scr. 25: 309-317.

[29] Tracey, A. S., J. S. Jaswal, and S. J. Angus-Dunne. 1995. Influences of pH and ionic strength on aqueous vanadate equilibria. Inorg. Chem. 34: 5680-5685.

[30] Pettersson, L., B. Hedman, I. Andersson, and N. Ingri. 1983. Multicomponent poly-anions. 34. A potentiometric and 51-V NMR study of equilibria in the H^+-HVO_4^{2-} system in 0.6 M Na(Cl) medium covering the range 1<-lg [H^+] <10. Chem. Scr. 22: 254-264.

[31] Andersson, I., L. Pettersson, J. J. Hastings, and O. W. Howarth. 1996. Oxygen and vanadium exchange processes in linear vanadate oligomers. J. Chem. Soc., Dalton Trans. 3357-3361.

[32] Harnung, S. E., E. Larsen, and E. J. Pedersen. 1993. Structure of monovanadates in aqueous solution. Acta Chem. Scand. 47: 674-682.

[33] Cruywagen, J. J., J. B. B. Heyns, and A. N. Westra. 1996. Protonation equilibria of mononuclear vanadate: Thermodynamic evidence for the expansion of the coordina-tion number in VO^{2+}. Inorg. Chem. 35: 1556-1559.

[34] Buhl, M. 1999. Theoretical study of a vanadate peptide complex. J. Comp. Chem. 20: 1254-1261.

[35] Pettersson, L., B. Hedman, A.-M. Nenner, and I. Andersson. 1985. Multicomponent polyanions. 36. Hydrolysis and redox equilibria of the H^+-HVO_4^{2-} system in 0.6 M Na(Cl). A complementary potentiometric and 51-V NMR study at low vanadium concentrations in acid solution. Acta Chem. Scand. A 39: 499-506.

[36] Buhl, M. and M. Parrinello. 2001. Medium effects on ^{51}V NMR chemical shifts: A density functional study. Chem. Eur. J. 7: 4487-4494.

[37] Day, V. W., W. G. Klemperer, and O. M. Yaghi. 1989. A new structure type in poly-oxoanion chemistry: Synthesis and structure of the $V_5O_{14}^{3-}$ anion. J. Am. Chem. Soc. 111: 4518-4519.

[38] Nakano, H., T. Ozeki, and A. Yagasaki. 2002. $(Et_4N)_4[V_4O_{12}]2H_2O$. Acta Crystallogr., Sect. C C58: m464-m465.

[39] Hamilton, E. E., P. E. Fanwick, and J. J. Wilker. 2002. The elusive vanadate $(V_3O_9)^{3-}$: Isolation, crystal structure, and nonaqueous solution behavior. J. Am. Chem. Soc. 124: 78-82.

[40] Druskovich, D. M. and D. L. Kepert. 1975. Base decomposition of decavanadate. J. Chem. Soc., Dalton Trans. 947-951.

[41] Day, V. W., W. G. Klemperer, and D. J. Maltbie. 1987. Where are the protons in $H_3V_{10}O_{28}^{3-}$? J. Am. Chem. Soc. 109: 2991-3002.

[42] Roman, P., A. Aranzabe, A. Luque, J. M. Gutierrez-Zorrilla, and M. Martinez-Ripoll. 1995. Effects of protonation in decavanadates: Crystal structure of tetrakis (n-hexylammonium) dihydrogendecavanadate (V). J. Chem. Soc., Dalton Trans. 2225-2231.

[43] Murmann, R. K. and K. C. Giese. 1978. Mechanism of oxygen-18 exchange between water and the vanadium(V) oxyanion: $V_{10}O_{28}^{6-}$. norg. Chem. 17: 1160-1166.

[44] Clare, B. W., D. L. Kepert, and D. W. Watts. 1973. Kinetic study of the acid decom-position of decavanadate. J. Chem. Soc., Dalton Trans. 2479-2487.

[45] Tracey, A. S. 2003. Applications of ^{51}V NMR spectroscopy to studies of the complex-ation of vanadium (V) by α-hydroxycarboxylic acids. Coord. Chem. Rev. 237: 113-121.

[46] Harrison, A. T. and O. W. Howarth. 1985. High-field vanadium-51 and oxygen-17 nuclear magnetic resonance study of peroxovanadates. J. Chem. Soc., Dalton Trans. 1173-1177.

[47] Andersson, I., L. Pettersson, J. J. Hastings, and O. W. Howarth. 1996. Oxygen and vanadium exchange processes in linear vanadate oligomers. J. Chem. Soc., Dalton Trans. 3357-3361.

[48] Crans, D. C., H. Chen, O. P. Anderson, and M. M. Miller. 1993. Vanadium (V)-protein model studies: Solid-state and solution structure. J. Am. Chem. Soc. 115: 6769-6776.

[49] Larson, J. W. 1995. Thermochemistry of vanadium (V+) in aqueous solutions. J. Chem. Eng. Data 40: 1276-1280.

[50] Elvingson, K., A. G. Baro, and L. Pettersson. 1996. Speciation in vanadium bioinor-ganic systems. 2. An NMR, ESR, and potentiometric study of the aqueous H^+-vanadate-maltol system. Inorg. Chem. 35: 3388-3393.

[51] Elvingson, K., M. Fritzsche, D. Rehder, and L. Pettersson. 1994. Speciation in vanadium bioinorganic systems. 1. A potentiometric and ^{51}V NMR study of aqueous equilibria in the H^+-vanadate (V)-L-α-alanyl-L-histidine system. Angew. Chem., Int. Ed. Engl. 48: 878-885.

3 钒酸盐的单齿配体

3.1 醇类及酚类

钒酸盐单体同醇类和酚类可发生快速的可逆反应,反应在室温下几毫秒就可发生。产物为烷氧钒酸盐衍生物、单酯和二酯。钒酸盐发生质子化时,OH 被 OR 或 OAr 取代,并生成水。与钒酸盐同其他配体的反应相比,该反应强度很弱,在中性条件下钒酸盐乙酯($V + L \rightleftharpoons VL$)的形成常数约为 0.2L/mol,是苯基钒酸盐形成常数的 5 倍左右。随后钒酸盐与第二个配体形成二元酸酯的形成常数与此相当。在不存在水的强迫条件下,钒酸盐可以同醇形成三酯,但有水存在时,所形成的三酯会迅速水解。在非水溶液中,三酯有形成二聚体的明显趋势[1],其结构类似于二醇配合物(4.1.1节)。然而二聚反应似乎易受配体空间体积的影响,以大体积醇类制备的三酯不会形成二聚体[2]。有趣的是,由异丙醇制备的钒(V)氧三酯是形成五氧化二钒纳米棒、纳米线和纳米管的通用材料(第 12 章)。

尽管相对于其他配体,烷氧基和芳氧基钒酸盐并不易形成,但它们仍然在酶系中产生重要影响。例如,研究表明,钒酸盐在葡萄糖和葡萄糖-6-磷酸脱氢酶的存在下,很容易产生葡糖酸,葡糖酸是葡萄糖-6-磷酸代谢的常规产物[3]。一些代谢磷酸盐化合物的酶也有类似反应[4]。

烷基醇[5]和芳基醇[6]的电子性质特征对酯的形成十分重要,形成常数随配体的电负性增加而下降。电子对这两种类型配体的影响非常小,但钒酸盐与芳香配体的共振效应显示,芳香配体可以向钒酸盐的空 d 轨道提供 π 电子[6]。配体的电子特性对配位模型几何结构的影响将在第 9 章中详细讨论。

3.1.1 伯醇、仲醇、叔醇

配体体积对烷氧基钒酸盐形成的影响很小,钒酸盐与仲醇的反应比它与伯醇的反应更易进行。原因可能是 V—OR 键较长(约 1.9nm),有利于减少空间相互作用。即使是非常大的醇类,如叔丁醇,也易形成醇基钒酸盐。对乙醇溶液的热力学研究表明,钒酸乙酯可以在几毫秒内形成。在 328K 和 pH 值为 7.5 的条件下,交换速率常数 $k_f[E_tOH] = 0.97 \times 10^3 s^{-1}$,$k_h[H_2O] = 1.3 \times 10^3 s^{-1}$[7]。

关于配体对烷氧基钒酸盐 ^{51}V 化学位移的系统性影响的研究表明,发生在

3.1 醇类及酚类

$-559×10^{-4}$%处的化学位移有较重要的意义[8]。负一价伯烷基酯的化学位移向$-559×10^{-4}$%的低场迁移（VO_4H_2的化学位移为$-560×10^{-4}$%），而仲烷基酯的位移向该化学位移的高场移动。此外，从某种意义上来说化学位移具有可加性，因为二烷基氧钒酸盐的化学位移是单烷基氧衍生物（$-559×10^{-4}$%）的两倍。这种化学位移的加和性似乎也适用于配体。因此，若两个单烷氧基钒酸盐（VR 和 VR'）的化学位移是已知的，则3个双配体配合物 VRR、VR'R'和 VRR'的化学位移是可以预测的。表3-1给出了各种醇的化学位移的实验值和计算值。有关这种现象的数据并不多，而且很可能存在异常值。虽然这种关系适用于已经研究过的仲醇，但它很有可能不适用于体积庞大的配体，V—O 的键长较长（约1.9nm）这一事实可能会减轻这种差异。此外当溶液中咪唑浓度为100mmol/L时，这种可加性关系将被打破[9]，说明钒烷氧基咪唑配合物正在形成。本书9.1节将详细介绍这一现象。

目前尚不清楚$-559×10^{-4}$%处的化学位移代表什么。它接近负一价钒酸盐的化学位移（$-560×10^{-4}$%），但不能说它代表负一价钒酸盐的化学位移。它可能相当于某些物质，这些物质在水存在时形成钒酸盐，但在乙醇溶液中也会产生烷氧基钒酸盐。

钒酸盐二聚体二价阴离子也有两个羟基，容易形成单烷氧和二烷氧衍生物。环状的钒酸盐四聚体和钒酸盐五聚体表现出不同的情况，因为它们不与醇发生反应。这两种低聚物的离子状态阻碍了酯类的形成。然而，钒酸盐十聚体的情况不同。在适当的条件下钒酸盐十聚体的多个氧原子上会发生质子化反应，OHs基团被OR基团取代。事实上，^{51}V NMR 研究[4]显示单甲基化钒酸盐十聚体的甲基位于钒酸盐十聚体的一个三键氧上，与在双质子化钒酸盐十聚体，十钒酸二氢四阴离子中的氢的位置一样[10]。钒酸盐十聚体也可以同二肽形成具有良好特征的配合物，其相互作用的介导是通过氢键与钒酸盐十聚体的氧发生反应，而不是改变钒配合物配位壳层。尽管这些配合物在固相中很容易形成，但其在溶液中不稳定[11]。

很少有关于醇与钒配合物以五配位或六配位配合的研究。钒与乙醇胺的配合物和醇形成杂配位产物[12]。这些物质的形成常数在0.2~0.5L/mol之间，与烷氧基钒酸盐的形成常数类似。

表3-1 脂肪醇（ROH）负一价钒酸盐配合物化学位移（%）的实验值和计算值

配体	$\delta\ ROVO_2OH^-$	$\delta(RO)_2VO_2^-$	$\delta(RO)_2VO_2^-$(计算值)
CH_3OH	$-551.0×10^{-4}$	$-543.3×10^{-4}$	$-543.0×10^{-4}$
CH_3CH_2OH	$-555.0×10^{-4}$	$-552.4×10^{-4}$	$-551.0×10^{-4}$
$(CH_3)_3COH$	$-574.6×10^{-4}$	$-597.1×10^{-4}$①	$-590.2×10^{-4}$

续表 3-1

配体	$\delta\ ROVO_2OH^-$	$\delta(RO)_2VO_2^-$	$\delta(RO)_2VO_2^-$(计算值)
$CH_3CHOHCH_3$	-561.8×10^{-4}	-564.6×10^{-4}	-564.6×10^{-4}
$CH_3CHOHCH_2CH$	-562.2×10^{-4}	-564.8×10^{-4}	-565.4×10^{-4}
$CH_3CHOHCH_2CH_2OH$	—	—	—
伯醇	-556.0×10^{-4}	-552.9×10^{-4}	-553.0×10^{-4}
仲醇	-564.0×10^{-4}	-569.5×10^{-4}	-569.0×10^{-4}
混合醇	—	-560.9×10^{-4}	-561.0×10^{-4}
CH_2OHCH_2OH	-556.1×10^{-4}	-553.4×10^{-4}	-553.2×10^{-4}
$CH_3C(CH_2OH)_3$	-556.1×10^{-4}	-553.0×10^{-4}	-553.2×10^{-4}
$HCCCH_2CH_2OH$	-557.8×10^{-4}	-556.1×10^{-4}	-556.6×10^{-4}
$NCCH_2CH_2OH$	-561.0×10^{-4}	-564.6×10^{-4}	-563.0×10^{-4}
CF_3CH_2OH	-562.9×10^{-4}	-566.5×10^{-4}	-566.8×10^{-4}

注：所有化学位移值来自 Tracey et al. [5,8]
①来自50% 丙酮/水溶液。

3.1.2 酚

苯醚配合物的形成常数约是烷氧基钒酸盐的形成常数的5倍，在中性条件下形成单配体配合物（$V + L \rightleftharpoons VL$）的形成常数约为 1L/mol。已有关于一些酚类化合物的配合作用的研究，其专注于探讨吸电子和供电子对苯醚酯形成的影响[6]。与对脂肪醇[5,9]的研究结果类似，吸电子与供电子对产物形成的影响很小。然而，π 电子的贡献会明显影响配合物的形成。

3.2 胺类及酸类

3.2.1 脂肪族和芳香族胺类

钒酸盐与脂肪族胺类（如乙胺）只有非常微弱的反应。因此，钒酸盐和脂肪族胺的反应尚未广泛研究，但已有研究表明这类反应类似于钒酸盐与醇的反应。此外，对多齿配体已有大量研究，研究表明氨基在功能上是钒配合物形成的一个关键组成部分（4.4 节）。

显然，钒酸盐与芳香胺（如吡啶、咪唑）的反应比与脂肪族胺的反应更强烈，但即便如此，反应仍较弱。虽然不易反应，但在高吡啶浓度的水溶液中可形成吡啶配合物 VL_2，其形成常数与二烷基氧钒酸盐配合物的形成常数接近[13]。在咪唑浓度较低时，没有观察到咪唑配合物的形成[14]。然而，在各种醇存在时，

3.2 胺类及酸类

咪唑对钒酸盐反应平衡的影响与咪唑配合物的形成完全一致[9]。咪唑作为各种螯合物的异配体，如乙二醇和过氧化氢的异配体，具有更高的反应活性。

3.2.2 羧酸、磷酸盐、砷酸盐和硫酸盐

酸容易与钒酸盐反应生成类似酯的酸类似物——混合酸酐。当然，钒酸盐可与本身缩合形成钒酸盐二聚体，但同样与磷酸盐（P）或砷酸盐（As）反应形成磷钒酸盐或砷钒酸盐配合物[15]。离子强度（氯化钾）为 1.0mol/L 时，反应（$V^{1-}+L^{1-}\rightleftharpoons VL^{2-}$）的形成常数为（64±3）L/mol 和（21±2）L/mol，L 分别为 P 或 As[15]。尽管钒酸盐三聚体是已知的，但不易形成，同样，磷钒二磷酸盐（PVP）也不易形成。然而，相关的化合物二磷酸钒酸盐，即 PPV，像螯合的焦磷酸盐复合物一样，很容易从焦磷酸形成。这类混合酸酐的形成，如磷钒酸盐和羧酸钒酸盐的反应，应引起注意，因为它们可能显著影响所观察的化学反应。例如，已发现其对钒酸盐催化氧化 5-酮-葡萄糖酸有影响[16]。

钒酸盐与脂肪酸及与负一价磷酸盐离子的反应速度均显著高于钒酸盐与醇的反应速度，缩合反应在毫秒内完成。磷酸烷基酯［如腺苷一磷酸（AMP）］与钒酸盐反应形成烷基磷酸钒酸盐。AMP 形成 AMPV、ADP 的类似物。羧酸与磷酸盐和砷酸盐的情况不同，它会与钒酸盐同时形成单羧酸和二羧酸配合物[17]。强酸（如硫酸）仅在极酸性条件下产生有效的质子化作用时才与钒酸盐发生反应，这与在缩合反应中去除水的现象一致。

虽然酯和酸酐形成的机制尚不清楚，但很可能涉及五配位过渡态。可以从甲醇溶液中钒酸盐和磷酸盐的混合反应中找到一些证据。将磷酸盐加入反应溶液，其大大提高了单甲基酯和二甲基酯之间的平衡速率，这与快速形成混合甲氧磷酸钒酸盐类配合物一致，甲氧磷酸钒酸盐类配合物被认为是五配位中间物[18]。此外，钒酸盐的三角双锥几何结构较为常见，因此形成这样的过渡态结构并不意外。事实上，已有一些证据证明了中间态结构的形成。长链烷基酸（如戊酸）的反应在−536×10^{-4}% 处产生 ^{51}V 产物信号。钒在这个配合物中的配位还不清楚，但 ^{51}V 产物信号清楚地表明钒与烷基羧酸形成了四面体以外的产物。有趣的是，虽然不如磷酸盐有效，咪唑[9]与磷酸盐对交换速率有相似的影响，并且反应机制很可能是一样的。磷酸盐和二磷酸盐及三磷酸盐可有效竞争钒酸盐与乙二醇等其他配体的配位，但是不能有效竞争钒酸盐与核苷酸核糖环的配位[19]。

3.2.3 含巯基配体

很少有关于钒酸盐与孤立烷基巯基配体配合作用的报道。在水溶液中，显然不存在钒酸盐与巯基的配合，除非可发生多配位反应。已知硫能够取代钒酸盐的氧并产生相应的硫化钒配合物（VS_4^{3-}）[20]。在钒酸盐与硫化氢反应平衡的研究中

3 钒酸盐的单齿配体

探讨了这一化学性质[21]。在2-硫钒酸盐和3-硫钒酸盐中硫可顺序替换氧,即存在VO_4^{3-}、VO_3S^{3-}、$VO_2S_2^{3-}$、VOS_3^{3-}、VS_4^{3-}、和相应的VO_4H^{2-}衍生物。令人惊奇的是,没有发现相应的$VO_4H_2^-$硫钒酸盐衍生物。硫在钒酸盐二聚体四阴离子中也可以取代氧,但只产生对称替代产物$O_3VSVO_3^{4-}$、$O_2SVSVO_2S^{4-}$和$S_3VSVS_3^{4-}$。除了上面提到的配合物,还形成了其他硫钒酸盐,但其特征尚不清楚。它们中的一些似乎是不对称钒酸盐二聚体衍生物,而且可能是负一价硫钒酸盐类。

参 考 文 献

[1] Priebsch, W. and D. Rehder. 1990. Oxovanadium alkoxides: Structure, reactivity, and 51-V NMR characteristics. Crystal and molecular structures of VO(OCH$_2$CH$_2$Cl)$_3$ and VOCl$_2$(THF)$_2$H$_2$O. Inorg. Chem. 29: 3013-3019.

[2] Crans, D. C., H. Chen, and R. A. Felty. 1992. Synthesis and reactivity of oxovanadium (Ⅴ) trialkoxides of bulky and chiral alcohols. J. Am. Chem. Soc. 114: 4543-4550.

[3] Nour-Eldeen, A. F., M. M. Craig, and M. J. Gresser. 1985. Interaction of inorganic vanadate with glucose-6-phosphate dehydrogenase. J. Biol. Chem. 260: 6836-6842.

[4] Stankiewicz, P. J. and A. S. Tracey. 1995. Stimulation of enzyme activity by oxovanadium complexes. Met. Ions Biolog. Syst. 31: 259-285.

[5] Tracey, A. S., B. Galeffi, and S. Mahjour. 1988. Vanadium (Ⅴ) oxyanions. The dependence of vanadate ester formation on the pK$_a$ of the parent alcohols. Can. J. Chem. 66: 2294-2298.

[6] Galeffi, B. and A. S. Tracey. 1988. The dependence of vanadate phenyl ester formation on the acidity of the parent phenols. Can. J. Chem. 66: 2565-2569.

[7] Gresser, M. J. and A. S. Tracey. 1985. Vanadium (Ⅴ) oxyanions: The esterification of ethanol with vanadate. J. Am. Chem. Soc. 107: 4215-4220.

[8] Tracey, A. S. and M. J. Gresser. 1988. The characterization of primary, secondary, and tertiary vanadate alkyl esters by 51-V nuclear magnetic resonance spectroscopy. Can. J. Chem. 66: 2570-2574.

[9] Crans, D. C., S. M. Schelble, and L. A. Theisen. 1991. Substituent effects in organic vanadate esters in imidazole-buffered aqueous solutions. J. Org. Chem. 56: 1266-1274.

[10] Roman, P., A. Aranzabe, A. Luque, J. M. Gutierrez-Zorrilla, and M. Martinez-Ripoll. 1995. Effects of protonation in decavanadates: Crystal structure of tetrakis (n-hexylammonium) dihydrogendecavanadate (Ⅴ). J. Chem. Soc., Dalton Trans. 2225-2231.

[11] Crans, D. C., M. Mahroof-Tahir, O. P. Anderson, and M. M. Miller. 1994. X-ray structure of (NH$_4$)$_6$(Gly-Gly)$_2$V$_{10}$O$_{28}$·4H$_2$O: Model studies for polyoxometalate-protein interactions. Inorg. Chem. 33: 5586-5590.

[12] Crans, D. C., H. Chen, O. P. Anderson, and M. M. Miller. 1993. Vanadium (Ⅴ)-protein

model studies: Solid-state and solution structure. J. Am. Chem. Soc. 115: 6769-6776.

[13] Galeffi, B. and A. S. Tracey. 1989. 51-V NMR investigation of the interactions of vanadate with hydroxypyridines and pyridine carboxylates in aqueous solution. Inorg. Chem. 28: 1726-1734.

[14] Elvingson, K., D. C. Crans, and L. Pettersson. 1997. Speciation in vanadium bioinorganic systems. 4. Interactions between vanadate, adenosine and imidazole—an aqueous potentiometric and ^{51}V NMR study. J. Am. Chem. Soc. 119: 7005-7012.

[15] Gresser, M. J., A. S. Tracey, and K. M. Parkinson. 1986. Vanadium (V) oxyanions: The interaction of vanadate with pyrophosphate, phosphate and arsenate. J. Am. Chem. Soc. 108: 6229-6234.

[16] Matzerath, I., W. Klaui, R. Klasen, and H. Sahm. 1995. Vanadate catalyzed oxidation of 5-keto-D-gluconic acid to tartaric acid: The unexpected effect of phosphate and carbonate on rate and selectivity. Inorg. Chim. Acta 237: 203-205.

[17] Tracey, A. S., H. Li, and M. J. Gresser. 1990. Interactions of vanadate with mono- and dicarboxylic acids. Inorg. Chem. 29: 2267-2271.

[18] Tracey, A. S., M. J. Gresser, and B. Galeffi. 1988. Vanadium (V) oxyanions. Interactions of vanadate with methanol and methanol/phosphate. Inorg. Chem. 27: 157-161.

[19] Geraldes, C. F. G. C. and M. M. C. A. Castro. 1989. Multinuclear NMR studies of the interaction of vanadate with mononucleotides, ADP and ATP. J. Inorg. Biochem. 37: 213-232.

[20] Do, Y., E. D. Simhon, and R. H. Holm. 1985. Tetrathiovanadate (V) and tetrarhenate (VII): Structures and reactions, including characterization of the VFe_2S_4 core unit. Inorg. Chem. 24: 4635-4642.

[21] Harrison, A. T. and O. W. Howarth. 1986. Vanadium-51 nuclear magnetic resonance study of sulphido- and oxosulphido-vanadate (V) species. J. Chem. Soc., Dalton Trans. 1405-1409.

4 钒酸盐与多齿配体的水相反应

在钒酸盐和其低聚物以及单齿配体的反应产物中,四面体配位是最常见的配位几何构型。双齿配体中,情况有所改变,在单配体(monoligated species)中通常最常见的是五配位,如果后者的产物形成,钒酸盐二聚体(bisligated vanadates)中常见的是六配位。一个不同寻常的高配位的例子是被氧化成五价的鹅高黄素(一种小分子钒复合物),该五价钒配合物是八配位体[1],并且不同寻常的是它没有钒-桥氧基的存在。

4.1 乙二醇、α-羟基羧酸和二羧酸

乙二醇、α-羟基羧酸和二羧酸易与钒酸盐反应,形成的产物通常具有五配位几何结构。配位数的增加通常是通过一种二聚产物的形成而实现的,该二聚产物是以1个环状的[VO]$_2$为中心的,该结构的元素是钒酸盐配位的定义属性之一,并且桥联是以图4-1a中所给的方式,通过氧联,烷氧基联甚至是过氧联的方式形成的。配位中心的VO键长度通常差别不大,尽管这种差别是允许存在的。通常情况下,参与核心形成过程的氧不是来自VO$_2$桥氧基的氧。VO$_2$的VO键长度非常短,约为0.16nm。在[VO]$_2$核心中发现V-oxo键的实例中,主钒始终保持着一个短键。例如,在水杨酸希夫碱配合物(图4-1a)中就观察到了这种情况,其中一个钒的VO键长为0.1678nm,而另一个为0.2445nm[2]。将0.1605nm的VO键长与中心外的VO键比较,晶体复合物核心中的VO长键表明,当晶体材料在水溶液中时,二聚体是无法存在的。事实上,这种类型的二聚体在溶液中从未被报道过。

如图4-1b所示的1,2-二醇,其中VO$_2$基团的氧没有并入中心结构,该复合物的二聚结构在水溶液中是占有优势的。对于核苷配合物,VO$_2$部分的VO键为0.1625nm和0.1626nm,而配合物中心的单个VO键长度为0.2036nm和0.1983nm[3]。在α-羟基羧酸盐配合物中,也观察到类似于衍生自二醇的二聚体结构,发现配合物的VO键长差不多是一样的,VO$_2$中的VO键长为0.1605nm和0.1617nm,中心的VO键长为0.1973nm和0.1984nm[4]。其他能够在水溶液中保持结构的二聚体具有相似的键长。

配合物的中心往往非常接近平面,这或许能反映出VO$_2$功能性的主要影响。但是平面性不是必需的,在一些具有手性杂配体的钒过氧配合物中存在了与平面

性的显著偏差，其中 VO_2 基团的一个氧被过氧基团取代以提供 $VO(O_2)$ 基团[5]。

环状中心结构的形成也与过氧基团的氧有直接关系，如图 4-1c 中的二肽过氧钒酸盐配合物。这有点类似于席夫碱的情况，直接连接的过氧基团中钒与氧之间的距离是 0.1877nm 和 0.1892nm，与配合物中心相邻的氧与氧之间的距离相比，后者的键长长得多，分别为 0.2573nm 和 0.2660nm。至于希夫碱配合物，其二聚体不能在溶液中存在[6]。

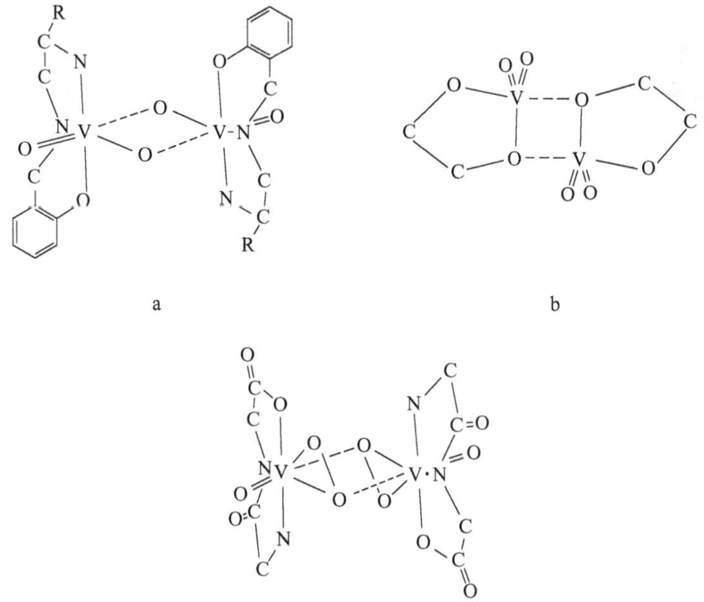

图 4-1 钒配合物中桥的形成方式

4.1.1 乙二醇：环己烷二醇、碳水化合物和核苷

钒酸盐与乙二醇和其他 1,2-二醇，如碳水化合物和核苷反应形成两种主要类型产物，反应可以以单齿的方式在羟基上发生，在个体羟基上形成钒酸酯。至于其他醇，这种反应的形成常数很小。将第二羟基结合到钒配位层中导致二次反应并形成二聚产物。尽管数据非常有限，但核苷和 β-甲基核苷的研究表明，二聚常数约为 $10^6 \sim 10^7$。如此大的二聚常数意味着很难观察到单体前体，尽管已经从钒酸盐/核苷的均衡研究[7,8]和晶体腺苷配合物的溶出度研究中推断出了其在溶液中的存在[3]。二聚常数的大小反映了在二聚反应中产生的 $[VO]_2$ 核心所能提供的稳定性。

乙醇酸衍生的双核钒配合物的 X 射线结构分析已经建立了三角双锥构型钒核的五配位排列情况[3,9]。溶出度研究与在水溶液中几何构型的保留结果完全一致。

然而，当配体是手性时，可以很容易地观察到一种有趣的动力学过程，这个过程如图 4-2 所示。对于图 4-2a 中含有手性配体的配合物，配合物的两个配体通过配合物的旋转而发生互变，因此两个配体是相同的。如果 V′—O′键和 V″—O″键断裂，就会形成图 4-2b 中的大环化合物。大环可以再生原始配合物或经历活性基团的侧向运动，然后再环化形成第二个对称产物，如图 4-2c 所示，即图 4-2a 的异构体。还有另一种反应，若图 4-3a 中原始配合物的 V″—O′和 V′—O″键如图 4-3b 中所示的方式断裂，会形成两种单体。如果一种单体相对于第二种单体旋转 180°并再次发生二聚反应，则形成第三种异构产物，如图 4-3c 所示。图 4-3c 中的两个配体不相同，这样的化合物将产生两组核磁共振信号（NMR）。随后键的

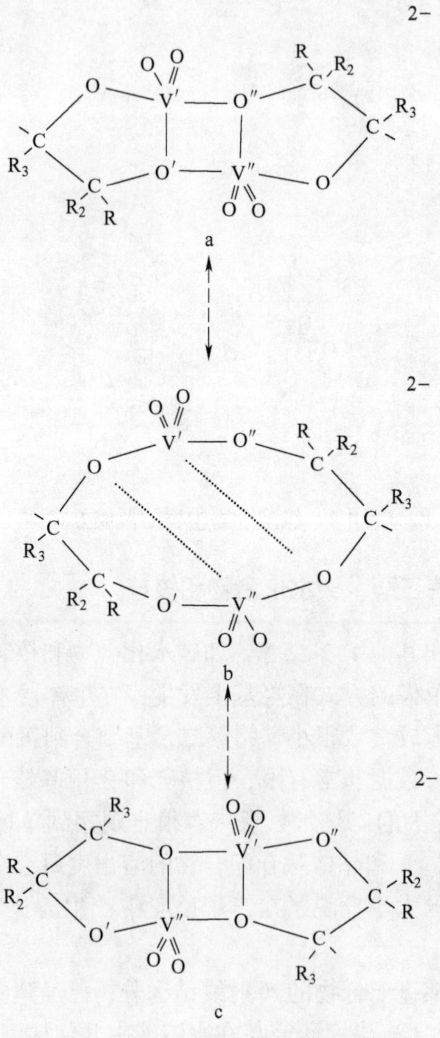

图 4-2 糖脂衍生的双核钒配合物的三种形态

4.1 乙二醇、α-羟基羧酸和二羧酸

断裂和图 4-2 中示意的再环化将使图 4-3c 中配合物的两个配体发生互变。虽然上述平衡作用所提出的大环没有在含羟基化合物中被报道过,但具有这种结构的大环已被表征为与乙二醇的二氯酸盐配合物[10]。这种晶体结构催化了上述两种类型的异构化反应,并且可以援引这种反应来解释四种腺苷的核磁共振信号,解释在晶体腺苷复合物溶解后它们之间的异构化[3]。

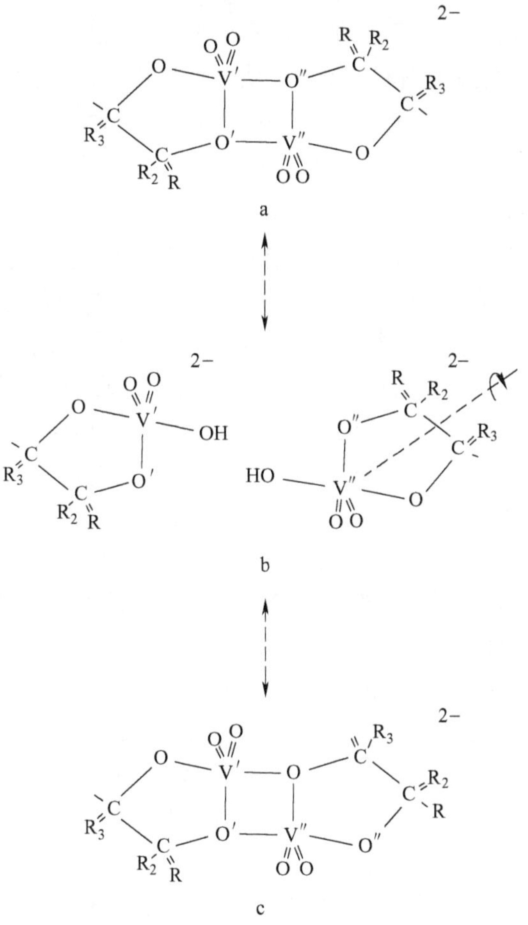

图 4-3 糖脂衍生的双核钒配合物在不同组合条件下的两种形态

实验观察到,环状的 1,2-二醇,如环己二醇[11]和吡喃糖单糖[11~13],其产物形成具有显著的立体特异性,观察到产物形成具有显著的立体特异性。对于这种类型的配体,与具有顺式羟基的情况相比,羟基彼此互为反式对形成配合物是不利的。例如,在类似的条件下,顺式环己烷二醇与反式配体形成的产物之间存在约 10 倍的因子。然而,在有呋喃糖环时,对产物的形成非常有利。使用呋喃糖

环，顺式羟基可以容易地以彼此接近平行的方式排列，并且这种几何结构促进了作为复合物产生的五元环结构的形成。在产物形成常数中显示，其中用核苷配合物形成的产物比用顺式 1,2-环己二醇形成的产物大 3 个数量级。

在用半乳糖 α-甲基吡喃糖苷时，观察到了一个有趣的反应。除了上述类型的双核钒配合物（$-521\times10^{-4}\%$）之外，还形成了具有类似 V_2L_2 化学计量比的副产物（$-502\times10^{-4}\%$）。该产物在核磁共振谱中是不同的，并且具有能够结合至少一种其他配体的性质[11]。由此看来，半乳糖苷似乎可以起三齿配体的作用，其中 C_6 羟基参与了配位反应。在不存在半乳糖苷的 1,2-顺式二醇功能的稳定影响时，不希望出现涉及 C_6 羟基的配位反应，因为这相当于 1,3 二醇的配位反应，这是不利的。考虑到具有五配位几何构型的二聚体（$-521\times10^{-4}\%$），$-502\times10^{-4}\%$ 产物很有可能具有钒的八面体配位。另外，容易形成一个明显的 V_2L_2 化学计量比的混合配位产物（$-517\times10^{-4}\%$，$-544\times10^{-4}\%$），它可能涉及 C_6 羟基的配位反应。如果配位反应确实涉及 C_6 羟基，那么相似的产物不能与相关的单糖、α-甲基甘露吡喃糖苷以及 α-甲基吡喃葡萄糖苷一同形成，并且它们不能被观察到。

人们曾试着在水溶液中寻找 1,3-二醇的双齿配合物，但并未发现，这表明它们的形成是非常困难的，但可以肯定的是，在适当的环境下，能够观察到它们的存在。它们可以作为与其他配体的杂配体在非水溶液中形成，但即使作为杂配合物，它们在水性环境中也会水解[14]。1,3-二醇螯合物的形成需要六元环，但很明显这种大小的环尺寸并非有利。当存在另外的稳定相互作用时，1,3-螯合物可以像三醇，1,1,1-三（羟甲基）乙烷那样形成，并且与三（羟甲基）氨基甲烷（Tris 缓冲液）的形成类似。正如在 1,2-二醇中所发现的，这些配合物在钒中是双核的，含有两个配体[15]。配位与 1,2 二醇的配位的相似似乎是合理的，只是在钒中心之间很可能由一个羟甲基桥连，如图 4-4 所示。桥连会提供大量形成这些产品所必需的稳定性。1,1,1-三（羟甲基）乙烷配合物在 $2V+2L \rightleftharpoons V_2L_2$ 反应中的形成常数在 pH 值为 7.5 时为 $(1.4\pm0.1)\times10^2 L^3/mol^3$。该形成常数比 1,2-二醇的形成常数小 4~5 个数量级，该 1,2-二醇具有有利的羟基取向，例如核苷[7]，但与其他 1,2-二醇配体差别不大。

三（羟甲基）氨基甲烷（Tris 缓冲液）作为杂配体与 1,2-二醇的配合物反应[7,15]，该杂配体反应表明胺官能度对于形成混合的二醇/杂配体配合物是很重要的。对胺的官能度不太可能有特定的要求，但即使是单齿胺，咪唑也很容易在钒酸盐/腺苷/咪唑（V/Ad/Im）混配体系中形成混合配合物[16]。该反应一个有趣的方面是平衡的转移，尽管在相当高的咪唑相对浓度下，平衡会从二聚二醇配合物（此时钒酸盐/腺苷单体相对不利）向至少两种高比例的钒酸盐/腺苷/咪唑化学计量比的产物转移。通过对多种钒酸盐/腺苷/咪唑产物的观察可以推测，反应中形成了几何异构体。具有二醇配合物的席夫碱配体比较容易形成,并且在这些类型的配合物中,存在胺官能度的直接键合[17]。

4.1.2 α-羟基羧酸、麦芽酚

氧化 1,2-乙二醇的一个羟基形成的 α-羟基羧酸增加了钒酸盐化学的复杂性。钒酸盐单体、钒酸盐二聚体、钒酸盐三聚体和更高聚合度的化合物由 α-羟基羧酸形成。除二聚体外,这些化合物的结构在任何程度上都不确定。

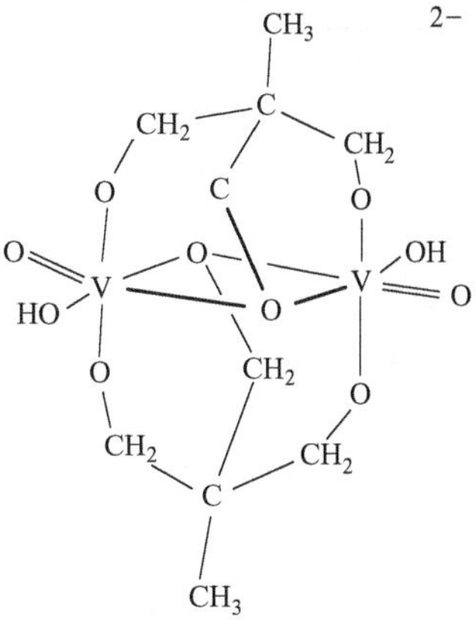

二聚体化合物在结构上类似于用 1,2-乙二醇形成的化合物。然而,二聚体化合物的化学

图 4-4 1,3-螯合物的配位方式

组成更简单一些。这是因为烷氧基中的氧可以参与两种不同钒键的形成过程(图 4-2),而羧基氧仅形成一种钒键。其主要结果是异构体的形成受到限制,尽管 1,2-乙醇酸衍生的配体可能是 3 种二聚体,但预期的 α-羟基羧酸配体仅有一个二聚体。因此,图 4-2 中描述的动态过程不起作用。许多晶体结构[18,19]揭示了这种结构选择性,相应地,核磁共振(NMR)波谱表明在溶液中仅形成 1 种二聚体,而不是 3 种具有羟乙酸类型配体的异构体。

在许多 α-羟基羧酸配合物的晶体结构中,核心接近于平面,配位体烷氧基的钒烷氧基键长约为 0.200nm,桥联 VO 键的钒烷氧基键长约为 0.196nm[18]。因此,这些长度仅相差约 3%。VO 氧键长度短得多,通常约为 0.162nm。核心是明显的菱形,OVO 角度范围为 71°~72°,而 VOV 角度为 108°~109°。表4-1 总结了多个不同配体的二聚的键距和角度。有趣的是,二醇配合物的结构与 α-羟基羧酸酯衍生物的结构非常相似。与 α-羟基羧酸配合物相比,其主要区别在于,二醇配合物中的 OVO 角略微压缩约 2°。从表 4-1 可以看出,在晶体基质中,核心可以通过晶体力从理想的菱形结构变形。如果将化合物投入溶液,不能保证这些扭曲持续存在。当然,没有任何核磁共振研究证明这种变形的存在。

与 1,2-乙醇酸配体的情况相反,与 α-羟基羧酰配体反应形成单体产物是高度受欢迎的,反应 $V^-+L^- \rightleftharpoons VL^{2-}$ 的形成常数为 20~30L/mol。然而,二聚化常数相对小得多,α-羟基异丁酸比核苷配体小约 3 个数量级。单体中钒的配位数是未知的,但因为较低的配位数更受青睐,但很可能是五配位的。事实上,VL 配合物可以在 VL(约 -503×10^{-4}%)和 VL_2(约 -518×10^{-4}%)之间,在 ^{51}V 化学位移没有显著变化的情况下加入附加配体,这表明当第二配体结合到配合物中时,配位几乎没有变化。

表 4-1　二醇和 α-羟基羧酸的各种二聚钒酸盐配合物 [VO]$_2$ 核心的键距和角度

项目		配体①				
		aden	man	glyc	lac	cit
键长	V$_1$—O$_{oxo}$	1.625 (2)	1.610 (7)	1.614 (2)	1.635 (5)	1.634 (3)
		1.626 (3)	1.630 (7)	1.614 (4)	1.617 (4)	1.618 (3)
	V$_2$—O$_{oxo}$	1.633 (3)	1.596 (8)	—②	1.599 (5)	—②
		1.630 (2)	1.631 (7)	—②	1.605 (4)②	
	V$_1$—O$_1$	2.036 (2)	2.002 (8)	1.998 (3)	1.998 (4)	2.017 (2)
	V$_1$—O$_2$	1.983 (2)	2.014 (6)	1.944 (2)	1.949 (3)	1.970 (2)
	V$_2$—O$_2$	2.042 (2)	2.061 (6)	2.004 (4)	—②	
	V$_2$—O$_1$	1.976 (2)	1.995 (6)	1.965 (3)	—②	
键角	O$_1$—V$_1$—O$_2$	69.20 (8)	69.3 (3)	71.14 (7)	71.6 (1)	70.9 (1)
	V$_1$—O$_1$—V$_2$	110.68 (9)	107.4 (8)	108.86 (7)	108.4 (1)	109.1 (1)
	O$_{oxo}$—V$_1$—O$_{oxo}$	109.3 (1)	108.9 (4)	107.87 (11)	107.9 (2)	106.9 (2)
	O$_1$—V$_2$—O$_2$	69.21 (8)	68.3 (3)	—②	71.19 (14)	—②
	V$_1$—O$_2$—V$_2$	110.18 (9)	104.4 (3)	—②	108.8 (3)	—②
	O$_{oxo}$—V$_2$—O$_{oxo}$	107.9 (1)	108.2 (5)	—②	108.8 (3)	—②
参考文献		[3]	[9]	[18]	[18]	[23]

①缩写：aden，腺苷；man，甲基-4-6-邻苯二甲酰-α-D-甘露聚糖苷；glyc，羟基乙酸；lac，乳酸；cit，柠檬酸。

②键长或键角与晶格对称性有关。

在适当条件下，具有 V$_3$L$_2$ 化学计量的附加配合物是溶液中的主要产物。现有证据表明，无论配体是不是手性的，各有一个附加配体的两个钒能通过旋转相互转换。图 4-5 中展示了两种最有可能的配位方式。这两种配位方式都允许异构体存在。当配体是手性结构时，结构 a 具有内型和外型，而对于结构 b，无论配体是否是手性的，都可能存在异构形式。到目前为止，还没有关于 V$_3$L$_2$ 配合物的报道。有证据表明，该过程中还形成了四核配合物。然而，作为副产品，其并没有得到很好的表征[20]。结构 a 更倾向于生成四核产物。-533×10^{-4}% 和 -550×10^{-4}% 的乳酸复合物（和其他类似配体）的化学位移，也与结构 a 的八面体/四面体钒类似。然而，支撑这两种配位的证据尚不明确。

三核配合物易于形成，但意外的是，没有关于钒酰二硝酸酯系统相应配合物的报道。然而，平衡是非常复杂的，在更简单的 α-羟基羧酸的平衡中发现的成分可能是观察不到的。在柠檬酸盐体系中，很容易形成 V$_2$L 产物。如果末端羧基和

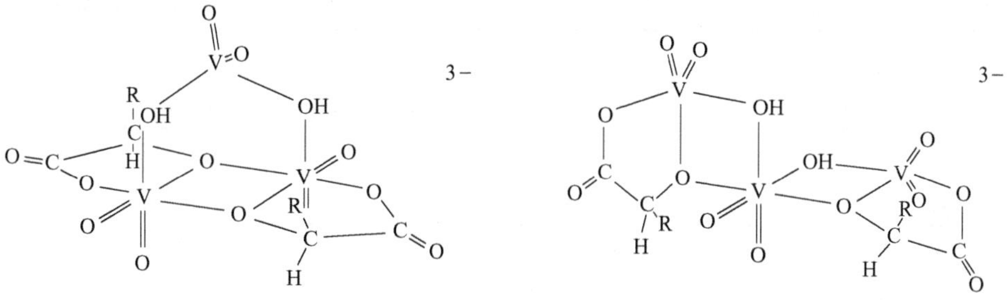

4.1 乙二醇、α-羟基羧酸和二羧酸

图 4-5 化学计量比为 V_3L_2 的配合物的两种配位方式

中心羟基都参与配合物的形成，则中心 V_2O_2 核可以在该配合物中形成[21]。这点很特别，因为这样的配合物不需要邻位羟基的羧酸基团。也就是说，它是 β-羟基配合物而不是 α-羟基配合物。然而，与在晶体结构[19,22,23]和溶液研究[21]中发现的一样，二聚 α-羟基配合物对柠檬酸酯配体和与之密切相关的同柠檬酸盐都有很好的代表性[24]。pH 值低于 7 时，2R, 3R-酒石酸与钒酸盐四聚体有效配合，形成 V_4L_2 化学计量的独特配合物。在这个配合物中，每个钒都是五配位的（参见 8.1 节）。

麦芽酚（2-甲基-3-羟基-4-吡喃酮）是一种类似于 α-羟基羧酸的芳香类似物，令人惊讶的是，其几乎没有形成二聚体的倾向。相反，它的化学性质与草酸盐更相似，并且二醇配合物的 X 射线结构[25]展示出类似于在草酸盐配合物中发现的顺式八面体配位结构。在弱酸性到弱碱性溶液中，主要配合物是单配体和双配体衍生物。相应的钒化学位移分别为 $-509×10^{-4}$% 和 $-496×10^{-4}$%[25,26]。2-甲基-3-羟基-4-吡啶酮及其 N-甲基化衍生物，2-甲基-3-羟基-4-(N-甲基) 吡啶酮，这些与之密切相关的胺，形成了两种主要的产物。表 4-2 给出了 pH=7 时，各种产物的化学位移和形成常数。吡啶酮配体产生与 N-H 和 N-甲基配体不同的配合物（分别为 $-490×10^{-4}$，$-520×10^{-4}$% 和 $-489×10^{-4}$，$-519×10^{-4}$%），它们与麦芽酚和吡啶酮产物无关联。它们没有得到充分表征，但可能是类似于由 α-羟基羧酸形成的双核配合物。

表 4-2 pH=7 时，部分 2-甲基-3-羟基-4-吡喃酮和 4-吡啶酮配合物的 ^{51}V 化学位移和形成常数

配 体	化学位移/%	K_f	参考文献
$V_1 + L \rightleftharpoons VL$			
2-甲基-3-羟基-4-吡喃酮	$-509×10^{-4}$	$(4.0 ± 0.4)× 10^2$ L/mol	[25], [26]
2-甲基-3-羟基-4-吡啶	$-505×10^{-4}$	$(7.9 ± 0.4)× 10^3$ L/mol	—
2-甲基-3-羟基-(N-甲基)吡啶	$-504×10^{-4}$	$(1.2 ± 0.1)× 10^4$ L/mol	—
$V_1 + 2L \rightleftharpoons VL_2$			

续表 4-2

配体	化学位移/%	K_f	参考文献
2-甲基-3-羟基-4-吡喃酮	$-496×10^{-4}$	$(5.1 ± 0.4)× 10^6$ L²/mol²	[25]，[26]
2-甲基-3-羟基-4-吡啶	$-481×10^{-4}$	$(9.2 ± 1.0)× 10^6$ L²/mol²	—
2-甲基-3-羟基-(N-甲基)吡啶①	$-478×10^{-4}$	$(1.9 ± 1.0)× 10^7$ L²/mol²	—

①A. S. Tracey 和 H. Li 未发表的文章。

已经表明，单醛配合物的 pK_a 约为 $10^{[25,26]}$，而双配体物质除了在酸性条件下被质子化的情况下，没有 pK_a。因此，溶液中的双麦芽酚配合物似乎保留了在固体中发现的结构（见图 4-6a）。很难判断单配体配合物的结构是什么。因为它有一个 pK_a，所以它有一个可电离的质子，正如从它的充电状态-1 所预料的那样。这表明了是五配位形状。然而，钒中心可能是水合的，从而生成六配位钒中心。从表 4-1 可以确定，反应 V+L $\rightleftharpoons$ VL 的形成常数与反应 VL+L $\rightleftharpoons$ VL₂ 的形成常数没有很大的区别。这两个反应中无较强协同性可能表明，在反应中，从四面体配位到五配位体到八面体配位有逐步变化。此外，电子从结合水的氧向钒核转移，应该使结合水酸性更强，而不是更弱，如 pK_a 为 10 条件下表现的酸度。在这些基础上，单醛配合物将具有如图 4-6b 所示的五配位。当然，八面体配位（图 4-6c）不能明确排除，先前就已提出[25,26]。

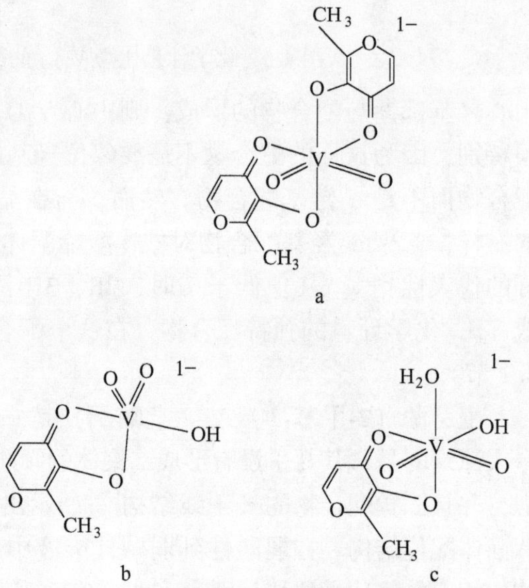

图 4-6 不同配位的双麦芽醇配合物

4.1.2.1 杂配体配合物

关于钒酸盐与二醇和 α-羟基羧酸盐的配合物，一个有趣的方面是它们与杂配体的反应。然而，钒酸盐化学的这一方面尚未得到很好的研究。这些反应可以产生单核和双核产物。钒酸盐在仅存在过量二醇的情况下显然不会产生除上述产物之外的产物，而过量的 α-羟基羧酸盐会产生含有两个配体的单核配合物，取代了双核配合物[27]，因此很明显，杂配体的配位潜力确实存在。例如，已经表明一些氨基醇可以与 1,2-二醇的配合物反应，同时消除一个二醇配体[7,15]。在这方面，发现双齿配体乙醇胺是无效的，而三（羟甲基）氨基甲烷形成 V_2LL' 化学计量的双核配合物。从这个观察结果看来，对于氨基醇来说，三齿配体是形成大量杂配体钒酸盐/二醇配合物的最低要求。另外，高咪唑浓度已被证明将大量二聚腺苷配合物转化为单体 VLL' 衍生物[16]。

衍生自取代单糖的 1，2-二醇，也被证明作为螯合杂配体结合到 L-氨基酸衍生的席夫碱配合物[17]。这些配合物中钒的配位是八面体，第六个配位点由氧配体占据。来自非水溶剂的 V-5 NMR 波谱显示，配位保留在溶液中。显然，化合物在水的存在下是稳定的，因为把 D_2O 加入 NMR 样品中并没有破坏配合物。

显然，当有水存在时，化合物是可以保持稳定的，如将 D_2O 加到核磁共振（NMR）样品中不会对待测化合物造成破坏。对于这些化合物有一个有趣的发现，在发生配位过程中，二醇配体的一个羟基并未失去质子。类似的羟基官能团可能是二醇配合物 V_2L_2 的重要组成，如已发现的腺苷复合物 $V_2Ad_2^{2-}$，其质子化产物为 $V_2Ad_2^{1-}$ [16]。对于 $V_2Ad_2^{2-}$，配体上的两个氧原子均发生去质子化，其去质子化步骤的 pK_a 为 4.21，但是据推测，当在酸性更强的条件下生成了 $V_2Ad_2^{1-}$ 时，其中的一个与相邻钒核共享的氧原子会发生质子化。这能够解释为什么观测不到第二步的质子化步骤，因为与 $V_2Ad_2^{1-}$ 相比，$V_2Ad_2^{0}$ 的酸度将会大幅增加。然而，已经有人提出了，质子化是发生在腺苷配体的氮（N1）上的[16]。

4.1.3 二羧酸：草酸、丙二酸和琥珀酸

已有的对钒酸盐和草酸盐（Ox）的水化学反应的详细研究给出了两种主要的产物[27, 28]。与 1,2-乙二醇和 α-羟基酸反应形成的主要化合物不同，草酸衍生物是具有 VL 和 VL_2 计量比的单体。毫无疑问，与在固体中发现的一样，溶液中的二草酸配合物是以顺式形式发生八面体配位[29,30]。此外，借助 ^{13}C 和 ^{17}O 的 NMR 发现单配体产物是以五配位形式存在的[30]。尽管这两种配合物的几何配位形式有明显差异，其化学位移却是十分相近的，即均在 $-536×10^{-4}$% 附近：VOx^-（$-533×10^{-4}$%）和 VOx_2^{3-}（$-536×10^{-4}$%）。

由于二草酸配合物是顺式八面体配位结构，所以草酸根上的两个羧基是不等价的。羧基之间的相互转化动力学是借助 ^{13}C NMR 进行研究的[31]。该研究结果证明了，草酸盐配体的一个 VO 键发生断裂，以形成五配位中间体。接着通过余下的 VO 键的旋转，发生再磁化，从而得到异构体产物。由于未观测到游离草酸的交换过程，所以解离/重组反应的动力学必定显著慢于草酸盐基团的内旋和环化作用。有趣的是，即使具有草酸酯这样的强配位配体，也很容易形成五配位结构。

在溶液中乙醇不会发生 1,3 配位反应，但与其不同的是，丙二酸十分容易发生 1,3 配位。虽然在相似条件下，丙二酸不像草酸盐那样是强配位配体，但其与

钒的配位反应仍是十分易发生的。链较长的二元酸不易发生配位反应，在这种配体中，琥珀酸可产生 3 种不同的配位形式：一种产物（$-541\times10^{-4}\%$）是以 VL_2 形式配比的，但在快速化学平衡中，据推测其配位方式与乙酸类似，然而另外两种产物（$-536\times10^{-4}\%$、$-548\times10^{-4}\%$）是以 VL 形式配比的，且其配位方式未知。戊烷 1,5-和己烷 1,6-二羧酸均可在 $-536\times10^{-4}\%$ 处产生 ^{51}V NMR 信号。预计对应于该化学位移的产物与戊酸盐和琥珀酸盐形成的产物具有相似的配位。

化学计量比为 VL 的配位物在 $-536\times10^{-4}\%$ 处产物的结构是猜想之一。存在快速交换产物时，产物 ^{51}V NMR 在时间尺度上缓慢交换的事实表明，$-536\times10^{-4}\%$ 处的产物有除了四面体之外的其他几何形状。吸电子基团倾向于增加配位数。2-甲基琥珀酸盐、琥珀酸盐和 2-氯琥珀酸系列在 $-536\times10^{-4}\%$ 处产物的形成常数呈系统性的增加（1.4L/mol，7.3L/mol，16.7L/mol），而在 $-541\times10^{-4}\%$ 处的快速交换产物的形成常数则呈系统性降低（9.1L/mol，5.8L/mol，<0.2L/mol）。$-541\times10^{-4}\%$ 配位物很有可能有四面体配位。如果是这样，则可推测在 $-536\times10^{-4}\%$ 处的化合物具有五配位或六配位的几何结构。如果它们是五配位的，则配位必须与形成酸酐的过渡态的配位不同，这增加了羧酸基团以双齿形式配位的可能性。然而，八面体配位似乎更有可能。

用琥珀酸观察到的剩余配位物（$-548\times10^{-4}\%$）表明两个羧基都参与了配位和八面体产物的形成过程。鉴于这些羧酸反应的复杂性，它们值得进一步研究，特别是琥珀酸反应。

4.2 异羟肟酸

异羟肟酸在其配位化学中提供了一个有趣的问题。它们是与氧肟酸盐还是羟肟酸盐形成配位？两种反应形式都是已知的。水杨异羟肟酸配体的配位导致三聚体簇的形成，其中的配合物是羟肟酸盐[32]，可惜这种三聚体簇在水溶液中不稳定。然而，由羟肟酸配位形成钒酸盐是一个非常有利的反应，它为许多分析过程提供了基础。即使是非常简单的羟肟酸，如 N-羟基乙酰胺，在较宽的 pH 范围内容易形成化学计量比为 VL 和 VL_2 的配位物[33]。不同的质子化状态的 N-羟基乙酰胺配体可能的配位方式见图 4-7。显然，VL 对应图 4-7a~c 所示的羟肟配合物。异核化学位移相关实验表明在苯并异羟肟酸配合物中有质子 J-偶联到 ^{15}N 上[34]。这不是和羟肟酸盐配合，因为其中没有质子连接到氮上。相反，混合的儿茶酚酸酯/水杨羟肟配合物的 X 射线结构清楚地显示，与水杨异羟肟酸配体配位的是羟肟酸盐，而不是氧肟酸盐[35]。

这种复合物经历了随 pH 值变化的一系列质子化/去质子化反应。表 4-3 给出了 N-羟基乙酰胺配合物的 ^{51}V 化学位移。从表中可以看出，VL 信号位置在其连续的去质子化步骤中以一致的方式变化，其值对于第一去质子化变化不大，但对

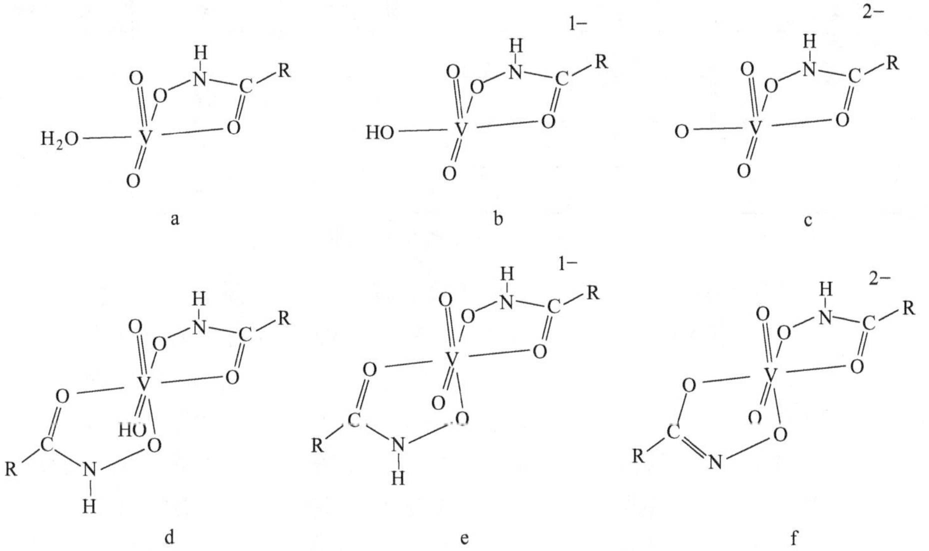

4.2 异羟肟酸

图 4-7 N-羟基乙酰胺配体在不同质子化状态下可能的配位方式

于第二去质子化显著改变。与 VL_2（图 4-7d～f）的情况完全不同，其中第一去质子化的化学位移的方向与第二去质子化的化学位移方向相反，而在这两种情况下变化的幅度都很大。已经提出，VL_2 的第二去质子化是通过配位改变使得一种配合物的一个配体不被螯合来实现的[33]。螯合损失极有可能发生。然而，如果在氮上发生去质子化，螯合物可以被保留。在这种情况下，电子重排提供了混合配体羟肟酸/氧肟酸配合物（图 4-7f）。

表 4-3 特定钒酸盐异羟肟酸配合物的 ^{51}V 化学位移

配体	配合物	化学位移/%	pK_a	参考文献
N-羟基乙酰胺①	VL^0	约 -512×10^{-4}	4.8	[33]
	VL^{1-}	-517×10^{-4}	8.4	
	VL^{2-}	约 -478×10^{-4}	—	
	VL_2^0	约 -430×10^{-4}	3.5	
	VL_2^{1-}	-503×10^{-4}	7.4	
	VL_2^{2-}	约 -460×10^{-4}	—	
2-氨基-N-羟基丙酰胺	VL^{1+}	-525×10^{-4}	4.4	[81]
	VL^0	-513×10^{-4}	7.3	

续表 4-3

配体	配合物	化学位移/%	pK_a	参考文献
2-氨基-N-羟基丙酰胺	VL^{1-}	-482×10^{-4}	—	[81]
	VL_2^{2+}	-420×10^{-4}	2.6	
	VL_2^{1+}	-503×10^{-4}	约 7.4	
	VL_2^0	-421×10^{-4}	—	

①假设 pK_a 值为 4.8，根据参考文献 [33] 中的数据重新计算化学位移。

在 pH 值为 7.5 时对一系列有意思的异羟肟酸类物质的研究揭示了反应 (V+L ⇌ VL(K_1) 和 VL+L ⇌ VL_2(K_2)) 中相对形成常数的极大差异[34]。K_1/K_2 的比值从 2300 到 0.13 变化约 4 个数量级。即使是密切相关的化合物 PheCH$_2$CONHOH 和 CH$_3$CONHOH 都具有非常不同的形成常数：K_1、K_2 分别为 440L/mol、3400L/mol 和 2100L/mol、410L/mol。尽管对于各种配体而言，K_1/K_2 存在很大差异，但形成常数 K_1、K_2 的产物相互之间差异在 10 倍之内。这意味着 VL_2 的整体形成对配体不敏感，且表明配位几何中存在逐步变化过程，其中 VL 具有与 VL_2 不同的几何形状（如图 4-7 所示）。

4.3 含硫酸盐配体

4.3.1 β-巯基乙醇和二硫苏糖醇

尽管多年来一直有断言称钒酸盐在配体如 β-巯基乙醇和二硫苏糖醇的存在下迅速被还原，但现在的研究证明这种断言是合理的。研究表明，β-巯基乙醇[36] 和二硫苏糖醇[37] 的钒（V）配合物在溶液中非常稳定。在 pH 值为 7.1 时，二硫苏糖醇配合物中钒的还原发生在约 90min 之内，但当 pH 值为 6.2 时，约 20min 内未观察到明显的钒（Ⅳ）产生。当 β-巯基乙醇钒（V）配合物晶体溶解在水中时，研究表明其能在溶液中存在数天[36]。但是，酸性条件会提供一个快速的还原过程，这并不意外，因为钒酸盐在酸性条件下是一个良好的电子受体[38]。没有关于这方面更为详细的研究报道了。然而，可以推测，还原过程可能涉及配合反应的中间体或副产物。例如，乙腈中的 β-巯基乙醇配合物非常稳定，且配合物的解离作用很小。在水中，配合物会分解并再生，因此钒的还原性不稳定。

与上述断言相反，其他研究者指出 β-巯基乙醇和二硫代苏糖醇还原钒酸盐的速度很快[39]。但是，该研究在反应混合物分析之前用高浓度的 HCl 处理过反应物。强酸性条件促进还原快速进行。然而，关于谷胱甘肽还原的一个非常有趣的结果也在这项研究中被报道。在 pH 值为 7.4 时 37℃ 条件下处理 1h 后加入 HCl，观察到谷胱甘肽还原了约 3% 的钒酸盐。这清楚地表明，谷胱甘肽没有迅速还原钒，无论是 β-巯基乙醇或二硫代苏糖醇，在相同条件下，还原几乎已完成。

4.3 含硫酸盐配体

只有一个 β-巯基乙醇钒酸盐配合物 ($-362\times10^{-4}\%$) 已被报道（图4-8）。表面上，钒的配位与1,2-二醇和α-羟基酸配体的配位没有明显区别。在固体中，化学计量比为 V_2L_2 的配合物为双核钒配合物[36]。配体的氧和硫均被连接，但只有氧参与桥联反应。因此，该配合物的特性在于中心 [VO]$_2$ 核，如二醇和羟基羧酸酯配位体所发现的。溶出度研究与该结构在水溶液中的保留完全一致。显然，2-氨基乙硫醇这种结构类似的化合物不是钒酸盐的良好配体[40]。这揭示了胺氮不能同时以类似羟基氧的方式配合两个钒。

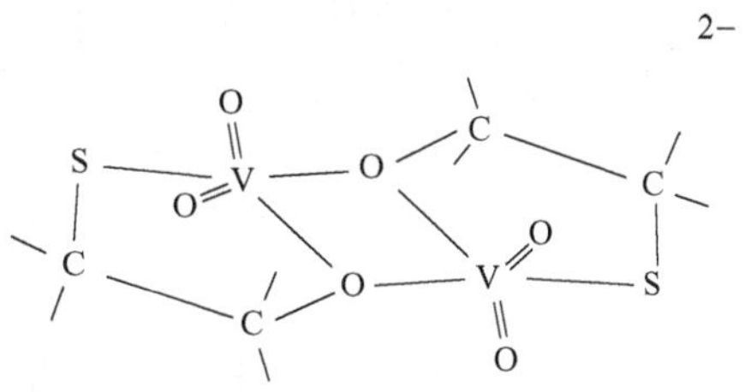

图4-8 单钒酸盐的 β-巯基乙醇配合物

二硫苏糖醇是比 β-巯基乙醇更复杂的配体，并且溶液化学的复杂性也相应增加。已经鉴定了两种化学计量比为 V_2L 的双核钒配合物（$-352\times10^{-4}\%$，$-362\times10^{-4}\%$；$-399\times10^{-4}\%$，$-526\times10^{-4}\%$）。每种产物的单个钒在化学上是不同的。NMR研究[37]表明，在其中一种配合物中，两个钒都具有单一的配位硫。在第二个配合物中，两个钒中的一个具有硫配位，而另一个在配位层中仅具有氧。这些化合物都没有X射线衍射表征研究，但模型构建研究表明，它们可以容易地形成两个配合物，相互之间可适当取代，且每个配合物具有中心 [VO]$_2$ 核。

4.3.2 二（2-巯基乙基）醚、三（2-巯基乙基）胺及相关配体

这些配体在水溶液中的反应尚未研究。它们的配合物易于合成并且稳定，但会与杂配体反应[41,42]。已有报道的结构均显示钒以单体单元配位，如图4-9所示，具有三齿或四齿功能的多齿硫醇配合物足以满足钒核的配位要求。在结构上，这些化合物与氧配体形成的类似配合物没有太大差别（见4.4.2节）。

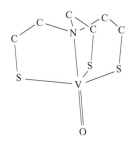

图4-9 具有三齿或四齿的多齿硫醇基配合物

4.3.3 半胱氨酸、谷胱甘肽、氧化谷胱甘肽和其他二硫化物

半胱氨酸是一种相当有效的钒酸盐还原剂，但即便如此，在中性条件下，钒（V）却能长久存在，可以获得 V NMR 波谱。已报道了4种产物（$-243\times10^{-4}\%$、

$-309×10^{-4}$%、$-393×10^{-4}$%和$-405×10^{-4}$%)的波谱图。在这些配合物中，$-243×10^{-4}$%和$-309×10^{-4}$%的 NMR 信号对应于配位层中含有两个硫醇基团的产物，而$-393×10^{-4}$%和$-409×10^{-4}$%对应的产物具有一个巯基配体[43]。

虽然谷胱甘肽的还原效果可能不如还原剂那样有效，尤其是在温和的碱性条件下，但随着时间的推移，谷胱甘肽确实会导致钒（Ⅳ）和氧化型谷胱甘肽二硫键的形成。氧化还原过程在更温和的酸性条件下更有效，其中钒（Ⅳ）的形成是有利的。

氧化谷胱甘肽通过二硫化碳官能团与钒酸盐形成配合物[44]。二硫化物和H_2S_2与钒酸盐形成配位，并在具有良好特征侧的钒酸盐配合物中提供了 η-配合产物[45]，并且这种配合方式很可能与氧化型谷胱甘肽一起进行。

4.4 氨基醇及其配体

4.4.1 二元氨基醇和二胺

与乙二醇、α-羟基羧酸和 β-巯基乙醇不同，乙醇胺、乙二胺、氨基酸和 2-氨基乙硫醇配体不会与钒酸盐形成 V_2L_2 型配合物[46]。然而，在化学计量比为 VL 的弱形成产物中（约$-546×10^{-4}$%，约$-556×10^{-4}$%）观察到了一定量的 α-氨基酸[47]。因为氨基酸中的胺官能团不适合形成二聚体的预期环状 [VN]$_2$ 核，那么这些 VL 化合物中的一种或另一种可以对应于这种二聚体的单体前体。当然，在α-羟基羧酸中，单体配合物是溶液中的主要组分。与氨基醇类似的 VL 配合物还未发现有报道。仔细阅读可用的报告可以发现，在氮官能团被质子化的条件下对胺衍生物进行了研究，因此结果可能具有误导性。

4.4.2 多齿氨基醇：二乙醇胺及其衍生物

二乙醇胺与钒酸盐反应良好，得到化学计量比为 VL 的单一产物（$-488×10^{-4}$%）。氨基和两个羟基官能团对于配合物形成都是必需的[46]。NCH_3 取代 $(HOCH_2CH_2)_2NH$ 中的 NH，这对配体的反应性影响最小。由这些和类似配体衍生的配合物的 ^{51}V 化学位移彼此相差不大，一般在 $(-480~-490)×10^{-4}$%的范围内。相关配体三乙醇胺 $(HOCH_2CH_2)_3N(-483×10^{-4}$%$)$ 与两个羟乙基配位，而另一个未配位，使得形成的配合物和与 $(HOCH_2CH_2)_2NCH_3(-481×10^{-4}$%$)$ 形成的配合物相似。尽管这些化合物在固体中具有八面体配位，但对于含水物质而言常不是这样。目前三乙醇胺和水溶液中类似的这种配体已得到广泛研究，并用于描述对五配位配体和六配位配合物的要求。碳-13 和氧-17 的核磁共振研究非常富有成效，且结合这些结晶材料的 X 射线结构研究表明，虽然八面体配合物发生在固体和非水溶液中，但在水溶液中，配位则恢复到五配位结构。^{17}O 核磁共振波谱表明在强度比为1∶1时,波谱显示出两个氧(VO)信号。信号从一个氧基转变为胺态氮,并出现在与氮有关的顺式构型的第二个氧基中[40,48]。用氧取代二乙醇胺中的氨基提供了更弱的配位配体,形成复杂的(-519×10^{-4}%)配位体的可能性降低了两个数量级。如果NH被非配位的CH_2基团取代,则不形成配合物。产物配合物都是单体并且具有单个负电荷。此证据与N-和O-配位的双环结构完全一致,如图4-10a所示。表4-4给出了许多衍生自乙醇-胺型配体配合物的^{51}V和^{17}O化学位移。

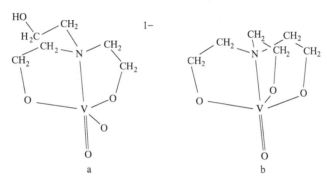

图 4-10 羟基与钒是否配位的两种情况

表 4-4 乙醇胺衍生配体 $R_1R_2R_3N$ 配合物的^{51}V和^{17}O化学位移

R_1	R_2	R_3	^{51}V化学位移/%	^{17}O化学位移/%	参考文献
CH_2CH_2OH-	CH_2CH_2OH	H	488×10^{-4}①		[40]
CH_2CH_2OH-	CH_2CH_2OH	CH_2CH_2OH	483×10^{-4}①	954×10^{-4},980×10^{-4}	[40],[48]
CH_2CH_2OH-	CH_2CH_2OH	$CH_2CHOHCH_3$	487×10^{-4}①		[40]
$CH_2CHOHCH_3$	$CH_2CHOHCH_3$	$CH_2CHOHCH_3$	-488×10^{-4}①	940×10^{-4},985×10^{-4}	[40],[48]
CH_2CH_2OH	CH_2CH_2OH	$CH_2CO_2^-$	-484×10^{-4}①,-508×10^{-4}②		[40]
CH_2CH_2OH	$CH_2CO_2^-$	$CH_2CO_2^-$	-499×10^{-4}①	1038×10^{-4},1038×10^{-4}	[40],[82]
CH_2CH_2OH	$CH_2CO_2^-$	$CH_2CO_2^-$	-520×10^{-4}②	1140×10^{-4},1085×10^{-4}	[40],[82]
CH_2CH_2OH	CH_2CH_2OH	CH_3	-477×10^{-4}①		[50]
$CH_2CO_2^-$	$CH_2CO_2^-$	CH_3	-513×10^{-4}②		[40]
$CH_2CO_2^-$	$CH_2CO_2^-$	$CH_2CO_2^-$	-507×10^{-4}②		[40]
$CH_2CO_2^-$	$CH_2CO_2^-$	CH_2CONH_2	-506×10^{-4}②		[40]
CH_2CH_2OH	CH_2CH_2OH-	2 CH_2-pyr③	-500×10^{-4}②		[49]

续表 4-4

R_1	R_2	R_3	^{51}V 化学位移/%	^{17}O 化学位移/%	参考文献
$CH_2CO_2^-$	$CH_2CO_2^-$	2-CH_2-pyr③	-503×10^{-4}②		[49]
$CH_2CO_2^-$	2-CH_2-pyr③	2-CH_2-pyr③	-494×10^{-4}④		[54]
CH_2CH_2OH	CH_2CH_2OH	2-CH_2-bzim③	-488×10^{-4}, -540×10^{-4}②		[49]
$CH_2CO_2^-$	$CH_2CO_2^-$	2-CH_2-bzim③	-540×10^{-4}②		[49]

①高 pH 值范围内观察（pH 值为 8~12）；
②低 pH 值范围内观察（pH 值为 5~8）；
③缩写：pyr，吡啶；bzim，苯并咪唑；
④在乙腈-d_3 溶液中的化学位移。

有趣的是，在非水溶液中，会出现三乙醇胺的第三臂起反应，这种配体表现为四齿配体，形成中性电荷复合物（图 4-10b）[46,48]。目前还不清楚，如果在合物的制备过程中使用了 1 种能使阴离子配合物溶于非水溶剂中的疏水性极强的阳离子，该配位反应是否还能发生。用吡啶基取代三乙醇胺上的 1 个乙羟基，可以得到新的配体 2-CH_2Pyr。即便在水溶液中该配体也是以四配位方式与钒进行配位的，所得配合物是具有类似氮杂环功能的八面体结构[49]。

如表 4-4 所示，利用 ^{51}V 和 ^{17}O NMR 波谱可以检测到不同的乙醇胺衍生物配体与钒发生配位所造成的化学位移明显不同。与其他氨基醇配体和钒发生配位造成的化学位移（由 -480×10^{-4}% 到 -500×10^{-4}%）相比，含有吡啶基的配体 [$(HOCH_2CH_2)_2N(2-CH_2$-pyr$)$] 以四配位（-500×10^{-4}%）方式结合入钒的配位层中时，V NMR 波谱展示出的化学位移较小。类似地，与乙羟基配体相比，乙酰基与钒发生配位时，其对钒的化学位移影响也不大。然而，与 2-CH_2Pyr 配体相比，2-CH_2-bzim 与钒发生配位时，则会造成 -40×10^{-4}% 的化学位移。这种现象似乎无法用含有官能团的配体的 pK_a 的变化来解释，因为在任何情况下，当配体所含官能团发生替换时，其 pK_a 都会发生实质性的改变。对此，或许可以解释为什么吡啶基和苯并咪唑基上的 N 含有的 π 键对钒造成的影响大小不同。

大量的关于多氨基醇的研究证实了，产物配合物的形成显著依赖于配体的 pK_a。相比于 pK_a 高于或低于 8 的配体，pK_a 恰好约为 8 的配体可以更好地与单核钒酸盐阴离子（$VO_4H_2^-$）结合[50]。这表明钒酸盐与配体共用电子的能力受配体供电子能力（pK_a 高则供电子能力强，pK_a 低则供电子能力弱）的强烈影响。只有当配体供电子能力处于相对较弱的水平（如 $pK_a=8$）时，其才十分易于与钒酸盐发生配位。对此，钒酸根阴离子的 pK_a 同样为 8 也许并不是一个巧合。当然，包括空间体积和电子共振在内的其他因素对于配位反应的发生也是十分重要的。

当三乙醇胺上的 3 个乙羟基被 1 个三（羟甲基）烷基所取代从而形成了 (HOCH$_2$)$_3$CNH$_2$（Tris 缓冲液）时，化学反应的复杂性将显著增加，此时，会形成 VL(-530×10^{-4}%)、VL$_2$(-500×10^{-4}%)、V$_2$L(-527×10^{-4}%、-540×10^{-4}%，当 pH 值为 9.0 时) 和 V$_2$L$_2$(-534×10^{-4}%) 配比形式的配合物[15]。(HOCH$_2$)$_3$CCH$_3$ 也可以形成 V$_2$L$_2$ 配比的配合物 (-518×10^{-4}%)，因此，显然与乙醇胺一样，涉及 N 的配位反应易形成 VL 配比的配合物。由于 1,3-丙二醇在水溶液中不易形成二齿配合物，因此，这些 V$_2$L$_2$ 配比的配合物上的羟甲基必定是作为三齿配体参与配位的。由于 VL 配比的配合物的形成需要胺的参与，因此，可以推测胺也是作为三齿配体参与配位的，即胺上的 N 与 3 个羟甲基上的 2 个 O 相结合。以 N-(邻羟基苯)-N′-(2-羟乙基) 乙二胺为配体，其可与钒酸盐发生配位形成能稳定存在于水中的双核钒酸盐配合物[51]。这个双核钒酸盐配合物（图 4-1a）含有在许多其他钒（V）配合物中也存在的中心 [VO]$_2$ 核，且其独特之处在于，每个钒都是以八面体形式配位的。此外，每个氧核都是羰基氧，这与在乙二醇和羟基羧酸盐中发现的均为烷氧基氧的氧核不同。每个与钒相接触的氧桥，其与钒形成的 2 个键的键长差距很大，其中一个非常短 (0.1681nm)，另一个则非常长 (0.2283nm)。该化合物可溶于水。两个很长的 VO 键提供了十分明显的键断裂位点，这说明在水溶液中，该配合物主要以五配位的单体形式存在，但其结晶体则是以二聚体形式从水溶液中析出的。

4.5 氨基酸及其衍生物

氧化 1,2-丙二醇上的一个羟基可以得到 α-羟基酸，从而使得其更易发生配位反应且反应的复杂性升高。对于将氨基醇氧化成氨基酸的情况，其结果目前尚未被探明。这并不奇怪，因为与丙二醇不同，乙醇胺不易与钒酸盐发生配位反应。甘氨酸、组氨酸及其他大部分 α-氨基酸与钒酸盐只能发生微弱的反应。其他类型的氨基酸也不易与钒酸盐发生配位。然而，通过添加如羧酸酯、邻羟基苯醚和吡啶酸等制得的氨基酸衍生物十分易于以三齿配体或四齿配体的形式与钒形成八面体型的配合物。

4.5.1 乙二胺-N,N′-二乙酸及其类似物

乙二胺-N,N′-二乙酸（EDDA）及其类似物作为配体与钒酸盐在水溶液中可发生配位反应，并形成典型的八面体结构的配合物，且其发生在 C-13 上的配位会引起化学位移的改变，因此，^{51}V 和 ^{17}O NMR 波谱可用于研究此类过程[40]。利用 X 射线晶体结构分析可知反应生成了 β-顺式异构的配合物，而 NMR 波谱则清楚地表明溶液中包含两类配合物。如图 4-11a 和 b 所示，^{17}O NMR 波谱[40]可以充

分证明这两类配合物均发生的是八面体配位，且分别形成α-顺式异构体和β-顺式异构体。通过在水及其他溶剂中对这些异构体（α-顺式，$-514\times10^{-4}\%$；β-顺式，$-503\times10^{-4}\%$）进行研究可以发现，溶剂类型的不同会对两类异构体的浓度比产生显著影响[52]。在水中，α-顺式异构体的浓度要比β-顺式异构体浓度稍高，其比例（α-顺式/β-顺式）约为1.1:1，且当向水中加入甲醇、二甲基亚砜和甲酰胺时，该比例会进一步升高。然而，当向溶剂中加入电解质时，这一情况将发生逆转，即会优先生成β-顺式异构体。溶剂的改变对异构体浓度比的影响似乎是通过改变异构体的溶剂化层来实现的。用羟基取代EDDA上每个甘氨酸残基所含的1个H可以得到一个与此相关的配体，其可以与钒酸盐配位形成类似的八面体结构的配合物，但这里的配位是发生在苯环上的邻位氧上的[53]。该配合物的^{51}V化学位移（$-546\times10^{-4}\%$）比EDDA型配合物的^{51}V化学位移高$(30\sim40)\times10^{-4}\%$，这清楚地说明了两者参与配位的官能团是不同的。

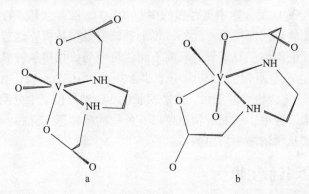

图4-11 乙二胺-N,N'-二乙酸（EDDA）和类似的配体在水溶液中形成的八面体配合物的两种异构体

氨三乙酸$[N(CH_2CO_2)_3]$（$-506\times10^{-4}\%$）配体以及被1个或2个羟乙基取代原有的乙酰基所形成的其他相关配体均可与钒酸盐发生强烈的配合反应[40]。通常，这些配体与钒酸盐配位形成的是八面体结构的配合物，但当配位层中的羧酸盐很少时，其倾向于形成五配位的配合物。表4-4中给出了一些该类型的配合物的钒化学位移。

以吡啶基（2-Cyr）取代原有的乙酰基所得的配体与钒酸盐极易生成配合物（$-503\times10^{-4}\%$）。与先前所述的配合物不同，这些配合物可以以固态八面体结构的形式稳定存在于水溶液中[49]。配体是以四齿方式进行配位的，且在氨基醇类似物形成的配合物中也发现了此类配体，另外，存在于配位层中的吡啶基对^{51}V NMR化学位移影响很小。已发现，含有类似的四齿配体的配合物同样可以以固态八面体结构的形式稳定存在于水溶液中[54]。

以膦羧甲基取代氨基乙酸配体上的1个乙酰基，可以得到1个有趣的配体变

4.5 氨基酸及其衍生物

异体，其可与钒酸盐形成 1 个四齿配位的八面体结构的负三价阴离子配合物（$-526\times10^{-4}\%$），除了在强酸性条件下，该配合物均可以十分稳定地存在于水溶液中[55]。该配合物所含的 2 个羧基通过交换反应可以发生位置交换。其交换动力学研究表明，羧基交换是借助五配位钒配合物上的钒氧基实现的，且在交换过程中，其中的 1 个羧基会离解形成中间体。据推测，该中间体与钒酸盐和三乙醇胺在水中形成的配合物具有相似的结构。

4.5.2 吡啶羧酸类、吡啶羟基类和水杨酸

吡啶甲酸（吡啶-2-羧酸）是这类配体的原型。吡啶本身以及 3-和 4-吡啶羧酸均不易与钒酸盐发生配位。人们乍一看或许会认为 2-羟基吡啶易与钒酸盐发生配位，然而实际情况并非如此。对此有两种可能的解释。首先，2-羟基吡啶主要以酮式异构体形式存在，所以其具有羟基化作用的有效浓度很低。可以预料，配体的酮体形式比其羟基形式的反应活性要小得多。其次，配合物的形成需要一个四元螯合物的参与，但通常当可能参与螯合的基团相似时，其更易形成五元环状螯合物而非四元螯合物。

尽管与甲吡啶配体相比，2-羟基苯甲酸（水杨酸）与钒酸盐发生配位的能力较弱，但其确实可以与钒酸盐形成配合物。这也许至少在一定程度上证明了水杨酸可以形成六元环状螯合物，但相对于五元螯合物，其形成较难。

在水溶液中，吡啶甲酸可以与钒酸盐发生紧密结合，从而形成 3 种 VL_2 配比形式的配合物（$-513\times10^{-4}\%$、$-529\times10^{-4}\%$、$-552\times10^{-4}\%$）和 1 种 VL^- 配比形式的配合物（$-550\times10^{-4}\%$）[56]。对 1 个二吡啶配合物进行 X 射线结构分析发现，甲吡啶配体以顺式形式存在于形成的八面体结构的配合物中[57]。3 个 NMR 信号可能恰好反映 VL_2 配比形式的八面体结构的配合物中的 3 种配体取向。图 4-12a 展示了晶体配合物中配体的取向，此外，图 4-12b 和 c 分别展示了另外两种可能存在的配体取向。当把二吡啶配合物溶于 D_2O 时，将会在$-515\times10^{-4}\%$和$-554\times10^{-4}\%$处观测到 ^{51}V NMR 波谱信号[58]。遗憾的是，这项研究并未报道信号产生的时间历程，因此，目前仍不清楚晶体配合物是否对应于研究过程中产生的$-513\times10^{-4}\%$或$-552\times10^{-4}\%$信号。然而，似乎最为可靠的结论是，$-515\times10^{-4}\%$信号对应于晶体结构中的二配位配合物，$-554\times10^{-4}\%$信号对应于发生部分水解的产物。从化学方面看，在溶解过程中发生的可能是部分水解而非异构化反应。此外，VL_2 的异构化应该会导致出现 3 个而非 2 个 NMR 信号，因此，这两个 NMR 信号应该是对应于部分水解的反应。

对于羧酸盐配体参与的配位，其倾向于以垂直于双氧钒（VO_2）基团的方式排列在所形成的钒酸盐配合物中。鉴于在晶体结构中发现的$-513\times10^{-4}\%$信号对应于八面体配位形式（图 4-12a），那么，$-529\times10^{-4}\%$则可能对应于有 1 个羧酸

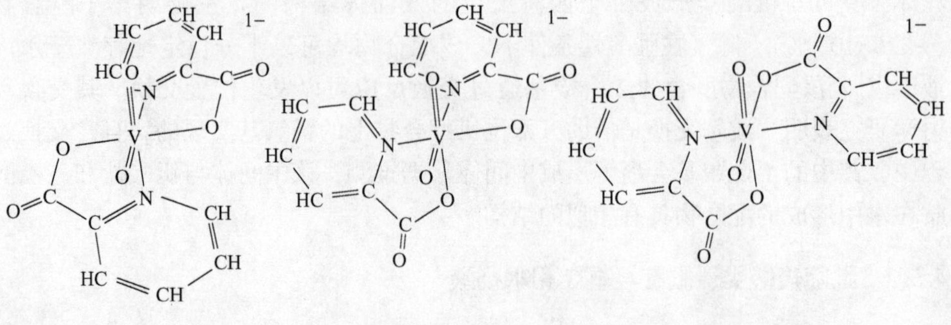

4 钒酸盐与多齿配体的水相反应

图 4-12 晶体配合物中三种不同的配体的取向

盐配体垂直于 VO_2 基团排布的异构体类型（图 4-12b）。可以认为 $-552\times10^{-4}\%$ 信号对应于以甲吡啶氮而非羧酸盐占据这两个垂直位置的配合物（图 4-12c）。$-552\times10^{-4}\%$ 对应的配合物的形成常数 $[(1.5\pm0.3)\times10^4\text{L/mol}]$ 约为 $-529\times10^{-4}\%$ 对应的配合物的 1/3，且约为 $-513\times10^{-4}\%$ 对应的配合物的 1/6。

对于二甲吡啶配合物而言，配位原子相对于中心原子的方位对键长的影响是显著的。垂直于 VO_2 基团中的 2 个 O 排布的羧酸盐配体中的配位 O 与 VO 之间的键长为 (0.1989 ± 0.0002) nm，而第二个羧酸盐配体中的配位 O 与 VO 之间的键长为 (0.2125 ± 0.0003) nm。吡啶 N 的情况与之类似，2 个方向上的 V—N 键的键长分别为 (0.2126 ± 0.0002) nm 和 (0.2314 ± 0.0002) nm。该配合物中由于配位原子 O 和 N 的取向不同导致的键长变化分别为 0.0136nm 和 0.0188nm。与之相反，尽管如图 4-12a~c 所示，对于 VO_2 基团中的两个 V—O 键，其中 1 个具有属于反式羧酸盐配体的 O，另 1 个具有属于反式芳香族的 N，这两个键的键长（分别为 (0.1638 ± 0.0002) nm 和 (0.1637 ± 0.0002) nm）仍是很难区分的。

剩余的吡啶甲酸配合物具有 VL 化学计量比。如图 4-13 所示，这种配合物很可能是五配位的三角双锥结构。通过 X 射线衍射研究确定了六甲基磷酸三酰胺（HMPT）衍生物的结构，其中 HMPT 残基位于配合物的轴向位置[59]。

吡啶-2,6-二羧酸（DIPIC）也易与钒酸盐以三齿配位的方式发生配位并形成扭曲的三角双锥型配合物[60]。该配合物在水溶液中的多核 NMR 研究表明，该配位反应只生成 1 种以 VL 配比形式存在的单阴离子配合物（$-533\times10^{-4}\%$），其在溶液中的构象与其晶体化合物的构象相同[61]。利用该配合物的晶体材料制备所需样品（溶于水中，使其浓度为 10mmol/L）来研究 pH 值变化对其稳定的影响。结

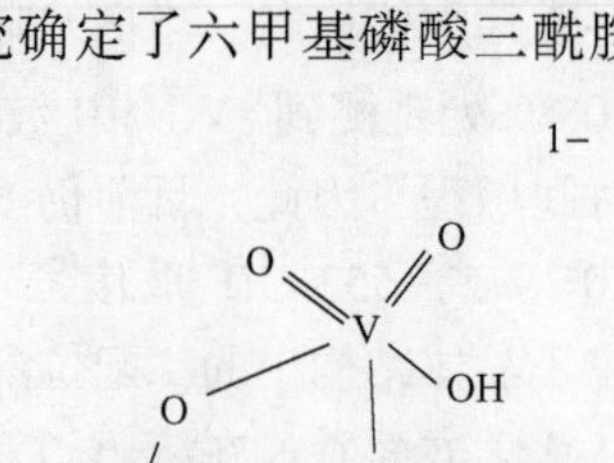

图 4-13 吡啶酸盐复合物的三角双锥结构图

4.6 α-氨基酸和二肽

果表明，该配合物在非常宽的pH值范围内是稳定的。虽然在pH值为7.3时，该配合物几乎完全解离，但其可在pH值较低时再生，且在pH值为6时几乎完全复原。在pH值为0.4时，其被部分解离为阳离子型钒酸盐，但即便在pH值为0.3左右时，其仍有约一半可稳定存在[61]。该配合物在强酸性条件下稳定性增强的原因之一是，其可以发生质子化且pK_a十分接近于0。该配合物是一种众所周知的胰岛素类似物[61]，且其与过氧化氢结合的产物已被用作研究钒卤过氧化物酶活性的模型（参见5.1节和10.4.2节）。

4.5.3 酰胺类化合物

简单的酰胺（如乙酰胺）不能与钒酸盐发生配位反应。发生在酰胺上的N的反应需要辅助配位基团的参与。配位反应的发生似乎至少需要有3个配位基团的参与，如在二肽中发现的那样（参见4.4.2节），即配位发生在末端羧基、氨基上的N和脱质子化形式的酰胺上的N处[47, 62]。在其他酰胺配合物中也发现了酰胺上的N的脱质子化[63]，显然这种脱质子化是酰胺发生配位反应的一个特性。

4.6 α-氨基酸和二肽

α-氨基酸及其形成的寡肽之间的活性差异很大，但氨基酸上的功能侧链的存在对其活性的影响是微弱的。与之相反，对于多肽，氨基酸残基上的侧链可以强烈地影响其活性并由此可导致产生多种不同的配合物。侧链对于钒结合酶而言是至关重要，其对于钒的结合过程是必不可少的。此外，在保证所选用的基团正确且适宜的前提下，亲和色谱法是一种非常有效的分离纯化酶的方法[64]。

4.6.1 α-氨基酸

虽然α-氨基酸通常并不总能很好地与钒酸盐发生配位反应，但它们确实生成了许多可以被V NMR波谱检测到的产物。这些产物或许可以分为3种，一种以VL_2配比形式存在，另外两种以VL配比形式存在。目前，仅有关于甘氨酸与钒酸盐可配位生成VL_2配比形式的配合物（$-523\times10^{-4}\%$）的报道。这可能是由于侧链上的H被CH_2取代，从而导致的空间上的相互作用限制了其他氨基酸生成类似产物。对于许多氨基酸而言，对应于两种以VL配比形式存在的产物所引起的V NMR波谱信号分别在$-544\times10^{-4}\%$附近和$-557\times10^{-4}\%$附近（具体的化学位移值均分别处于这两个数值的几个$\times10^{-4}\%$范围以内）[47,65]。两种VL衍生物类型（$V+L \rightleftharpoons VL$）的形成常数在中性条件下约为0.5L/mol，两者与醇反应生成钒酸酯的形成常数没有太大差别。

这两种VL配合物并不完全明确，但是现有证据表明$-557\times10^{-4}\%$型产物是来自于羧酸盐基团上的单齿配位反应，$-544\times10^{-4}\%$型产物是来自于氮官能团上的单齿配位反应。尚无报道发现有活性侧链上的氨基酸，如丝氨酸或天冬氨酸发生配位产生的附加产物。除观察到一个额外信号外（$-571\times10^{-4}\%$）[66]，由组氨酸配位形成的产物的^{51}V化学位移与其他氨基酸配位产物所观察到的化学位移都很类似。

与半胱氨酸配位的化学过程有很大的不同。在中性条件下，半胱氨酸能在1h以内还原钒酸盐，但钒酸盐也能与半胱氨酸迅速生成较易产生的配合物，这种配合物可以在还原期间进行NMR波谱研究。所有被研究的配合物都在配位壳层中含有硫。目前已经鉴定出4个这样的配合物（图2-2），其中有两个双配体（$-243\times10^{-4}\%$、$-309\times10^{-4}\%$）和两个单配体（$-393\times10^{-4}\%$、$405\times10^{-4}\%$）配合物[43]。这些配合物的结构都没有被表征，但它们很可能是八面体配合物，其配位方式类似于图4-14a和b中所描述的。因为相对于六元螯合环，通常钒（V）更倾向于形成五元螯合环，所以图4-14b中展示的配位壳中含氮而非羧酸氧的配位方式似乎是最有可能的。

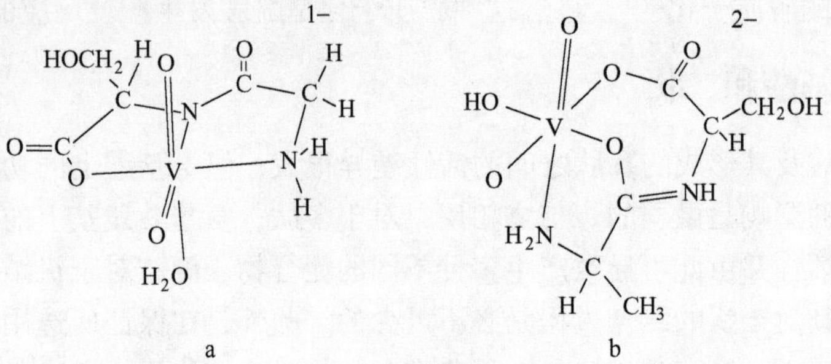

图4-14 钒酸盐与半胱氨酸结合得到的四种配合物可能的配位方式

4.6.2 二肽

氨基酸可自然分为两个主要类别，即侧链残基未被官能化的，如某些丙氨酸或亮氨酸；以及侧链被官能化的，如某些丝氨酸或组氨酸。钒酸盐与肽的反应往往依赖于氨基酸残基的侧链，这对于化学性质由侧链主导的蛋白质来说特别适用。例如，蛋白质酪氨酸磷酸酶具有能促进芳基磷酸盐水解的活性位点，在活性位点内，氨基酸侧链的排布方式被调整以稳定磷酸盐的过渡态结构。与此相同的排列方式有利于与钒酸盐形成强烈的相互作用，因此钒酸盐能被这组酶紧密结合。与磷酸盐代谢有关的许多其他类型的酶都能与钒酸盐或钒酸盐衍生物发生强烈反应。钒卤代过氧化物酶也通过侧链相互作用与钒酸盐结合，但这些酶是很独特的，因为侧链的排列对这种过氧化物酶的活性是至关重要的。然而，钒酸盐与酶的结合并不仅限于这样的系统，许多其他蛋白质也能非常紧密地结合钒酸盐。

甘氨酰甘氨酸（$NH_2CH_2C(O)NHCH_2CO_2H$）是典型的非功能化二肽。它和相关的二肽能与钒形成 VL 型的、形成常数小的副产物（约 $-555\times10^{-4}\%$），在 pH=7 时反应 V+L ⇌ VL 的形成常数约为 (0.3 ± 0.1) L/mol。主要产物也是 VL 配比的，但它的形成常数要大得多（(17 ± 1) L/mol）。阻断任意一个胺氮、酰胺氮或羧酸氧都会抑制主要产物甘氨酰甘氨酸配合物的形成。总言之，这些证据说明配位是三齿形式的，并且酰胺氮会失去一个质子。^{15}N NMR 研究显示，配位使酰胺氮的化学位移产生了 $66\times10^{-4}\%$ 的变化[67]，这个值与去质子化反应完全一致。图 4-15a 和 b 展示了已被提出的配位方式，图 4-15a 代表一个普遍接受的结构。然而，分子动力学模拟不符合这种几何结构。在分子模拟中，与五配位结构相比，有水参与反应产生的六配位结构在能量上是不易形成的[68]。然而阴离子物质是比较容易产生的，因为电中性化合物的去质子化在分子模拟中发生得非常迅速。

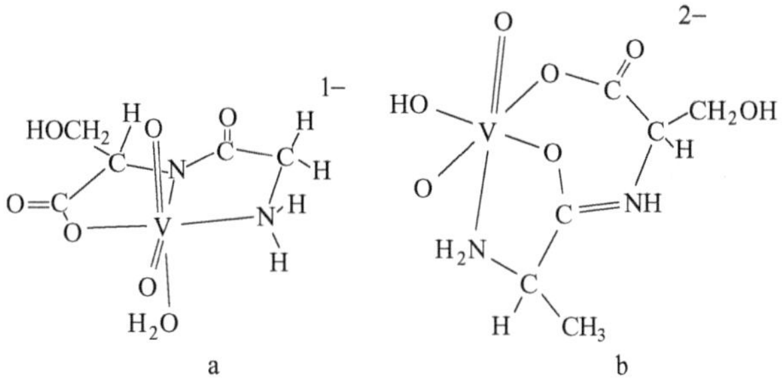

图 4-15 酰胺氮的两种不同的配位方式

配合不一定需要羧酸基团，它可以被羟基取代。例如，甘氨丝氨酸能产生 3 种主要产物，两种通过烷氧基氧配位（$-494\times10^{-4}\%$ 和 $-504\times10^{-4}\%$），一种通过羧基氧配位（$-507\times10^{-4}\%$）产生，在 pH=7 时形成常数分别为 (2.9 ± 0.8) L/mol、(0.4 ± 0.4) L/mol、(63 ± 4) L/mol。阻断羧酸基团后会减少一个配位产物，在 pH=7 时产物的化学位移为 $-484\times10^{-4}\%$ 和 $-501\times10^{-4}\%$，形成常数分别为 (2 ± 1) L/mol 和 (39 ± 4) L/mol。这些产物都在钒中心上带一个负电荷，并且在更高的 pH 值下可以失去额外的质子[47,66,69]。然而在中性条件下，配体的羟基会保留其质子，而羧基将被去质子化。因此，这两种配合物的总电荷是不同的，这取决于配位反应通过羟基（配合物带两个负电荷）还是羧基氧（配合物带一个负电荷）发生。公式 4-1 描述了表征这些配合物（V^{1-}，$H_2VO_4^{1-}$；P^0，电中性肽；VP，配合物产物）的平衡反应。

$$V^{1-} + P^0 \rightleftharpoons VP^{(n+1)-} + nH^+ \rightleftharpoons VP^{(n+2)-} + H^+ \qquad (4\text{-}1)$$

表 4-5 提供了一些肽螯合物的 ^{51}V 化学位移。如果只考虑羧酸衍生的螯合物，含芳香族侧链的肽衍生的螯合物的 ^{51}V 化学位移比含脂肪族侧链的肽衍生的螯合物平均高出约 $5\times10^{-4}\%$。尽管如此，^{51}V 化学位移的变化量还是小于 $20\times10^{-4}\%$。

如果烷氧基氧取代了羧基氧，例如含丝氨酸或苏氨酸的二肽，^{51}V 化学位移则会降低约 14×10^{-4}%。这些观察表明所有的二肽以相同的方式发生配位。甘氨酰丝氨酸发生配位的副产物是一个例外，因为它具有不同的结构，所以无法遵循这种配位方式。还没有报道指出其他含丝氨酸的二肽能产生类似的副产物，这说明其他氨基酸（X）的侧链可以在 X-丝氨酸二肽中抑制这一副产物的形成。

表 4-5　水溶液中钒二肽螯合物的 ^{51}V 化学位移

	肽	化学位移/%	参考文献
脂族侧链	甘氨酰甘氨酸	-504×10^{-4}	[62], [47]
	甘氨酰天冬氨酸	-508×10^{-4}	[62]
	甘氨酰谷氨酸	-505×10^{-4}	[62]
	谷氨酰甘氨酸	-500×10^{-4}	[83]
	谷氨酰谷氨酸	-516×10^{-4}	[83], [69]
	谷氨酰赖氨酸	-513×10^{-4}	[69]
	甘氨酰苏氨酸	-597×10^{-4}, -511×10^{-4}	[69]
	甘氨酰酪氨酸	-510×10^{-4}	[84]
	甘氨酰丝氨酸	-493×10^{-4}, -504×10^{-4}, -506×10^{-4}	[62], [47]
	甘氨酰缬氨酸	-510×10^{-4}	[47]
	缬氨酰甘氨酸	-506×10^{-4}	[47]
	缬氨酰天冬氨酸	-513×10^{-4}	[47]
	亮氨酰亮氨酸	-512×10^{-4}	[47]
	脯氨酰甘氨酸	-493×10^{-4}	[62], [47]
	甘氨酰脯氨酸	没有产物	[62], [47]
	甘氨酰肌氨酸	没有产物	[62], [47]
	甘氨酰甘氨酰甲酰胺酸	没有产物	[47]
	甘氨酰甘氨酰甘氨酸	-505×10^{-4}	[47]
	甘氨酰甘氨酰肌氨酸	没有产物	[69]
芳香侧链	甘氨酰组氨酸	-511×10^{-4}	[69]
	丙氨酰组氨酸	-518×10^{-4}	[66]
	甘氨酰酪氨酸	-509×10^{-4}	[62], [69]
	酪氨酰甘氨酸	-513×10^{-4}	[69]
	组氨酰甘氨酸	-513×10^{-4}	[69]
	组氨酰丝氨酸	-503×10^{-4}, -517×10^{-4}	[69]
	苯丙氨酰谷氨酸	-515×10^{-4}	[84], [69]

续表 4-5

肽		化学位移/%	参考文献
芳香侧链	甘氨酰色氨酸	-510×10^{-4}	[69]
	色氨酰甘氨酸	-511×10^{-4}	[69]
	色氨酰苯丙氨酸	-519×10^{-4}	[69]
	色氨酰色氨酸	-518×10^{-4}	[69]
	色氨酰酪氨酸	-520×10^{-4}	[69]
	酪氨酰酪氨酸	-519×10^{-4}	[69]
	甘氨酰组氨酰甘氨酸	没有产物	[69]
	酪氨酰甘氨酰甘氨酸	没有产物	[69]
	色氨酰甘氨酰甘氨酸	没有产物	[69]

虽然不能说丙氨酰丝氨酸与甘氨酰丝氨酸的行为会有很大的区别，但最近的研究用 ^{13}C 化学位移推测了图 4-15b 的配位方式[70]。研究所提出的配位方式基于丝氨酸的 α 和 β 碳上所观察到的 ^{13}C 配位位移。结果似乎很有趣，因为结果包括一个七元环的形成、环中类羰基氧的配位以及一个从 NC═O 双键到 OC═N 双键的异构化作用。分开来说每个部分都是可信的，但总体来看却不太可能。细心观察碳的共振分配就会发现 α 和 β 碳上的共振分配是错误的，肽中氨基酸残基的 ^{13}C 总体化学位移[71,72]发生了逆转。对 α 和 β 碳化学位移的分配进行矫正后，图 4-15b 中的配位方式就不那么可信了。与上述甘氨酰丝氨酸配位方式类似的图 4-16a~d 的 4 个配位示意图足以解释得到的信息，理论计算也支持这两种协调模式[73]。表 4-6 给出了一些钒酸盐-肽配合物中配位诱导的 ^{13}C 化学位移变化。

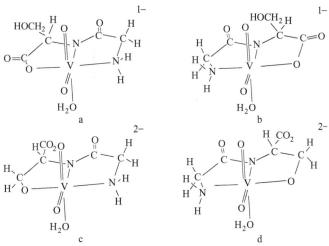

图 4-16 甘氨酰丝氨酸配合物的结构异构体

利用^{13}C核磁共振研究了pH值对钒酸盐-组氨酰丝氨酸配合物的化学位移的影响[69]，结果表明除了肽氮两侧的碳之外，配位诱导的化学位移对pH值不敏感。这两种碳的配位诱导的化学位移在pH=7.14~8.63的区间内随pH值升高而降低；对于与N相邻的C末端碳，其化学位移变化为$4.1×10^{-4}$%、$3.8×10^{-4}$%、$3.3×10^{-4}$%；对于与N相邻的N末端碳，其化学位移变化为$8.1×10^{-4}$%、$6.1×10^{-4}$%、$4.7×10^{-4}$%。靠近N端的碳或靠近C端的碳，其配位诱导的化学位移都显示出对pH值显著的依赖性。这可能会引出一些不可靠的结论，例如V—N键键强受pH值影响。然而进一步的观察表明，上述观察结果源自于游离肽的碳的化学位移变化，而非来自配位肽的碳的化学位移变化。这说明在解释配位诱导的化学位移时必须小心谨慎。图4-16a~d给出了甘氨酰丝氨酸复合物可能的结构异构体，如图所示没有充分证据能够说明这些蛋白质被含水配体所束缚，事实上，这些蛋白质似乎是可以流动的。

表4-6 V(V)二肽复合物中配位诱导的C-13化学位移

配体（pH, ^{51}V）	C	二肽	复合物	配合位移
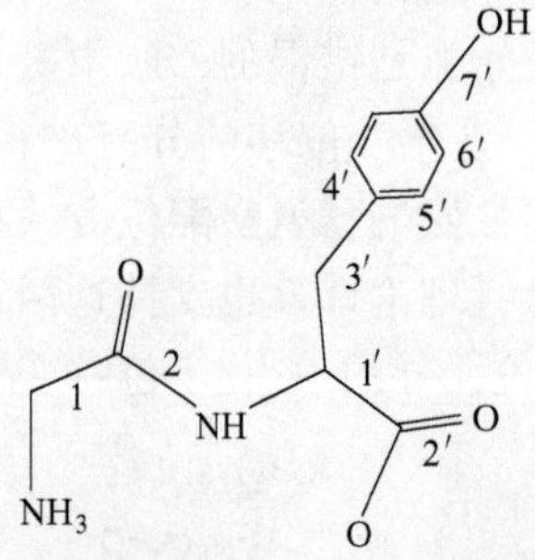 甘氨酰酪氨酸（7.10, $-509×10^{-4}$%）	1	43.3	49.5	6.2
	2	169.2	181.1	11.9
	1'	59.5	69.4	9.9
	2'	180.6	183.6	3
	3'	39.3	38.9	0.4
	4'	131.1	131.1	1
	5'	133.2	133.7	0.5
	6'	118.1	117.9	0.2
	7'	156.9	157.1	0.2
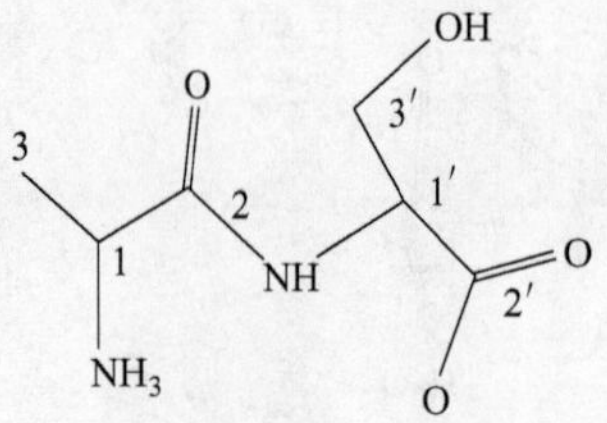 丙胺酰丝氨酸（7.33, $-516×10^{-4}$%）	1	59.6	64.6	5
	2	173.2	183.8	10.6
	3	18.9	20.6	1.7
	1'	51.5	56.3	4.8
	2'	178.1	185.3	7.2
	3'	64.1	70.1	6.1

4.6 α-氨基酸和二肽

续表4-6

配体（pH，^{51}V）	C	二肽	复合物	配合位移
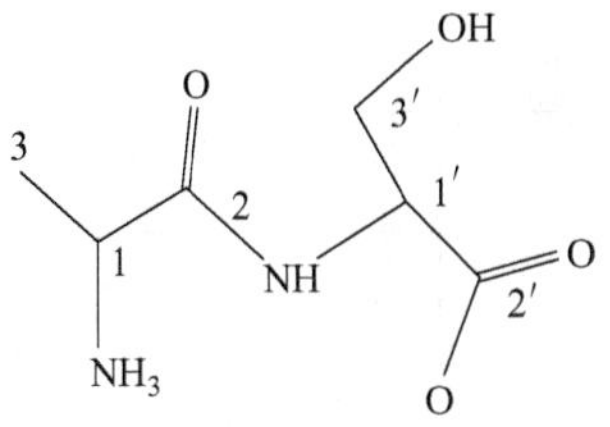 丙胺酰丝氨酸（8.52，$-503×10^{-4}$%）	1	59.2	71.8	12.6
	2	178.4	182	3.6
	3	21.8	77.6	-2.8
	1'	52.4	57	4.6
	2'	180.1	186.8	6.7
	3'	20.4	77.6	1.5
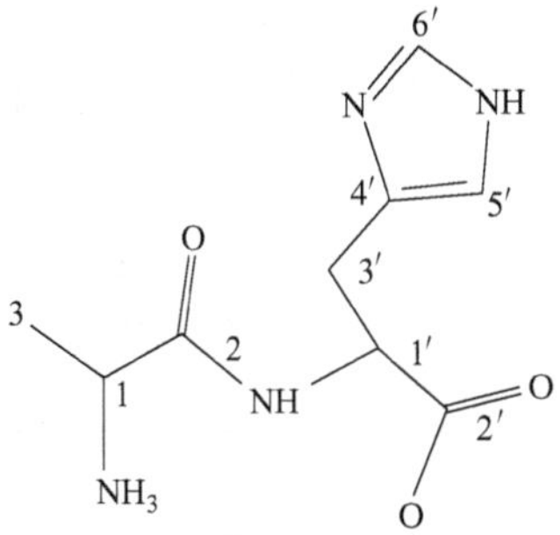 丙氨酰甘氨酸（7.2，$-519×10^{-4}$%）	1	52.9	57.6	4.7
	2	180.1	186.8	6.7
	3	20.4	21.9	1.5
	1'	58.5	68.4	9.9
	2'	174.7	184.7	10.4
	3'	31.7	31.9	0.2
	4'	138.4	137.8	-0.6
	5'	120.8	121.6	0.8
	6'	135.2	133.5	-1.7
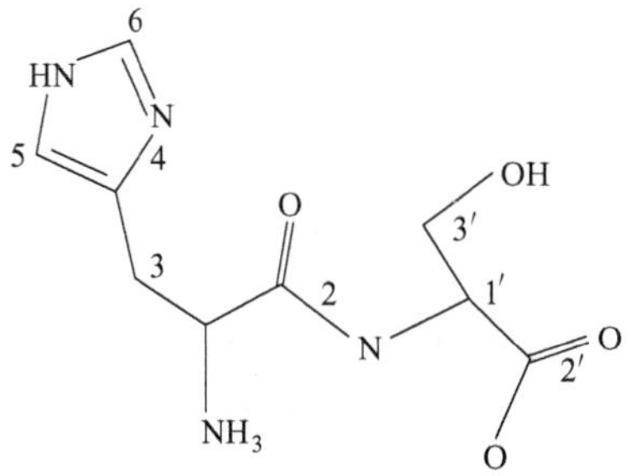 组氨酰丝氨酸（7.14，$-517×10^{-4}$%）	1	60.1	70.6	10.5
	2	174.2	182.3	8.1
	3	31.8	32.3	0.5
	4	132.6	134.4	1.8
	5	120.9	120.1	-0.8
	6	138.6	138.7	0
	1'	56.2	60.3	4.1
	2'	178.6	185.6	7
	3'	64.7	65.4	0.7

续表 4-6

配体（pH, ^{51}V）	C	二肽	复合物	配合位移
组氨酰丝氨酸（8.63, -517×10^{-4}%）	1	59.7	72.6	10.9
	2	178	182.7	4.7
	3	33.8	32.8	-1
	4	134.7	135.4	0.7
	5	121.1	120	-1.1
	6	138.9	138.9	0
	1'	57.2	60.5	3.3
	2'	178.7	185.7	7
	3'	64.9	65.5	0.6
组氨酰丝氨酸（8.63, -503×10^{-4}%）	1	59.7	72.6	12.9
	2	178	183.6	5.6
	3	33.8	31.7	-2.1
	4	134.7	135.7	1
	5	121.1	120.2	-0.9
	6	138.9	139.2	0.3
	1'	57.2	61.4	4.2
	2'	178.7	182.5	3.8
	3'	64.9	78.3	13.4
丙氨酰甘氨酸（7.00, -513×10^{-4}%）	1	50.2	54.8	4.6
	2	171.8	183.7	11.9
	3	17.4	18.4	1
	1'	44.2	55.9	11.7
	2'	177.2	186.7	9.5

4.6 α-氨基酸和二肽

续表4-6

配体（pH, ^{51}V）	C	二肽	复合物	配合位移
谷氨酰胺丙氨酸（7.0，$-517\times10^{-4}\%$）	1	50.1	55.1	5
	2	171.8	182.4	11.1
	3	17.4	19.3	1.9
	1′	55.9	65.5	9.6
	2′	178.5	185.1	6.6
	3′	28.4	29.1	0.7
	4′	32.5	31	-1.5
	5′	179.5	179.7	0.2
谷氨酰胺甘氨酸（7.0，$-509\times10^{-4}\%$）	1	41.5	47.9	6.4
	2	167.5	180.8	13.3
	1′	55.7	65.5	9.8
	2′	178.8	185.2	6.4
	3′	28.5	29.1	0.6
	4′	32.5	31	-1.5
	5′	179.5	179.5	0
甘氨酰谷氨酸（7.0，$-508\times10^{-4}\%$）	1	41.9	48	6.1
	2	168.6	180.5	11.9
	1′	56.2	65.8	9.6
	2′	179.5	185.5	6
	3′	29.2	30.2	1
	4′	34.9	33.1	-1.9
	5′	182.9	183.3	0.4

奇怪的是，当甘氨酰丝氨酸在羟基氧上发生配合作用时形成两种螯合产物，但在羧基氧上发生配合作用时只得到一种螯合产物。根据下面的方式可对其进行合理的解释：如果图4-16a表示相应的羧酸盐衍生物的结构，则羟基衍生物也应该具有类似的结构（图4-16b），在任何一种情况下，从配体一端到另一端的翻转（外/内转换）将形成第二种复合物（图4-16c）。然而对于许多二肽而言，仅

4 钒酸盐与多齿配体的水相反应

能观察到碳酸盐衍生物的一种信号[47,69]，并且在甘氨苏氨酸和组氨酸丝氨酸中均只能观察到一个羟基和一个羧基衍生物。在某种类似的情况下，希夫碱配合物[74]可能只含有羧酸盐衍生物，从乙腈水溶液中观察到了两种核磁共振信号（$-546×10^{-4}$%，$-560×10^{-4}$%），可将每一种配位方式下所观察到的一种或者两种产物信号合理地解释为相对能量微小变化的反映，正如形成常数的大小所反映的那样。这就使得次要产物很难观察到。此外，还不能确定二肽复合物的配位结构是什么及质子转移等内部转换的速率是多少，因此必须谨慎对待结构论。

如表4-7所示，二肽类氨基酸残基的侧链有利于产物的生成。除了具有较大侧链残基的二肽明显更容易形成复合物外，形成常数似乎没有系统性地变化。例如，pH值为7时，甘氨酰酪氨酸的形成常数为144L/mol，而色氨酸酪氨酸的形成常数为570L/mol[66,69]。可能仅仅是因为较大的侧链偏向于配体构象，从而导致反应更加容易。在某种程度上产物pK_a值可能是受系统的影响。含有脂肪族侧链的多肽类物质生成的产物（羟基或者羧基衍生物）的pK_a值大于9，而那些具

表4-7 所选钒酸盐二肽螯合物的平衡常数

配体	化学位移/%	平衡常数	pK_a	参考文献
平衡常数	$V^{1-}+P^0$	VP^{1-}	$pK_a(VP^{1-})$	
甘氨酰甘氨酸	$-505×10^{-4}$	$(1.9±0.1)×10^1$ L/mol	10.9	47
甘氨酰丝氨酸	$-507×10^{-4}$	$(7.2±0.6)×10^1$ L/mol	9.4	47
丙氨酰丝氨酸	$-516×10^{-4}$	$(2.6±0.1)×10^2$ L/mol	8.2	70
色氨酰络氨酸	$-520×10^{-4}$	$(2.1±0.7)×10^2$ L/mol	8.5	69
色氨酰色氨酸	$-518×10^{-4}$	$(2.2±0.3)×10^2$ L/mol	8.1	69
			$pK_a(VP^0)$	
甘氨酰组氨酸	$-511×10^{-4}$	$(1.1±0.2)×10^2$ L/mol	7	69
丙氨酰组氨酸	$-518×10^{-4}$	$(3.6±0.4)×10^2$ L/mol	6.9	69
组氨酰甘氨酸	$-513×10^{-4}$	$(2.0±0.3)×10^2$ L/mol	6.7	69
组氨酰丝氨酸	$-517×10^{-4}$	$(1.5±0.4)×10^2$ L/mol	7.5	69
平衡常数	$V^{1-}+P^0$	$VP^{2-}+H^+$	$pK_a(VP^{2-})$	
甘氨酰丝氨酸①	$-494×10^{-4}$	$(3.3±0.8)×10^{-7}$	9.8	47
甘氨酰丝氨酸①	$-504×10^{-4}$	$(5.3±0.6)×10^{-8}$	—	47
平衡常数	$V^{1-}+P^0$	$VP^{1-}+H^+$	$pK_a(VP^{1-})$	
组氨酰丝氨酸①	$-503×10^{-4}$	$(4.8±1.9)×10^{-6}$	7.8	69

①这些值对应于通过丝氨酸侧链羟基螯合的化合物。

有芳香族侧链的生成物的 pK_a 范围为 6.7~8.5（表4-7）。详细的研究[66,69]表明，芳香族的侧链，包括组氨酸，不参与复合物的形成。

具有双甘氨肽的复合物的 pK_a 大于10，而甘氨丝氨酸螯合物的 pK_a 值为9.5，其生成 2-（$-507\times10^{-4}\%$，$pK_a=9.4$）或者 3-（$-494\times10^{-4}\%$，$pK_a=9.8$）复合物。后者的 pK_a 表现一种有趣的行为，pK_a 随脂肪族侧链 trptyr（$-520\times10^{-4}\%$）、trptrp（$-518\times10^{-4}\%$）、hisser（$-503\times10^{-4}\%$ [3-因为无配合的羧酸盐]）、hisser（$-517\times10^{-4}\%$）、glyhis（$-511\times10^{-4}\%$）和 hisgly（$-513\times10^{-4}\%$）的增加分别显著降至 8.5、8.1、7.8、7.5、7.0 和 6.7。

pK_a 对于钒核配位环境的分配至关重要，并且如图4-15和图4-16所示，配位域中含有水。在无水时，质子的唯一来源是官能团 RNH_2-V，理论研究表明，与非水合形式相比，水合形式的能量要高得多[73,75]。即使束缚水的质子按图4-17b所述的方式重新分配，但仍有计算表明这是一个不受欢迎的状态[75]。分子动力学模拟表明水会迅速从配位域中排出，最容易形成的产物是五配位阴离子[68]。然而还存在第二个 pK_a。如果单个阴离子复合物在中性条件不发生水合，则肯定在氨基上发生了去质子化或者第二个 pK_a 同时包括水合/去质子化过程（即存在配位变化）。似乎不可能是氨被去质子化，因此水合将导致另一种结构的产生。在去质子化过程中钒的化学位移几乎没有发生变化，所以配位变化与去质子化过程同时发生不太可能，尽管不能排除这种情况。然而，似乎最有可能的是如图4-17a和b所描述的配位反应，其能够更合理地表示这些化合物的结构。由于没有化学位移的改变，因此图4-17b结构似乎是不可能的，希望进一步的实验和计算能够解决这一结构问题。

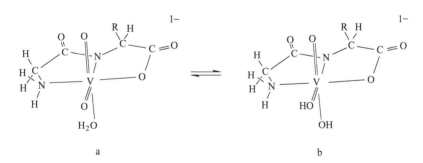

图4-17 钒核在无水条件下的配位情况

4.7 其他多齿配体

已经描述的化学反应是由先前讨论中没有特别提到的多种配体再生的。N-亚水杨酰肼（图4-18a）及其相关化合物就是一个很好的例子。典型配合物的结构[76]（图4-18b）与二肽复合物在溶液中的结构（图4-17）没有太大的不同。有

4 钒酸盐与多齿配体的水相反应

趣的是，基于希夫碱衍生的配体，其他类似的复合物通过两个长 VO 键（约 0.24nm）形成二聚的 $[VO]_2$ 核复合物（图 4-1）[2]。环状核对二聚体的形成不是必需的，二聚体还可以通过线性 VOV 键形成[77]。这些复合物的钒配位与图 4-18b 结构中描述的没有明显不同。

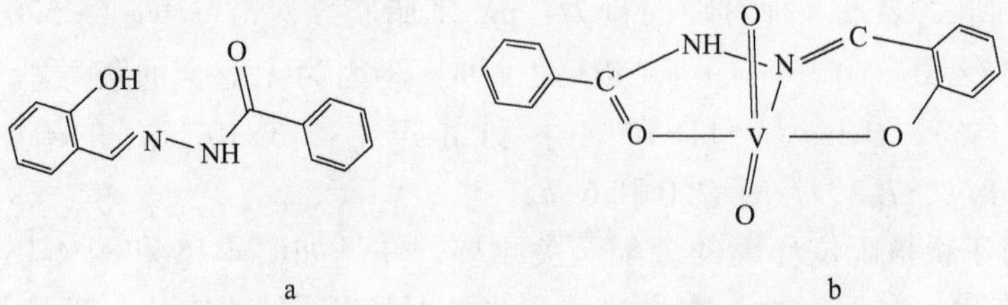

图 4-18 典型配合物与二肽配合物在溶液中的结构

水杨酰肼为杂配体反应提供了有用的模板。例如，它们与 1,3-二醇，如 1,3-丙烷二醇，反应以形成相应的 1,3-螯合产物（图 4-19a）。然而，对于给定的选择，如在甘油中优先形成 1,2,3-三醇和五元螯合物（图 4-19b）[14]。这两种配合物的配位体都是八面体，且有个氧原子位于酰肼 N 的上方，这个氧到 VO 键的距离相当短，约为 0.178nm。这与另外的乙醇氧有显著不同，这个氧原子位于 V═O 的上方，它在图 4-19a 和 b 两种配位方式中的 VO 键长为 0.234nm。这些值与更典型的 VO 键长（约 0.19nm 的单键）相比，表明尽管乙二醇的一个氧是紧密配合的，另外一个氧则仅为弱结合。在与甘露糖苷类似的复合物中长键的长度更大，VO 长为 0.2514nm[78]。与配体上的一个氧的这种弱结合表明水解将发生在水溶液中，并且已经发现如果溶液不干燥，即使在有机溶剂中也会发生部分水解[14]。已经对二醇配合物与其他亚水杨酸衍生的复合物做了类似的观察[79]。五元二醇螯合物优先形成六元酮的观察报告与未配位钒酸盐的研究一致，在水溶液中仅观察到 1,2-二醇配合物。

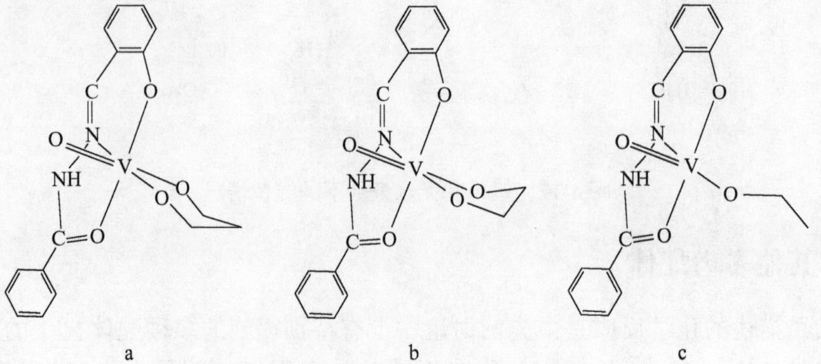

图 4-19 亚水杨酰肼与不同醇形成的螯合产物

与乙二醇上另外一个氧原子的弱结合表明，有脂肪醇时配合物很易形成。它们的确形成了[77]，且烷基氧位于正方形金字塔结构的底部，烷基氧具有和它对应的二醇相近的 VO 键长（图 4-19c）。类似乙醇酸盐配合物，烷氧基配体容易水解。然而，未对此进行详细研究来确定在水溶液中烷氧基或乙醇酸盐配合物的形成常数。

虽然在这些三齿型配体中常观察到方锥体配位，但在 8-氨基喹啉的水杨醛衍生希夫碱中观察到三角双锥配位的扭曲[80]。关于钒的四方锥体配位的扭曲可能起源于喹啉环的刚性结构，并通过连接喹啉环的芳香族氮而施加在几何结构上。

参 考 文 献

[1] Armstrong, E. M., R. L. Beddoes, L. J. Calviou, J. M. Charnock, D. Collison, N. Ertok, J. H. Naismith, and C. D. Garner. 1993. The chemical nature of amavadin. J. Am. Chem. Soc. 115: 807-808.

[2] Li, X., M. S. Lah, and V. L. Pecoraro. 1988. Vanadium complexes of the tridentate Schiff base ligand N-salicydene-N′-(2-hydroxyethyl) ethylenediamine: Acid-base and redox conversion between vanadium (Ⅳ) and vanadium (Ⅴ) imino phenolates. Inorg. Chem. 27: 4657-4664.

[3] Angus-Dunne, S. J., R. J. Batchelor, A. S. Tracey, and F. W. B. Einstein. 1995. The crystal and solution structures of the major products of the reaction of vanadate with adenosine. J. Am. Chem. Soc. 117: 5292-5296.

[4] Hambley, T. W., R. J. Judd, and P. A. Lay. 1992. Synthesis and crystal structure of a vanadium (Ⅴ) complex with a 2-hydroxy acid ligand: A structural model of both vanadium (Ⅴ) transferrin and ribonuclease complexes with inhibitors. Inorg. Chem. 31: 343-345.

[5] Schwendt, P., P. Svancarek, I. Smatanova, and J. Marek. 2000. Stereospecific formation of α-hy droxycarboxylato oxo peroxo complexes of vanadium (Ⅴ). Crystal structure of $(NBu_4)_2[V_2O_2(O_2)(L-lact)_2] \cdot 2H_2O$ and $(NBu_4)^2[V_2O_2(O_2)_2(D-Lact)(Llact)] \cdot H_2O$. J. Inorg. Biochem. 80: 59-64.

[6] Einstein, F. W. B., R. J. Batchelor, S. J. Angus-Dunne, and A. S. Tracey. 1996. A product formed from glycylglycine in the presence of vanadate and hydrogen peroxide: The (glycylde-N-hydroglycinato-K^3N^2, N^N, O^1) oxoper oxovanadate (Ⅴ) anion. Inorg. Chem. 35: 1680-1684.

[7] Tracey, A. S., J. S. Jaswal, M. J. Gresser, and D. Rehder. 1990. Condensation of aqueous vanadate with the common nucleosides. Inorg. Chem. 29: 4283-4288.

[8] Tracey, A. S. and C. H. Leon-Lai. 1991. 1-H and 51-V NMR investigation of the complexes formed between vanadate and nucleosides. Inorg. Chem. 30: 3200-3204.

[9] Zhang, B., S. Zhang, and K. Wang. 1996. Synthesis, characterization and crystal structure of cyclic vanadate complexes with monosaccharide derivatives having a free adjacent diol system. J.

Chem. Soc. , Dalton Trans. 3257-3263.

[10] Crans, D. C. , R. A. Felty, O. P. Anderson, and M. M. Miller. 1993. Structure and solution properties of a dimeric tetrahedral vanadium (V) chloride alkoxide complex. Inorg. Chem. 32: 247-248.

[11] Tracey, A. S. and M. J. Gresser. 1988. Vanadium (V) oxyanions. Interactions of vanadate with cyclic diols and monosaccharides. Inorg. Chem. 27: 2695-2702.

[12] Geraldes, C. F. G. C. and M. M. C. A. Castro. 1989. Interaction of vanadate with monosaccharides and nucleosides: A multinuclear NMR study. J. Inorg. Biochem. 35: 79-93.

[13] Noleto, G. R. , C. A. Tischer, P. A. J. Gorin, M. Iacomini, and M. B. M. Oliveira. 2003. Complexes of sodium vanadate (V) with methyl α-D-mannopyranoside, methy α- and β-D-galactopyranoside, and selected O-methylated derivatives: A ^{51}V and ^{13}C NMR study. Carbohydrate Research 338: 1745-1750.

[14] Rath, S. P. , K. K. Rajak, S. Mondal, and A. Chakravorty. 1998. Synthesis and structure of vanadate esters of glycerol and propane-1, 3-diol. J. Chem. Soc. , Dalton Trans. 2097-2101.

[15] Tracey, A. S. and M. J. Gresser. 1988. Vanadium (V) oxyanians: Interactions of vanadate with 1, 1, 1-tris (hydroxymethyl) ethane and with the buffer tris (hydroxymethyl) aminomethane. Inorg. Chem. 27: 1269-1275.

[16] Elvingson, K. , D. C. Crans, and L. Pettersson. 1997. Speciation in vanadium bioinorganic systems. 4. Interactions between vanadate, adenosine and imidazole—an aqueous potentiometric and ^{51}V NMR study. J. Am. Chem. Soc. 119: 7005-7012.

[17] Rajak, K. K. , S. P. Rath, S. Mondal, and A. Chakravorty. 1999. Carbohydrate binding to VO^{3+}, sugar vanadate esters incorporating L-amino acid Schiff bases as coligands. Inorg. Chem. 38: 3283-3289.

[18] Biagioli, M. , L. Strinna-Erre, G. Micera, A. Panzanelli, and M. Zema. 2000. Molecular structure, characterization and reactivity of dioxo complexes formed by vanadium (V) with α-hydroxycarboxylate ligands. Inorg. Chim. Acta 310: 1-9.

[19] Wright, D. W. , P. A. Humiston, W. H. Orme-Johnson, and W. M. Davis. 1995. A unique coordination mode for citrate and a transition metal: $K_2[V(O)_2(C_6H_6O_7)] \cdot 4H_2O$. Inorg. Chem. 34: 4194-4197.

[20] Pettersson, L. , I. Andersson, and A. Gorzsas. 2003. Speciation in peroxovanadium systems. Coord. Chem. Rev. 237: 77-87.

[21] Ehde, P. M. , I. Andersson, and L. Pettersson. 1989. Multicomponent polyanions. 43. A study of aqueous equilibria in the vanadocitrate system. Acta Chem. Scand. 43: 136-143.

[22] Zhou, Z. -H. , H. -L. Wan, S. -Z. Hu, and K. -R. Tsai. 1995. Synthesis and structures of the potassium-ammonium dioxocitratovanadate (V) and sodium oxocitratovanadate (Ⅳ) dimers. Inorg. Chim. Acta 237: 193-197.

[23] Kaliva, M. , T. Giannadaki, A. Salifoglou, C. P. Raptopoulou, and A. Terzis. 2002. A new dinuclear vanadium (V)-citrate complex from aqueous solutions. Synthetic, structural, spec-

troscopic and pH-dependent studies in relevance to aqueous vanadium (V) citrate speciation. Inorg. Chem. 41: 3850-3858.

[24] Wright, D. W., R. T. Chang, S. K. Mandal, W. H. Armstrong, and W. H. Orme-Johnson. 1996. A novel vanadium (V) homocitrate complex: Synthesis, structure, and biological relevance of [$K_2(H_2O)_5$][$(VO_2)_2$(R, S-homocitrate) 2] · H_2O. J. Biol. Inorg. Chem. 1: 143-151.

[25] Caravan, P., L. Gelmini, N. R. Glover, F. G. Herring, H. Li, J. H. McNeill, S. J. Rettig, I. A. Setyawati, E. Shuter, Y. Sun, A. S. Tracey, V. G. Yuen, and C. Orvig. 1995. Reaction chemistry of BMOV, bis (maltolato) oxovanadium (IV)—a potent insulin mimetic agent. J. Am. Chem. Soc. 117: 12759-12770.

[26] Elvingson, K., A. G. Baro, and L. Pettersson. 1996. Speciation in vanadium bioinorganic systems. 2. An NMR, ESR, and potentiometric study of the aqueous H^+ vanadate-maltol system. Inorg. Chem. 35: 3388-3393.

[27] Tracey, A. S., M. J. Gresser, and K. M. Parkinson. 1987. Vanadium (V) oxyanions. Interactions of vanadate with oxalate, lactate, and glycerate. Inorg. Chem. 26: 629-638.

[28] Ehde, P. M., I. Andersson, and L. Pettersson. 1986. Multicomponent polyanions. 40. A potentiometric and 51-V NMR study of equilibria in the H^+-$H_2VO_4^-$-$C_2O_4^{2-}$ system in 0.6M Na(Cl) medium. Acta Chem. Scand. A40: 489-499.

[29] Scheidt, W. R., C. Tsai, and J. L. Hoard. 1971. Stereochemistry of dioxovanadium (V) complexes, I. The crystal and molecular structure of triammonium bis (oxalato) dioxovanadate (V) dihydrate. J. Am. Chem. Soc. 93: 3867-3872.

[30] Ehde, P. M., L. Pettersson, and J. Glaser. 1991. Multicomponent polyanions. 45. A multinuclear NMR study of vanadate (V)-oxalate complexes in aqueous solution. Acta Chem. Scand. 45: 998-1005.

[31] Lee, M.-H. and K. Schaumburg. 1991. Coordination-site exchange and solid-state 13C NMR studies of bis (oxalato) dioxovanadate (V) ion. Magn. Reson. Chem. 29: 865-869.

[32] Pecoraro, V. L. 1989. Structural characterization of [VO (salicylhydroximate) (CH_3OH)]$_3$: Application to the biological chemistry of vanadium (V). Inorg. Chim. Acta 155: 171-173.

[33] Yamaki, R. T., E. B. Paniago, S. Carvalho, O. W. Howarth, and W. Kam. 1997. Interaction of N-hydroxyacetamide with vanadate in aqueous solution. J. Chem. Soc., Dalton Trans. 4817-4821.

[34] Bell, J. H. and R. F. Pratt. 2002. Formation and structure of 1:1 complexes between aryl hydraxamic acids and vanadate at neutral pH. Inorg. Chem. 41: 2747-2753.

[35] Cornman, C. R., G. J. Colpas, J. D. Hoeschele, J. Kampf, and V. L. Pecoraro. 1992. Implications for the spectroscopic assignment of vanadium biomolecules: Structure and spectroscopic characterization of monooxovanadium (V) complexes containing catecholate and hydroxamate-based noninnocent ligands. J. Am. Chem. Soc. 114: 9925-9933.

[36] Bhattacharyya, S., R. J. Batchelor, F. W. B. Einstein, and A. S. Tracey. 1999. Crystal struc-

ture and solution studies of the product of the reaction of β-mercaptoethanol with vanadate. Can. J. Chem. 77: 2088-2094.

[37] Paul, P. C. and A. S. Tracey. 1997. Aqueous interactions of vanadate and peroxovanadate with dithiothreitol. Implications for the use of this redox buffer in biochemical investigations. J. Biol. Inorg. Chem. 2: 644-651.

[38] Baes, C. F. and R. E. Mesmer. 1976. The hydrolysis of cations. Wiley Interscience, New York.

[39] Li, J., G. Elberg, D. C. Crans, and Y. Shechter. 1996. Evidence for the distinct vanadyl (+4)-dependent activating system for manifesting insulin-like effects. Biochemistry 35: 8314-8318.

[40] Crans, D. C. and P. K. Shin. 1994. Characterization of vanadium (V) complexes in aqueous solutions: Ethanolamine- and glycine-derived complexes. J. Am. Chem. Soc. 116: 1305-1315.

[41] Davies, S. C., D. L. Hughes, Z. Janas, L. B. Jerzykiewicz, R. L. Richards, J. R. Sanders, J. E. Silverston, and P. Sobota. 2000. Vanadium complexes of the $N(CH_2CH_2S)_3^{3-}$ and $O(CH_2CH_2S)_2$ ligand with coligands relevant to nitrogen fixation processes. Inorg. Chem. 39: 3485-3498.

[42] Nanda, K. K., E. Sinn, and A. W. Addison. 1996. The first oxovanadium (V)-thiolate complex $[VO(SCH_2)_3N]$. Inorg. Chem. 35: 1-2.

[43] Bhattacharyya, S., A. Martinsson, R. J. Batchelor, F. W. B. Einstein, and A. S. Tracey. 2001. N,N-Dimethylhydroxamidovanadium (V). Interactions with sulfhydryl-containing ligands: V(V) equilibria and the structure of a V(IV) dithiothreitol complex. Can. J. Chem. 79: 938-948.

[44] Cohen, M. D., A. C. Sen, and C. -I. Wei. 1987. Ammonium metavanadate complexation with glutathione disulfide: A contribution to the inhibition of glutathione reductase. Inorg. Chim. Acta 138: 91-93.

[45] Emirdag-Eanes, M. and J. A. Ibers. 2001. Synthesis and characterization of new oxidopolysulfidovanadates. Inorg. Chem. 40: 6910-6912.

[46] Crans, D. C. and P. K. Shin. 1988. Spontaneous and reversible formation of vanadium (V) oxyanions with amine derivatives. Inorg. Chem. 27: 1797-1806.

[47] Jaswal, J. S. and A. S. Tracey. 1991. Stereochemical requirements for the formation of vanadate complexes with peptides. Can. J. Chem. 69: 1600-1607.

[48] Crans, D. C., H. Chen, O. P. Anderson, and M. M. Miller. 1993. Vanadium (V)-protein model studies: Solid-state and solution structure. J. Am. Chem. Soc. 115: 6769-6776.

[49] Crans, D. C., A. D. Keramidas, S. S. Amin, O. P. Anderson, and S. M. Miller. 1997. Sixcoordinated vanadium (IV) and -(V) complexes of benzimidazole and pyridyl-containing ligands. J. Chem. Soc., Dalton Trans. 2799-2812.

[50] Crans, D. C. and I. Boukhobza. 1998. Vanadium (V) complexes of polydentate amino alcohols: Fine-tuning complex properties. J. Am. Chem. Soc. 120: 8069-8078.

[51] Colpas, G. J., B. J. Hamstra, J. W. Kampf, and V. L. Pecoraro. 1994. Preparation of VO(3+) and $VO_2(+)$ complexes using hydrolytically stable, asymmetric ligands derived from Schiff base precursors. Inorg. Chem. 33: 4669-4675.

[52] Crans, D. C., A. D. Keramidas, M. Mahroof-Tahir, O. P. Anderson, and M. M. Miller. 1996. Factors affecting solution properties of vanadium (V) compounds: x-ray structure of β-cis-$NH_4[VO_2(EDDA)]$. Inorg. Chem. 35: 3599-3606.

[53] Bonadies, J. A. and C. J. Carrano. 1986. Vanadium phenolates as models for vanadium in biological systems. 1. Synthesis, spectroscopy, and electrochemistry of vanadium complexes of ethylenebis[(o-hydroxyphenyl)glycine] and its derivatives. J. Am. Chem. Soc. 108: 4088-4095.

[54] Hamstra, B. J., G. J. Colpas, and V. L. Pecoraro. 1998. Reactivity of dioxovanadium (V) complexes with hydrogen peroxide: Implications for vanadium haloperoxidase. Inorg. Chem. 37: 949-955.

[55] Crans, D. C., F. Jiang, I. Boukhobza, I. Bodi, and T. Kiss. 1999. Solution characterization of vanadium (V) and -(IV) N-(phosphonomethyl) iminodiacetate complexes: Direct observation of one enantiomer converting to the other in an equilibrium mixture. Inorg. Chem. 38: 3275-3282.

[56] Galeffi, B. and A. S. Tracey. 1989. 51-V NMR investigation of the interactions of vanadate with hydroxypyridines and pyridine carboxylates in aqueous solution. Inorg. Chem. 28: 1726-1734.

[57] Sergienko, V. S., V. K. Borzunov, and A. B. Illyukhin. 1995. Synthesis and crystal and molecular structure of dioxobis (pyridine-2-carboxylato) vanadate (V) ammonium dihydrate, $NH_4[VO_2(pic)_2] \cdot 2H_2O$: A rare exception to the self-consistency rule. Russ. J. Coord. Chem. 21: 107.

[58] Melchior, M., K. H. Thompson, J. M. Jong, S. J. Rettig, E. Shuter, V. G. Yuen, J. H. McNeill, and C. Orvig. 1999. Vanadium complexes as insulin mimetic agents: Coordination chemistry and in vivo studies of oxovanadium (IV) and dioxovanadium (V) complexes formed from naturally occurring chelating oxazolinate, thiazolinate, or picolinate units. Inorg. Chem. 38: 2288-2293.

[59] Mimoun, H., L. Saussine, E. Daire, M. Postel, J. Fischer, and R. Weiss. 1983. Vanadium (V) peroxo complexes. New versatile biomimetic reagents for epoxidation of olefins and hydroxylation of alkanes and aromatic hydrocarbons. J. Am. Chem. Soc. 105: 3101-3110.

[60] Nuber, B., J. Weiss, and K. Wieghardt. 1978. Schwingungsspecktrum und kristallstrucktur des fünffach-koordinierten cis-dioxo-dipicolinato-vanadat (V)-anions. Z. Naturforsch. 88b: 265-267.

[61] Crans, D. C., L. Yang, T. Jakusch, and T. Kiss. 2000. Aqueous chemistry of ammonium (dipicolinato)oxovanadate(V): The first organic vanadium (V) insulin-mimetic compound. Inorg. Chem. 39: 4409-4416.

[62] Rehder, D. 1988. Interaction of vanadate ($H_2VO_4^-$) with dipeptides. Investigated by ^{51}V NMR

spectroscopy. Inorg. Chem. 27: 4312-4316.

[63] Cornman, C. R., K. M. Geiser-Bush, and P. Singh. 1994. Structural and spectroscopic characterization of a novel vanadium (V)-amide complex. Inorg. Chem. 33: 4621-4622.

[64] Skorey, K. I., N. A. Johnson, G. Huyer, and M. J. Gresser. 1999. A two-component affinity chromatography purification of Helix pomatia arylsulfatase by tyrosine vanadate. Prot. Expr. Purif. 15: 178-187.

[65] Fritzsche, M., V. Vergopoulos, and D. Rehder. 1993. Complexation of histidine and alanylhistidine by vanadate in aqueous medium. Inorg. Chim. Acta 211: 11-16.

[66] Elvingson, K., M. Fritzsche, D. Rehder, and L. Pettersson. 1994. Speciation in vanadium bioinorganic systems. 1. A potentiometric and ^{51}V NMR study of aqueous equilibria in the H^{+}-vanadate (V)-L-α-alanyl-L-histidine system. Angew. Chem., Int. Ed. Engl. 48: 878-885.

[67] Crans, D. C., H. Holst, A. D. Keramidas, and D. Rehder. 1995. A slow exchanging vanadium (V) peptide complex: Vanadium (V)-glycine-tyrosine. Inorg. Chem. 34: 2524-2534.

[68] Buhl, M. 2005. Molecular dynamics of a vanadate-dipeptide complex in aqueous solution. Inorg. Chem. 44: 6277-6283.

[69] Tracey, A. S., J. S. Jaswal, F. Nxumalo, and S. J. Angus-Dunne. 1995. Condensation reactions between vanadate and small functionalized peptides in aqueous solution. Can. J. Chem. 73: 489-498.

[70] Gorzsas, A., I. Andersson, H. Schmidt, D. Rehder, and L. Pettersson. 2003. A speciation study of the aqueous $H^{+}/H_{2}VO_{4}$/L-α-alanyl-L-serine system. J. Chem. Soc., Dalton Trans. 1161-1167.

[71] Schwarzinger, S., G. J. A. Kroon, T. R. Foss, P. E. Wright, and H. J. Dyson. 2000. Random coil chemical shifts in acidic 8M urea: Implementation of random coil shift data in NMR view. J. Biomol. NMR 18: 43-48.

[72] Wishart, D. S., C. G. Bigam, R. S. Hodges, and B. D. Sykes. 1995. ^{1}H, ^{13}C and ^{15}N random coil NMR chemical shifts of the common amino acids. I. Investigation of the nearest-neighbor effects. J. Biomol. NMR 5: 67-81.

[73] Buhl, M. 2000. Density-fluctional study of vanadate-glycylserine isomer. J. Inorg. Biochem. 80: 137-139.

[74] Vergopoulos, V., W. Priebsch, M. Fritzsche, and D. Rehder. 1993. Binding of Lhistidine to vanadium. Structure of exo-[VO$_2${N-(2-oxidonaphthal)-His}]. Inorg. Chem. 32: 1844-1849.

[75] Buhl, M. 1999. Theoretical study of a vanadate peptide complex. J. Comp. Chem. 20: 1254-1261.

[76] Plass, W., A. Pohlmann, and H.-P. Yozgatli. 2000. N-Salicylidenehydrazides as versatile tridentate ligands for dioxovanadium (V) complexes. J. Inorg. Biochem. 80: 181-183.

[77] Diamantis, A. A., J. M. Frederikson, M. A. Salam, M. R. Snow, and E. R. T. Tiekink. 1986. Structures of two vanadium (V) complexes with tridentate ligands. Aust. J. Chem. 39:

1081-1088.

[78] Rajak, K. K., B. Barauh, S. P. Rath, and A. Chakravorty. 2000. Sugar binding to VO^{3+}. Synthesis and structure of a new mannopyranoside vanadate. Inorg. Chem. 39: 1598-1601.

[79] Mondal, S., S. P. Rath, K. K. Rajak, and A. Chakravorty. 1998. A family of (Nsalicylidene-α-amino acidato) vanadate esters incorporating chelated propane-1, 3-diol and glycerol: Synthesis, structure and reaction. Inorg. Chem. 37: 1713-1719.

[80] Asgedom, G., A. Sreedhara, J. Kivikoski, E. Kolehmainen, and C. P. Rao. 1996. Structure, characterization and photoreactivity of monomeric dioxovanadium (V) Schiff-base complexes of trigonal-bipyramidal geometry. J. Chem. Soc., Dalton Trans. 93-97.

[81] Yamaki, R. T., E. B. Paniago, S. Carvalho, and I. S. Lula. 1999. Interaction of 2-amino-N-hydroxypropanamide with vanadium (V) in aqueous solution. J. Chem. Soc., Dalton Trans. 4407-4412.

[82] Mahroof-Tahir, M., A. D. Keramidas, R. B. Goldfarb, O. P. Anderson, M. M. Miller, and D. C. Crans. 1997. Solution and solid state properties of [N-(2-hydroxyethyl) iminodiacetato] vanadium (IV), -(V) and -(IV/V) complexes. Inorg. Chem. 36: 1657-1668.

[83] Rehder, D., C. Weidemann, A. Duch, and W. Priebsch. 1988. 51-V shielding in vanadium (V) complexes: A reference scale for vanadium binding sites in biomolecules. Inorg. Chem. 27: 584-587.

[84] Rehder, D., H. Holst, W. Priebsch, and H. Vilter. 1991. Vanadate-dependent bromo/iodoperoxidase from ascophyllum nodosum also contains unspecific low-affinity binding sites for vanadate (V): A 51-V NMR investigation, including the model peptides Phe-Glu and Gly-Tyr. J. Inorg. Biochem. 41: 171-185.

5 钒酸盐与过氧化氢和羟胺的配位

多年来,过氧化氢和钒酸盐之间的反应一直都是研究的热点。早期的很多研究都与过氧钒酸盐作为氧转运载体的功能有关。烯烃及与之类似的化合物(如烯丙醇)等可以被羟基化或环氧化。甚至烷烃也可以被羟基化,而醇类可以被氧化成醛或酮,硫醇可被氧化成砜或者亚砜。包括苯在内的芳香族物质都可被羟基化。因此,与过氧钒酸盐相关的各种化学作用引起了对其化学反应的大量研究。X 射线衍射成功揭示了许多过氧钒酸盐结构的细节。

许多过氧钒酸盐有强烈的类胰岛素性能[1,2]。显然,这一功能是因为这些化合物能快速氧化蛋白酪氨酸磷酸酶活性部位上的硫基,这些蛋白酪氨酸磷酸酶参与调节胰岛素的受体功能[3]。在海藻和地衣中发现了钒卤代过氧化物酶,这使得对获得过氧化物酶活性的功能模型的研究成为可能,研究者对模拟和再现这些酶的功能也有着浓厚的兴趣。

由于羟胺的不对称性,且其与钒酸盐的配合类似于其与过氧化氢的侧向配合,从中可以得到其他反应不易获得的化学反应细节。这些化合物在体内和体外的类胰岛素作用也引起了进一步的关注。动物研究已经表明双(N,N-二甲基)钒酸羟胺和其他的类胰岛素物质具有同样的效用,例如二丙二酸盐氧钒(Ⅳ)。与过氧配合物不同,羟胺配合物是通过非氧化性机制影响酶的活性[4,5]。

这两种类型的配体容易与钒酸盐发生反应,形成单配位(VL)和双配位(VL$_2$)配合物等产物。配合物的形成十分容易,且其与配体类型无关,反应比想象的更加复杂。钒酸盐可与过氧化氢发生反应,但并没有报道表明有与羟胺的等效的配合物产生。反之亦然。尽管分解速率很大程度上取决于介质的 pH 值,但过氧化氢在含钒的水溶液中仍然是不稳定的。从弱酸到强酸的条件下,过氧化氢歧化为氧气和水,但在高 pH 值时渐渐变得稳定。在弱碱性水溶液中,羟胺缓慢形成氨、氮和水。N-甲基羟胺和 N,N-二甲基羟胺很不稳定。钒酸盐与这几种配体形成的配合物对多种杂配体(X)有较高活性,容易形成 VLX 和 VL$_2$X 配合物。螯合配体(如二肽和过氧钒酸盐)会缓慢地形成单过氧异配体配合物,并有效防止过氧化氢发生歧化反应。

过氧化氢和羟胺配体具有独特的性质,虽然常见配合物是双螯合物,它们仍具有单配位衍生物的性质。例如,快速旋转的异构化会使羟胺配合物中氮原子和氧原子的位置发生交换[6]。这种异构化过程在几毫秒内发生,其速率远远超过耗时几小时的水解过程。这表明旋转过程不涉及单一氮或单一氧配位的中间体，因为这类配合物通常会快速游离。显然，在旋转过程中，中间产物中的钒酸盐依然与氮和氧结合。毫无疑问，在过氧配合物中也能发现相似的异构化，并且该异构化在理论上应该能通过 ^{17}O 核磁共振光谱观察到。

双 N-甲基羟胺配合物的 ^{51}V 核磁共振光谱表明，在氮的可能位点上可检测到甲基的信号群[7,8]。遗憾的是，对此并没有相关动力学实验的研究。翻转式旋转是否与甲基的位移有关这一问题十分有趣。

5.1 过氧化氢

^{51}V 核磁共振光谱的使用对于界定水溶液中的各种过氧钒酸盐颇有成效，而动力学研究已经提供了产物形成机制的相关信息。最常见的过氧化氢配合物有 VL、VL_2、VL_3 以及 V_2L_4。表 5-1 给出了钒酸盐配合物的各种氧代过氧化物的化学位移。尽管在强酸环境下也可以产生一些中性配合物或者阳离子形式的配合物，但钒酸盐配合物通常为阴离子。双过氧钒酸盐可以在很宽的 pH 值范围内产生，pH 值从 1（一价阴离子）到 10（二价阴离子），当溶液中几乎没有过氧化物时，双过氧钒酸盐常常是主要产物。虽然钒酸盐过氧化物的阴离子特性已经被证实，但它们有时被报道为阳离子配合物[9,10]。如果存在大量过量的过氧化氢，平衡会向三价过氧钒酸根阳离子形成的方向进行。有研究对于在较宽 pH 值范围内过氧钒酸盐系统中钒催化下过氧化氢的分解进行了探讨，该研究给出了数种过氧钒酸盐的形成常数[11]，这些形成常数已被用于图 5-1 和图 5-2 中，并且图 5-1 显示了在 pH 值为 5.0、7.0 和 9.0 时过氧化氢对产物分布的影响。次要产物包括阴离子 V_2L、VVL_2 和 V_2L_3，没有在图中列出（见 8.1 节）。

表 5-1 水溶液氧化过氧钒酸盐配合物的 ^{51}V 化学位移

配合物	化学位移/%	pK_a	参考文献
$VO(OO)(H_2O)_3^{1-}$	-540×10^{-4}		[28]
$VO(OH)_2(OO)^{1-}$	-602×10^{-4}	6.2	[29]
$VO_2(OH)(OO)^{2-}$	-625×10^{-4}		[11]，[29]
$VOH(OO)_2(H_2O)^0$	-702×10^{-4}	0.43	[28]
$VO(OO)_2(H_2O)^{2-}$	-692×10^{-4}	7.42①，7.67①	[11]，[28]，[30]
$VO(OO)_2(OH)^{2-}$	-765×10^{-4}		[11]，[30]
$V(OH)(OO)_3^{2-}$	-733×10^{-4}		[11]，[30]
$(VO(OO)_2)_2OH^{3-}$		-756×10^{-4}	[11]，[30]

已报道的钒酸盐配合物中钒酸盐与配合物的化学计量比②

续表 5-1

配合物	化学位移/%	pK_a	参考文献
$V_2L_3^0$	$-669×10^{-4}$ ($-671×10^{-4}$, $-674×10^{-4}$)		[22]
VVL_2	$-737×10^{-4}$ (VL_2), $-555×10^{-4}$ (V)		
VLVL^{3-}	$-634×10^{-4}$		
VVL^{3-}	$-622×10^{-4}$ (VL), $-563×10^{-4}$ (V)		

① pK_a 的值是由离子强度为 1.0mol/L 的氯化钾（pK_a=7.42）、0.15mol/L 氯化钠（pK_a=7.67）获得。
② 这些配合物是在高总钒酸盐（80mmol/L）和高总配体（80mmol/L）浓度的条件下观察到的，在这种条件下它们是微量种。

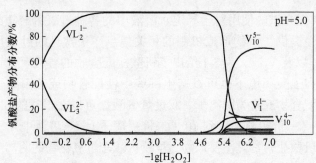

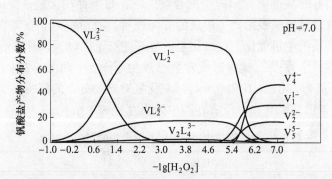

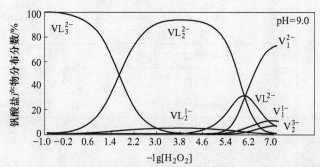

图 5-1　过氧化氢浓度和 pH 值对钒酸盐和过氧钒酸盐形成的影响
（模拟条件：2mmol/L 总钒酸盐；0.1μmol/L～10mmol/L 总过氧化氢；
离子强度 0.15mol/L 的 NaCl；pH 值如图示。形成常数来自参考文献 [11]）

5.1 过氧化氢

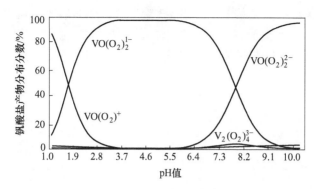

图 5-2　不同 pH 值下过氧化钒酸盐的形态分布

（模拟条件：2.0mmol/L 总钒酸盐；4.0mmol/L 总过氧化氢；离子强度剂：
0.15mol/L NaCl；pH 值：1~10。形成常数来自参考文献 [11]）

已有关于单过氧钒酸盐形成的动力学机制的研究。这些研究使用多齿配体来进行实验，例如吡啶-2，6-二羧酸和 N，N-双（2-吡啶基甲基）甘氨酸及类似物。这些复合物与过氧化氢反应生成过氧钒酸盐[12~14]。这在很大程度上消除了反应体系中副产物对分析造成的影响。在水溶液中所进行的实验结果与单过钒酸盐发生的两种过程完全一致。在固定的酸性环境中，单过氧化物配合物是在钒酸盐配合物反应的第一阶段中产生的，在过氧化氢反应中也是如此。然而，对产物形成的对酸性介质的依赖因素的分析表明不论质子依赖型还是非质子依赖型的反应都可产生过氧化物。酸性条件加快了产物的形成不足为奇，因为质子依赖型的反应速率比非质子依赖型的反应速率快 1000 倍[13]。而且，有证据表明，在一定程度上这个反应受配体的供电子性能调控[14]。有趣的是，通过用吡啶甲酸酯作为配体的动力学研究[12]发现，反应物双吡啶甲酸氧钒是三聚物，这是一个相当令人惊讶的结论。因为另一项使用相同反应物的交替动力学研究中没有提到这一点[13]，并且在核磁共振的研究中没有任何该化学计量关系的证据报道。事实上，有使用电位法以及 ^{1}H 和 ^{51}V 核磁共振光谱的研究表明，这个反应只有单体配合物形成[15]。没有证据能解释为什么会有这样的差别。在形成三聚体的案例中，使用了双吡啶甲酸酯配合物试剂。然而在其他的研究中，配合物是现制现用的。这可能仅仅表明所研究的溶液并未处于热力学平衡状态。

乙腈溶液的动力学结果给出了相似的过氧化机制。关于 3 种相关的叔胺衍生配体的研究有：N，N-2-(2-吡啶甲基) 甘氨酸，N-(2 吡啶) 亚氨基二乙酸和 N-(2-酰胺基甲基) 亚氨基二乙酸[14]。动力学研究先揭示了过氧化物与钒复合物的化合反应，后脱除羟基或水并重新组合为最终产物。虽然还未有报道表明存在过氧化氢的端基配位，但是羟胺的 ^{51}V 核磁共振研究显示可能有这样的化合物存在[6,7]，当然，类似的醇类和酚类化合物配位也是很常见的。依据动力学研究和首次提出的过氧化物的端基配位，图 5-3 绘出了合理的形成过氧化物的质子依赖型和非质子依赖型反应途径。其他类型的配体很可能发生交替的反应序列。例如，强供电子配体可能与过氧化氢结合后很容易与羟基或水分离。

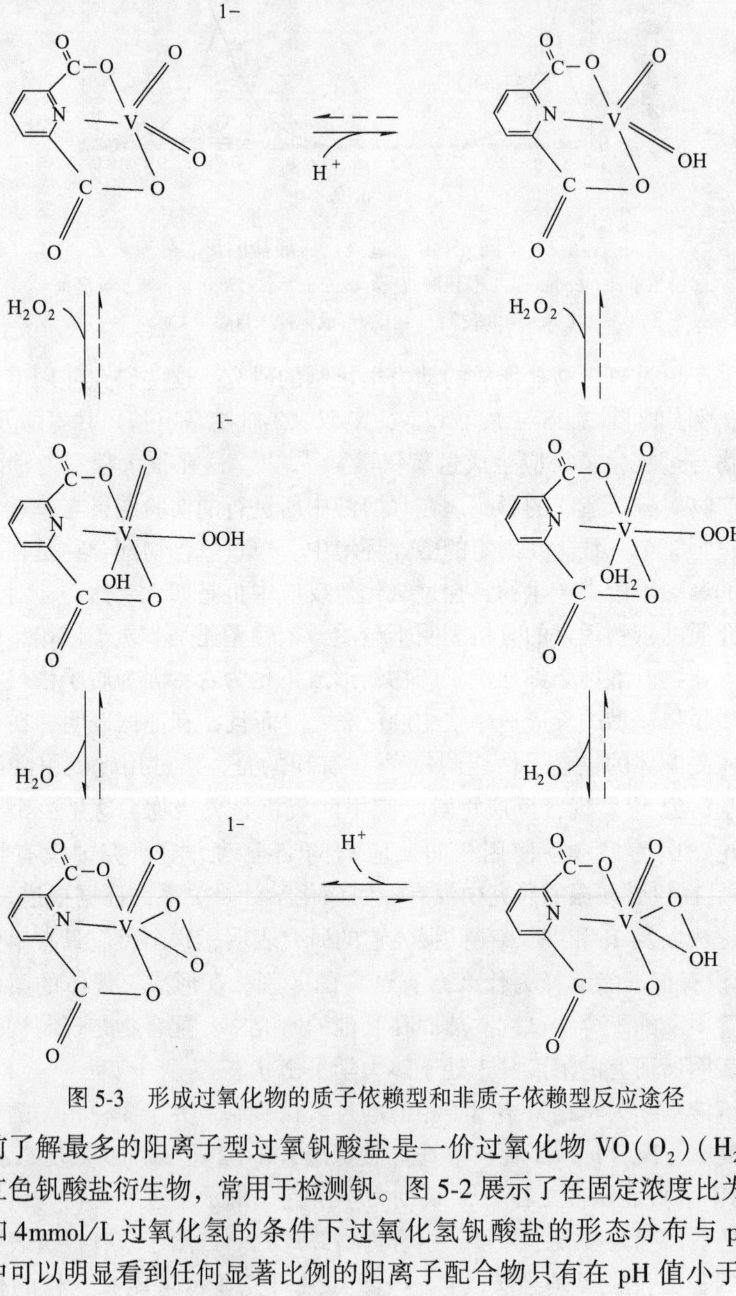

图 5-3 形成过氧化物的质子依赖型和非质子依赖型反应途径

目前了解最多的阳离子型过氧钒酸盐是一价过氧化物 $VO(O_2)(H_2O)_3^{1+}$，这是一种红色钒酸盐衍生物，常用于检测钒。图 5-2 展示了在固定浓度比为 2mmol/L 钒酸盐和 4mmol/L 过氧化氢的条件下过氧化氢钒酸盐的形态分布与 pH 值的关系。图中可以明显看到任何显著比例的阳离子配合物只有在 pH 值小于 3 时才会生成。在 pH 值为 3~10 范围内，双过氧化物是主导产物。

5.2 羟胺

钒酸盐与羟胺的配位在很多方面都与其与过氧化氢的配位相似。已知羟胺配合物有很多种,尽管有关于羟胺、N-甲基和N,N-二甲基衍生物水溶液化学的详细研究,N-取代对于产物的形成显然只有很小的影响。然而,与未取代配体和二甲基化配体相比,N-甲基取代配体存在更广泛的异构式,进而形成许多异构体[7]。VL和VL$_2$配比的配合物是主要形式。而对于过氧化氢配位,亦有次要产物V$_2$L$_3$和V$_2$L生成。鉴于可以观察到V$_2$L$_3$和V$_2$L,未有V$_2$L$_2$和V$_2$L$_4$作为溶液配合物被报道令人十分惊讶。V$_2$L$_4$易被制成非离子态的晶体,容易在溶于水时发生水解。这在合适的浓度条件下几乎可明确地观察到。观察不到这些化合物最可能的原因是它们的^{51}V核磁共振信号被VL和VL$_2$覆盖。从表5-2可以看出V$_2$L$_3$(VLVL$_2$)和V$_2$L(VVL)的信号与相应的VL或VL$_2$的信号非常接近。

有两种截然不同的双配位配合物形成。在pH中性环境下这两种产物均不带电。其中一种在弱酸条件下发生质子化,另一种在弱碱条件下发生去质子化(表5-2)。同时也有两种单配位配合物生成,其在结构上可能和双配位配合物有关。

表5-2 钒酸盐羟胺配合物的液相^{51}V化学位移

复合物		化学位移/%	pK_a	复合物	化学位移/%	参考文献
羟胺化物	VL	-569×10^{-4}				
	VL^{1-}	-670×10^{-4},-674×10^{-4}①				[6],[7]
	VL$_2^{1+}$②	-801×10^{-4}	5.92	VL$_2^{0}$②	-823×10^{-4}	[7]
	VL$_2^{1+}$②	-815×10^{-4}	6.60	VL$_2^{0}$②	-848×10^{-4}	[7]
	VL$_2^{0}$③	-852×10^{-4}	7.4③	VL$_2^{1-}$③	-852×10^{-4}③	[7]
	VL$_2^{0}$③	$-861$①	7.4③	VL$_2^{1-}$③	-861×10^{-4}③	[7]
N-甲基羟胺	VL	-571×10^{-4}				
	VL^{1-}	-651×10^{-4},-655×10^{-4}①				[6],[7]
	VL$_2^{0}$③	-751×10^{-4},-758×10^{-4},-766×10^{-4},-779×10^{-4},-798×10^{-4}	6.1④			[7]
	VL$_2$④	-789×10^{-4},-794×10^{-4},-803×10^{-4},-808×10^{-4},-810×10^{-4}	7.8⑤			[7]

续表 5-2

复合物		化学位移/%	pK_a	复合物	化学位移/%	参考文献
N,N-二甲基羟胺	VL	$-571×10^{-4}$				
	VL^{1-}⑥	$-630×10^{-4}$,v635×10^{-4}①				[6],[7],[21]
	VL$_2^{1+}$⑦	$-696×10^{-4}$	3.35	VL$_2^{0}$⑦	$-725×10^{-4}$	[6]
	VL$_2^{1+}$⑦	v693×10^{-4}	3.80	VL$_2^{0}$⑦	$-740×10^{-4}$	[6]
			9.0⑧	VL$_2^{1-}$⑦⑧	$-690×10^{-4}$	[6],[21]
	VL$_2^{0}$⑨	$-750×10^{-4}$				
	V$_2$L⑩	v567×10^{-4}(V), $-632×10^{-4}$(VL)				[21]
	V$_2$L$_3$⑩	$-648×10^{-4}$(VL), $-712×10^{-4}$(VL$_2$)				[21]

①无单配体物质的 pK_a[6,7]。
②配合物有很宽的核磁共振信号和依赖于质子化状态的化学位移[7]。
③配合物有尖锐的核磁共振信号,但不依赖于质子化状态的化学位移。pK_a无区别[7]。
④报道的酸度常数是宽幅信号产物的平均值。这些信号的化学位移依赖于 pH 值。
⑤报道的酸度常数是尖锐信号产物的平均值。这些信号的化学位移与 pH 值有一点或者没有关系[7]。
⑥此化合物的 pK_a大于 11[21]。
⑦化学位移依赖于 pH 值的宽核磁共振信号复合物[6]。
⑧由于宽频$-725×10^{-4}$%信号和$-740×10^{-4}$%信号合并,pK_a为平均值[21]。
⑨尖锐核磁共振信号产物;第二种复合物的信号未给出。
⑩pH 值为 8.54 时的化学位移。

5.3 过氧钒酸盐和羟胺钒酸盐的配位几何结构

氧代双过氧化钒酸盐[16]和氧代双羟基酰胺(双 N,N-二乙基羟胺[17])钒酸盐以及双 N,N-二甲基钒酸羟胺盐[6]的晶体结构都有报道。过氧化物和羟胺配合物都以 VOV 连接的二聚体形式存在。羟胺配体通过阴离子的氧和不带电的氮与钒配位,而过氧配体配合物通过两个氧与钒配合,两者均为阴离子。因此,虽然过氧化配合物和羟胺配合物的电荷状态不同,但这对于配位几何结构几乎没有影响,并且这两种类型的配合物非常相似。

图 5-4a 给出双配体配合物的结构式。水解会产生图 5-4b 中相应的单体形式物质。研究已经获得了许多过氧化配合物和少量羟胺配合物的固态结构。表 5-3 总结了一些常见的结构参数。从该表中可以明显看到,V 与过氧化氧键的长度与羟胺配合物中的 VO 长度基本上没有区别,双过氧化配合物的 VO 键长的平均值

5.3 过氧钒酸盐和羟胺钒酸盐的配位几何结构

为 0.1889nm,与双羟基酰胺的键长 0.1909nm 大部分相同。然而 VN 键的长度稍长,其配合物键长平均值为 0.1992nm(表 5-3)。在关于双羟胺配合物的晶体结构的报道中,只有两个显示氮彼此相邻[18,19];其他研究则正好相反,如图 5-6 所示。表中配合物的 VO_{oxo} 键长平均值为 0.1598nm,并且过氧配合物和羟胺配合物的 VO 键长没有明显的差异。

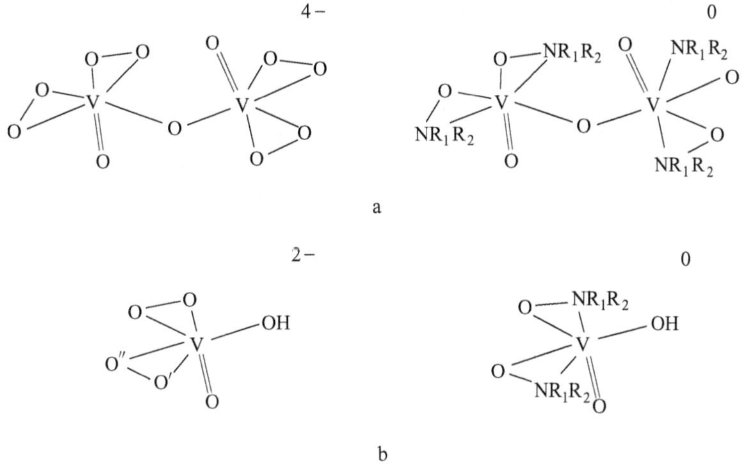

图 5-4 钒双配体配合物和水解产生的单体的结构式

表 5-3 各种过氧钒和羟胺钒配合物的 VO 和 VN 键长 (nm)

配合物①	VO_{oxo}	VO'_{peroxo} ②	VO''_{peroxo} ③	参考文献
$NH_4[VO(O_2)_2(NH_3)]$	0.1599(0.3)	0.1872(0.3)	0.1871(0.3)	[31]
		0.1872(0.3)	0.1871(0.3)	
$ImH[VO(O_2)_2(im)]$	0.1603(0.2)	0.1866(0.2)	0.1884(0.2)	[19]
		0.1865(0.2)	0.1922(0.2)	
$K_2[VO(O_2)_2(pic)]$	0.1599(0.4)	0.1899(0.4)	0.1881(0.4)	[32]
		0.1917(0.4)	0.1895(0.4)	
$K_3[VO(O_2)_2(ox)]$	0.1622(4)	0.1934(0.4)	0.1866(0.4)	[33]
		0.1911(0.4)	0.1856(0.3)	
$(NH_4)_4[O\{VO(O_2)\}_2]$	0.1601(0.3)	0.1896(0.3)	0.1884(0.3)	[16]
		0.1914(0.3)	0.1875(0.3)	
$NH_4[VO(O_2)(dipic)]$	0.1579(0.2)	0.1870(0.2)	0.1872(0.2)	[34]
$[VO(O_2)(pic)(bipyr)]$	0.1604(0.5)	0.1887(0.5)	0.1862(5)	[7]
$[Net_4][VO(O_2)(glygly)]$	0.1599(0.4)	0.1890(0.4)	0.1874(0.4)	[35]

续表 5-3

配合物	VO$_{oxo}$	VO$_{hydroxamido}$	VN$_{hydroxamido}$	参考文献
[VO(H$_2$NO)$_2$(H$_3$NO)]Cl	0.1579(0.9)	0.1892(0.9)	0.1955(1.1)	[18]
	0.1929(0.9)	0.1965(1)		
[VO(H$_2$NO)$_2$(gly)]	0.1603(0.2)	0.1898(0.2)	0.2021(0.2)	[19]
	0.1901(0.2)	0.2008(0.2)		
[VO(H$_2$NO)$_2$(im)$_2$]Cl	0.1606(0.3)	0.1927(0.3)	0.1992(0.4)	[19]
	0.1916(0.3)	0.1993(0.3)		
[VO(H$_2$NO)(dipic)(H$_2$O)]	0.1587(0.3)	0.1903(0.3)	0.2007(0.3)	[36]

① et, 乙基; im, 咪唑; pic, 吡啶-2-羧酸根; dipic, 吡啶-2,6-二羧酸根; ox, 草酸盐; bipyr, 2,2′-二吡啶; gly, 甘氨酸; glygly, 甘氨酰甘氨酸; oxo, 氧化物; poroxo, 过氧化物; hydroxamido, 羟胺。
② 双过氧化配合物, 键距与图5-4中的VO′类型有关。
③ 双过氧化配合物, 键距与图5-4中的VO″类型有关。

在溶液中发现的第三个过氧钒酸盐是三元衍生物羟基三过氧化钒（Ⅴ）。在双过氧配合物和双羟胺配合物中，两个三组分环接近共面。在三元衍生物中，除了环平面间的角度为120°而不是接近180°外，三个环中的任何两个都具有类似的排列。相反，可以认为所有环都与对称轴（V—OH键）平行，而环平面相对于这个轴有轻微的扭曲[20]。如果与过氧配体结合的是单齿配体，则该配合物的配位非常接近四面体。在固态和溶液中，这种配合物是二阴离子。该配合物在某种程度上非常特殊，因为它代表了无V-oxo键的少数情况。在溶液中，没有发现三过氧化物接受或释放质子的情况[11]。图5-5描述了该化合物的配位结构。

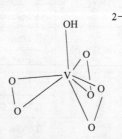

图 5-5 氧代三过氧化钒二价阴离子的结构图
(详细的结构信息来自 F. W. B Einstein[20])

^{51}V核磁共振光谱表明，在水溶液中形成了许多不同的化学计量关系和配位方式的配合物。可以在图5-6中清楚地看到N,N-二甲基羟胺配体。在形成的配合物中，两种金属螯合物具有VL形式的配比（化学位移约-670×10^{-4}%）。这些化合物在中性pH条件下都是一价阴离子，并且至少一种配合物在碱性条件下失去额外的质子[21]。对两种螯合单配位产物的研究清楚地表明VL配合物有两种不

同的配位几何构形。据推测,它们都是基于 VL_2 配合物的配位几何构型。目前已发现存在另外的单羟胺配合物通过羟胺 OH 端配位[6,7]。尽管这不是非常容易形成的配合物,但这是普遍存在的,并且很可能是与过氧化氢配体形成类似的配合物。

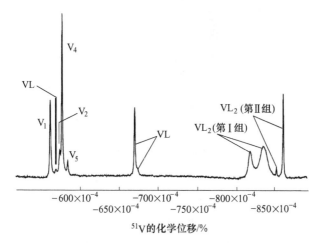

图 5-6 钒的核磁共振光谱展示了各种羟胺钒酸盐配合物的形成
（实验条件：3.0mmol/L 总钒酸盐，5.0mmol/L 羟胺，20mmol/L HEPES
缓冲剂，1.0mol/L KCl，pH 值为 6.9）

羟胺的双配位配合物显然具有两种不同的类型,在钒核磁共振光谱中,它们具有不同的质子反应活性和不同性质。这两组物质在图 5-6 中均有指出。在每组物质中,都出现了与配合物内羟胺的相对取向对应的结构异构体（N-甲基羟胺作为配体时,还涉及配体中甲基的相对取向[8],参见 7.2 节）。尽管原则上对于 N,N-二甲基和羟胺自身而言,可能有 3 种这样的异构体,但核磁共振信号仅确定了 3 种异构体中的两种异构体。在晶体结构中发现了两种顺式异构体（彼此相邻的羟胺氧化物[6,17,19]和彼此相邻的氮[18,19]）,但迄今为止尚未发现有反式异构体。在水溶液中,一种异构体比另一种更易反应,然而,羟基氮上 0 个、1 个或 2 个甲基序列上的配体变化对异构体比例影响不大。选择性可能是来自电子而不是空间因子。图 5-7 描述了每组的一种异构体和观察到的电荷状态。

晶体 μ-氧代-双（双 N,N-二甲基羟胺）氧代钒酸盐在丙酮/水混合溶剂中的溶解仅有一种单体形式（第Ⅰ组,两种异构体）。水溶液中的平衡研究已经证实,在中性条件下,第Ⅰ组配合物不带电并且与结晶配合物的单体相对应,例如图 5-7a 中的中性物质双 N,N-二甲基羟胺羟基氧代钒酸盐。该化合物可以吸收质子以形成阳离子配合物。还有证据表明,如果碱性足够强则能形成阴离子配合物（第Ⅰ组阴离子）[21],并且释放质子。VL_2（第Ⅱ组）的化合物在中性条件下也不带电,但具有相对较尖锐的核磁共振信号。它们在弱碱性条件下失去质子,但

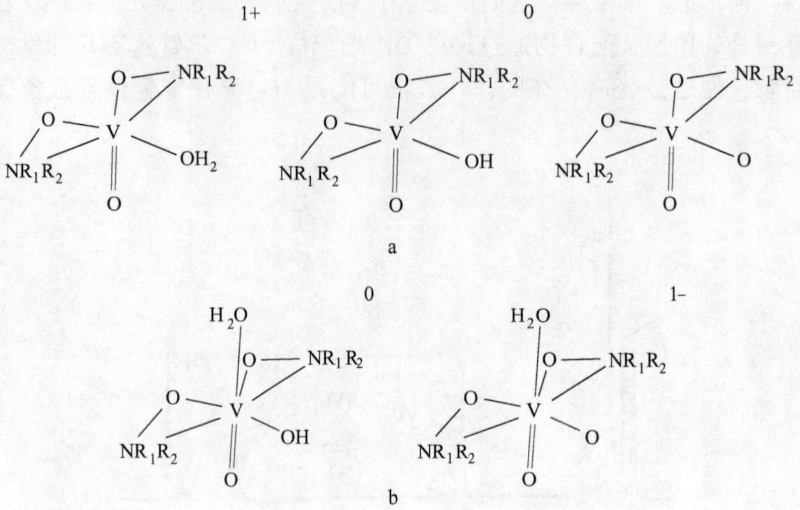

5 钒酸盐与过氧化氢和羟胺的配位

图 5-7 两组物质的异构体结构和观察到的电荷状态

a—第Ⅰ组；b—第Ⅱ组

不容易质子化。因此，在微酸性条件下仅观察到第Ⅰ组配合物。如图 5-8 所示，两种类型的配合物均可存在于中性条件下，且在合适的碱性条件下，第Ⅱ组化合物占优势。另外，随着质子化状态的变化，第Ⅰ组配合物在其 ^{51}V 核磁共振中显示出相当大的化学位移变化（约 $30×10^{-4}$%），而在第Ⅱ组配合物中几乎没有化学位移变化。因此第Ⅱ组配合物与第Ⅰ组的配位方式必然不同，并且推测这种配位变化是水结合到配位层中的结果。图 5-7b 描述了在引入一个水配体的情况下的配位模式。如溶解研究所表明的，如果第Ⅰ组配合物具有类似于晶体前体[6]的结构，则钒在五角锥的碱性配体平面外。如果与羟胺配体的键合在形式上被看作是单配位，则第Ⅰ组配合物具有接近四面体的配位。图 5-7 中描述的变化代表从四面体配位（第Ⅰ组）到三角双锥配位（第Ⅱ组）的变化。后者的配位已经在五角锥双羟胺配合物中被观察到，其中水在其轴向位置上发生配位[18]。

对两组羟胺配合物的配位几何构型已有进一步的研究。这两种类型的化合物（图 5-7）在 ^{51}V 核磁共振谱图中性质差异显著（图 5-6）。第Ⅰ组化合物比第Ⅱ组化合物具有更宽的信号。羟胺配合物与二齿异配体（如甘氨酸、半胱氨酸或甘氨酰甘氨酸）反应产物的核磁共振信号线宽与第Ⅱ组配合物的线宽相当。另外，它们的化学位移与第Ⅱ组配合物处于相同的位移区域。以上观察结果表明这些配合物间存在密切的结构对应关系。此外，从与甘氨酸、丝氨酸和甘氨酰甘氨酸形成的配合物的晶体结构研究可知，在固态时，这种异配体配合物具有五角双锥配位[6,19]。进一步的观察结果表明第Ⅱ组配合物及其异源配体产物的信号受该异配体浓度的影响不显著。然而，正如在某些氨基酸中观察到的，第Ⅰ组化合物的信

5.3 过氧钒酸盐和羟胺钒酸盐的配位几何结构

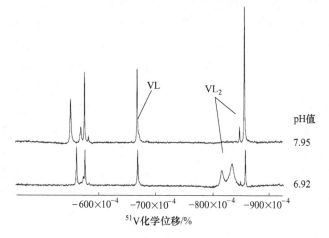

图 5-8　pH 值为 6.92 和 7.95 时两种双羟胺钒酸盐化合物产物分配的核磁共振波谱图
（实验条件：3.0mmol/L 总钒酸盐，5.0mmol/L 总羟胺，1.0mol/L KCl，20mmol/L HEPES 缓冲剂，指示 pH 值）

号可能会受到强烈影响，并会相互聚合[21]。如果第 I 组配合物比第 II 组配合物更容易受到异配体的攻击这就很容易解释了。配体的攻击会导致产生中间结构，甚至可能是产物，其迅速恢复为反应物，并且通过这个循环催化交换过程。与第 II 组五角双锥配合物相比，第 I 组配合物的五角锥形结构更容易受到这种行为的影响，从而支持这种配位方式。

对过氧化物钒酸盐配位反应的研究没有发现双过氧化配合物的存在。目前已经针对该配合物的含水结构做了许多研究。使用 ^{17}O 标记的水的核磁共振研究表明双过氧负一价和负二价配合物中存在两个配位水分子，并且对此提出八配位几何结构[22]。所提出的这种配位方式一直存在争议，并且基于拉曼光谱学提出负一价配合物是五角锥体构型[23]。后者的工作和提出的几何结构是引人注目的，尽管轴向上与氧配位反应的水可能不会被拉曼光谱充分检测，因为其 VO 键长相当长。从头算起就支持了五角锥体[24,25]。尽管这些不支持配合水的论点，但是要忽视 ^{17}O 核磁共振的研究非常困难。另外，羟胺配合物明显具有两种不同的配位几何结构，这表明水与双过氧化物的结合是完全可能的。

过氧钒酸盐的 ^{17}O 核磁共振研究足以表明在双阴离子双过氧钒酸盐配位层中至少有一个水分子[22]。^{17}O 核磁共振对单阴离子衍生物的表征不是很有说服力。此外，来自氧代二过氧钒酸盐的钒核磁共振信号的线宽与第 II 组羟胺衍生物的线宽相近，这表明这些配合物的结构相似。然而，除了拉曼研究和理论计算外，还有一个反对配合水的化学论证。总体而言，过氧官能团 O_2^{2-} 比羟基酰氨基官能团 R_2NO^- 的碱性更强。因此，过氧基团向钒配位中心提供电子密度的倾向更大，钒过氧化配合物将配体引入配位空间的趋势较弱。尽管在羟胺配体中存在两种配位数的配合物，但只观察到一种过氧配体产物，并且依据上述论点，化学位移应该朝向非高度配位的配合物。这也许可以解释为什么双过氧钒酸盐有一种使双齿异构体呈单齿状的趋势。尽管双羟胺钒酸盐以双配位方式与杂配体（如氨基酸）和相关化合物发生配位，但双过氧钒酸盐是通过两个官能团中的任何一个配位而不是两者同时结合。这在咪唑复合中更多见。双羟胺钒酸盐以五角双锥配位形式配合两个咪唑类化合物，而双过氧钒酸盐与一种咪唑类以五角双锥形配位[19]。与晶体研究一致，在水溶液中观察到只有一个咪唑配体与双过氧钒酸盐配位[11,26]。双过氧钒酸盐配体的双配位通常伴随着一个过氧基团的消除。

综合考虑，第Ⅰ组（图5-7a）双羟胺钒酸盐和双过氧化钒酸盐配合物在水溶液中具有相似配位方式，因而图5-7b中描述的羟基氧代双过氧化钒酸盐的五角锥形配位是正确的。如果这是正确的，那么^{17}O核磁共振的研究就是错误的，并且在双过氧钒酸盐的配位层中没有水。同样，核磁共振光谱法能够明确回答水是否参与配合的问题。如果配位水与本体溶液水的化学置换足够缓慢，那么在异核对比核磁共振实验中就可以使用^{51}V-^{17}O的J偶联作用来明确地解决这个问题。

如果钒与过氧基团的结合在形式上是单齿的，那么五角椎体结构实际上可以看作是扭曲的四面体结构。如果这是正确的，并且因为钒酸盐本身具有四面体几何构型，那么单过氧钒酸盐也将具有四面体配位或扭曲的四角锥型配位以形成双齿过氧基团。单羟胺钒酸盐的配位几何更为复杂。两种钒信号表明存在两种几何配位形式，可能是由于双配体衍生物衍生出的几何形状。两种单配体产物的比例约为1∶10，对pH值不敏感。据推测，主要的单羟胺钒酸盐具有四角锥型配位，次要产物为正方四角双锥体配位，但几乎没有证据支持这种配位方式。

前面的论点表明，单过氧钒酸盐阳离子具有八面体配位（再次假设过氧化物在形式上是单齿配位）是因为钒酸盐阳离子本身就是八面体。尽管计算表明水反应Voxo键的稳定性很差，从头计算方法支持这种过氧化物离子的八面体结构[27]。值得注意的是，羟基三过氧钒酸盐负二价阴离子也可以被认为是四面体几何结构[20]。图5-9显示了水溶液中发现的多种不常见的过氧钒酸盐的几何配位形式。V_2L_3衍生物在相当强的酸性溶液中形成，且不带电荷。有趣的是，两个^{51}V核磁共振信号（-671×10^{-4}%和-674×10^{-4}%，表5-1）彼此之间的共振位置非常接近，这实际上排除了VLVL_2配位方式的可能性。相反，其表明了氧对钒和过氧配体的桥接作用。如果剩余的两种过氧配体处于桥接基团的平面内，则会出现两种几乎相同但可区分的钒，这很可能引起彼此非常接近的化学位移。图5-9b中的结构提供了一种与核磁共振研究一致的看似可信的结构，并且该结构符合配合物的电荷状态。也有可能两个类似物是对称的异构体，每一个都与所描述的相似，都以近似相等的比例形成并产生两个信号。

水溶液中的双过氧钒酸盐已被证明为阳离子形式，其中一个过氧基团以侧基配位方式配合并且第二个过氧基团以单配位方式连接[9,10]。如上所述，此电荷状况和配位方式不符合配合物的已知特性。事实上，即使在非常强的酸性条件下，也没有观察到阳离子双过氧化物，而在 pH 值小于 1 的情况下一价阴离子物质仍然可以存在[11]。

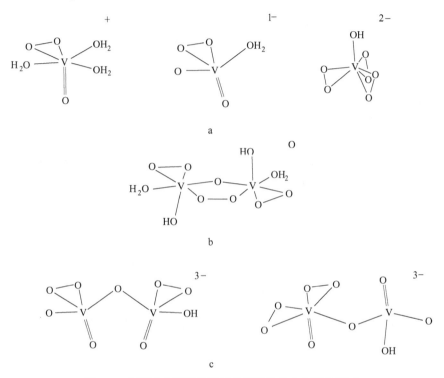

图 5-9　水溶液中不常见的过氧钒酸盐的几何配位形式

参 考 文 献

[1] Shaver, A., D. A. Hall, J. B. Ng, A.-M. Lebuis, R. C. Hynes, and B. I. Posner 1995. Bisperoxovanadium compounds: Synthesis and reactivity of some insulin mimetic complexes. Inorg. Chim. Acta 229: 253-260.

[2] Posner, B. l., R. Faure, J. W Burgess, A. P. Bevan, D. Lachance, G. Zhang-Sun. IG. Fantus, J. B. Ng, D. A. Hall, B. Soo Lum, and A. Shaver. 1994. Peroxovanadium compounds. J. Biol. Chem. 269: 4596-4604.

[3] Huyer, G., S. Liu, J. Kelly, J. Moffat, P. Payette, B. Kennedy, G. Tsaprailis. MJ. Gresser, and C. Ramachandran. 1997. Mechanism of inhibition of protein-tyrosine phosphatases by vanadate and pervanadate. J. Biol. Chem. 272: 843-851.

[4] Cuncic, C. , S. Desmarais, N. Detich, A. S. Tracey, MJ. Gresser, and C Ramachandran. 1999. Bis (N, -N-dimethylhydroxamido) hydroxooxovanadate inhibition of protein tyrosine phosphatase activity in intact cells: Comparison with vanadate. Biochem Pharmacol 58: 1859-1867.

[5] Cuncic, C. , N. Detich, D. Ethier, As. Tracey, MJ. Gresser, and C. Ramachandran. 1999. Vanadate inhibition of protein tyrosine phosphatases in Jurkat cells: Modulation by redox state. J. Biol. Inorg, Chem. 4: 354-359.

[6] Paul, P. C. , S. J. Angus-Dunne, R. J. Batchelor, F. W. B. Einstein, and A. S. Tracey. 1997. Reactions of vanadate with N, N-dimethylhydroxylamine: Aqueous equilibria and the crystal structure of the uncharged oxygen-bridged dimer of bis (N, N-dimethylhydroxamido) hydroxooxovanadate. Can. J. Chem. 75: 429-440.

[7] Angus-Dunne, S. J. , P. C. Paul, and A. S. Tracey. 1997. A ^{51}V NMR investigation of the interactions of aqueous vanadate with hydroxylamine. Can. J. Chem. 75: 1002-1010.

[8] Paul, P. C. , S. J. Angus-Dunne, R. J. Batchelor, F. W. B. Einstein, and A. S. Tracey. 1997. Reactions of hydroxamidovanadate with peptides: Aqueous equilibria and crystal structure of oxobis (hydroxamido) glycylglycinatovanadium (V). Can. J. Chem. 75: 183-191.

[9] Rao, A. V. S. , N. S. Islam, and T. Ramasarma. 1997. Reactivtiy of μ-peroxo-bridged dimeric vanadate in bromoperoxidation. Arch. Biochem. Biophys. 342: 289-297.

[10] Sarmah, S. , D. Kalita, Hazarika, R. Borah, and N. S. Islam. 2004. Synthesis of new dinuclear and mononuclear peroxovanadium (V) complexes containing biogenic coligands: A comparative study of some of their properties. Polyhedron 23: 1097-1107.

[11] Andersson, I. , S. J. Angus-Dunne, O. W. Howarth, and L. Pettersson. 2000. Speciation in vanadium bioinorganic systems 6. Speciation study of aqueous peroxovanadates, including complexes with imidazole. J. Inorg. Biochem. 80: 51-58.

[12] Wieghardt, K. 1978. Preparation and characterization of dipicolinatovanadium (V) complexes. Kinetics and mechanism of their reactions with hydrogen peroxide in acidic media. Inorg. Chem. 17: 57-64.

[13] Funahashi, S. , K. Haraguchi, and M. Tanaka. 1977. Reactions of hydrogen peroxide with metal complexes. 2. Kinetic studies on the peroxo complex formation of nitrilotriacetatodioxovanadate (V) and dioxo (2, 6-pyridinedicarboxylato) vanadate (V). Inorg. Chem. 16: 1349-1353.

[14] Hamstra, B. J. , G. J. Colpas, and V. L. Pecoraro. 1998. Reactivity of dioxovanadium (V) complexes with hydrogen peroxide: Implications for vanadium haloperoxidase. Inorg. Chem. 37: 949-955.

[15] Crans, D. C. , L. Yang, Jakusch, and T. Kiss. 2000. Aqueous chemistry of ammonium (dipicolinato) oxovanadate (V): The first organic vanadium (V) insulin-mimetic compound. Inorg. Chem. 39: 4409-4416.

[16] Stomberg, R. , S. Olson, and I. -B. Svensson. 1984. The crystal structure of ammonium g-oxobis (oxodiperoxovanadate) (4-), $(NH_4)_4[\{O(VO)(O_2)_2\}]$, A refinement. Acta Chem.

Scand. A 38: 653-656.

[17] Saussine, L., H. Mimoun, A. Mitschler, and J. Fisher. 1980. Molybdenum (Ⅵ) and vanadium (Ⅴ) N, N-dialkylhydroxylamino complexes: Synthesis, x-ray structure, and reactivity towards olefins. Nouv. J. Chim. 4: 235-237.

[18] Shao, M., J. Leng, and Z. Pan. 1990. Crystal structure of hydrated (bis-hydroxylamino) (hydroxylamine) oxovanadium (Ⅴ) chloride [VO(NH$_2$O)$_2$(NH$_3$O)H$_2$O] Cl. J. Inorg. Chem. (Chinese) 6: 443-447

[19] Keramidas, A. D., W. Miller, O. P. Anderson, and D. C. Crans. 1997. Vanadium (Ⅴ) hydroxylamido complexes: Solid state and solution properties. J. Am. Chem. Soc. 119: 8901-8915.

[20] Drew, R. E., F. W. B. Einstein, J. S. Field, and D. Begin. 1975. Angew. Chem., Int. Ed. Engl. 31A: S135.

[21] Bhattacharyya, S., A. Martinsson, R. J. Batchelor, F. W. B. Einstein, and A. S. Tracey. 2001. N, N-dimethylhdroxamidovanadium(Ⅴ). Interactions with sulfhydryl-containing ligands: V(Ⅴ) equilibria and the structure of a V(Ⅳ) dithiothreitol complex. Can. J. Chem. 79: 938-948.

[22] Harrison, A. T and O. W. Howarth. 1985. High-field Vanadium-51 and Oxygen-17 Nuclear Magnetic Resonance Study of Peroxovanadates. J. Chem. Soc., Dalton Trans. 1173-1177.

[23] Schwendt, P. and M. Pisarcik. 1990. Raman spectral study on the structure of vanadium (Ⅴ) oxodiperoxo complexes in aqueous solution. Spectrochim. Acta 46A: 397-399.

[24] Conte, V., O. Bortolini, M. Carraro, and S. Moro. 2000. Models for the active site of vanadium-dependent haloperoxidases: Insight into the solution structure of peroxovanadium compounds. J. Inorg. Biochem. 80: 41-49.

[25] Buhl, M. and M. Parrinello. 2001. Medium effects on ^{51}V NMR chemical shifts: A density functional study. Chem. Eur. J. 7: 4487-4494.

[26] Tracey, A. S. and J. S. Jaswal. 1993. Reactions of peroxovanadates with amino acids and related compounds in aqueous solution. Inorg. Chem. 32: 4235-4243.

[27] Bagno, A., V. Conte, F. Di Furia, and S. Moro. 1997. Ab initio calculations on water-peroxovanadium clusters, VO(O$_2$)(H$_2$O)$_n^+$ ($n=1-5$). Implications for the structure in aqueous solution. J. Phys. Chem. A 101: 4637-4640.

[28] Conte, V., F. Di Furia, and S. Moro. 1994. ^{51}V NMR investigation on the formation of peroxo vanadium complexes in aqueous solution: Some novel observations. J. Mol. Catal. 94: 323-333.

[29] Jaswal, J. S. and A. S. Tracey. 1991. Formation and decomposition of peroxovanadium (Ⅴ) complexes in aqueous solution. Inorg. Chem. 3: 3718-3722.

[30] Tracey, A. S. and J. S. Jaswal. 1992. An NMR investigation of the interactions occur ring between peroxovanadates and peptides. J. Am. Chem. Soc. 114: 3835-3840.

[31] Drew, R. E. and F. W. B. Einstein. 1972. The crystal structure of ammonium oxodiperoxoam-

minevanadate (V). Inorg. Chem. 11: 1079-1083.

[32] Shaver, A., J. B. Ng, D. A. Hall, B. Soo Lum, and B. I. Posner. 1993. Insulin-mimetic peroxovanadium complexes: Preparation and structure of potassium oxodiperoxo (pyridine-2-carboxylato) vanadate (V), $K_2[VO(O_2)_2(C_5H_4NCOO)] \cdot H_2O$, and potassium oxodiperoxo (3-hydroxypyridine-2-carboxylato) vanadate (V), $K_2[VO(O_2)_2(OHC_4H_3NCOO)] \cdot 3H_2O$, and their reactions with cysteine. Inorg. Chem. 32: 3109-3113.

[33] Begin, D., F. W. B. Einstein, and J. Field. 1975. An asymmetrical coordinated diperoxo compound. Crystal structure of $K_3[VO(O_2)_2(C_2O_4)] \cdot H_2O$. Inorg. Chem. 14: 1785-1790.

[34] Drew, R. E. and F. W. B. Einstein. 1973. Crystal structure at $-100°$ of ammonium oxoperoxo (pyridine-2, 6-dicarboxylato) vanadate (V) hydrate, $NH_4[VO(O_2)(H_2O)(C_5H_3N(CO_2)_2)] \cdot xH_2O(x \approx 1.3)$. Inorg. Chen 12: 829-835.

[35] Einstein, F. W. B., R. J. Batchelor, S. J. Angus-Dunne, and A. S. Tracey 1996. A product formed from glycylglycine in the presence of vanadate and hydrogen peroxide: The (glycylde-N-hydroglycinato-K^3N^2, N^N, O^1) oxoper oxovanadate (V) anion. Inorg. Chem. 35: 1680-1684.

[36] Nuber, B. and J. Weiss. 1981. Aqua (dipicolinato) (hydroxlamido-N, O) oxovandium. Acta Crystallogr. 1337:947-948.

6 过氧化钒酸盐的反应

过氧钒酸盐和羟氨基钒酸盐都容易与杂配体发生反应。此类配体可以是单齿或双齿的,并且双齿配体通常与单个官能团以单齿配位方式结合。通常,杂配体不以置换过氧基团或羟胺基团的方式参与反应,但置换基团的反应是肯定会发生的。很少有证据表明单齿杂配体会导致原配合物的配位结构发生变化。相反,二齿杂多酸的配位作用可能会导致配位层膨胀而非过氧(或羟氨基)基团的排出。过氧钒酸盐与羟氨基钒酸盐的化学性质有明显差异,特别是与易氧化配体反应的化学性质。例如,不同于羟氨基钒酸盐,过氧钒酸盐能快速氧化硫醇基团并形成亚硫酸[1]。

6.1 二过氧化钒酸盐的杂配体反应

6.1.1 单齿杂配体的配位

很少有关于过氧化钒酸盐与单齿配体反应的详细研究。其中研究最透彻的可能是咪唑(Im)与二过氧钒酸盐的反应。关于水溶液中该反应平衡的详细研究已有报道,一种(产物)晶体结构也已经明确。溶液研究揭示了化学计量比为 $VLIm^{1-}$、VL_2Im^{1-} 或 $V_2L_4Im^{3-}$ 的配合物的形成[2,3]。在本研究的条件下,氧代二过氧咪唑钒酸盐是主要的生成物。有趣的是,该配合物没有酸度系数 pK_a。如果配合物能在溶液中保持其在晶体材料[4]中的结构(图6-1),那么这一结果则与预期一致。该结构中的配位与已报道的氧代二过氧氨基钒酸盐[5]的配位方式区别不大。此外,对氨基配合物的拉曼研究表明,水溶液不改变其配位方式[6]。通过 ^{51}V NMR波谱和电喷雾电离质谱的联用,对组氨酸及与组氨酸类似的咪唑衍生物配体[7]进行了研究。通过研究配合物的分裂模式,获得了关于配合物分解机理的信息。特别地,有人建议借助分解过氧化配体得到的 N-衍生杂配体二过氧钒酸盐对应溶液结构来揭示三氧中间体结构。

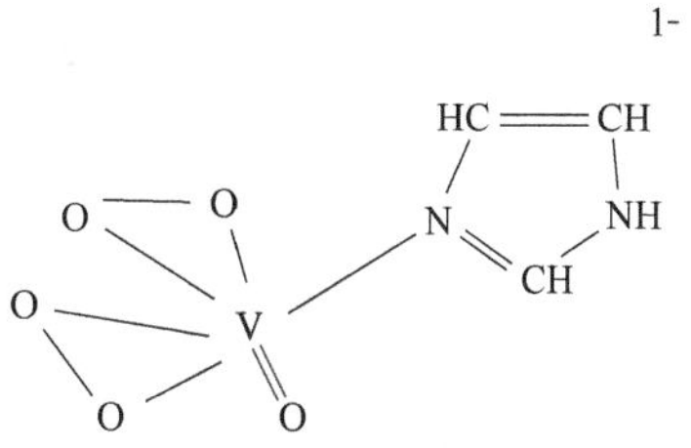

图6-1 氧代二过氧咪唑钒酸盐在晶体材料中的结构

其他单齿配体如乙酸酯和乙胺相当容易与二过氧钒酸盐发生反应。有趣的

6 过氧化钒酸盐的反应

是,诸如氨基酸和二肽的配体也会与二过氧钒酸盐发生反应,但不以双齿而是单齿的方式进行,且在胺和羧酸官能团上单独配位[3,8,9]。含有组氨酸的二肽与二过氧钒酸盐发生多齿配位的倾向并不显著;相反,与咪唑基团的主要反应产物通常是单齿咪唑衍生物二过氧钒酸盐配合物[8,10,11]。借助^{13}C NMR 波谱表征甘氨酰组氨酸配合物的形成,这清楚地揭示了组氨酸残基咪唑基团上的配位反应[8],这一结果与丙氨酰组氨酸类似物的^{1}H 和^{13}C NMR 波谱研究结果一致[11]。以丙氨酰组氨酸和其他含咪唑配体的化合物(如甘氨酰组氨酸、组氨酰甘氨酸和组氨酰丝氨酸)为配体,已发现了两个此类配合物。在已研究的体系中,配位作用对咪唑环的两个 CH 质子的化学位移有显著的影响,但对其他质子的化学位移只产生很小的影响[8,11]。

表 6-1 总结了咪唑环上的^{1}H 的化学位移以及配位反应对它们的影响。特别是从^{1}H NMR 数据中可以看出,这两种产物的形成与咪唑环的各个化学环境不同的氮原子的配位一致[3]。表 6-2 给出了各种与单齿杂配体结合的氧代二过氧钒酸盐配合物的^{51}V 化学位移,而表 6-3 提供了许多形如 $VL_2+X \rightarrow VL_2X$ 反应的形成常数。有趣的是,配体如甘氨酰组氨酸和甘氨酰组氨酰甘氨酸的^{1}H NMR 研究表明,除了两个通过缓慢平衡形成的配合物外,还有一个通过快速平衡形成的次要产物[8]。配体咪唑的质子 NMR 信号发生了显著的化学交换拓宽,但上述两个配合物的质子并未进行化学交换。这表明次要产物的配位涉及了咪唑氮,但不是衍生自上述两个配合物。由此可见,该配合物似乎是咪唑氮衍生的化学不稳定化合物,其另一未知配位几何结构与其他配合物是完全不同的。

表 6-1 氧代过氧钒酸盐组氨酸衍生的 VOL_2X 型配合物的咪唑环上两个质子在水溶液中的^{1}H NMR 化学和配位诱导化学位移

杂配体(X)	化学位移/%				参考文献
	^{51}V	咪唑	产物	配位诱导	
组氨酸(pH 7.0)	-737×10^{-4}	7.20×10^{-4}	7.40×10^{-4}	0.20×10^{-4}	[3]
	—	8.02×10^{-4}	8.12×10^{-4}	0.10×10^{-4}	—
	-748×10^{-4}	7.20×10^{-4}	7.45×10^{-4}	0.25×10^{-4}	
		8.02×10^{-4}	8.35×10^{-4}	0.33×10^{-4}	
丙氨酰组氨酸(pH 7.45)	-739×10^{-4}①	—	—	—	[11]
	-750×10^{-4}	7.05×10^{-4}	7.29×10^{-4}	0.24×10^{-4}	
		7.92×10^{-4}	8.22×10^{-4}	0.30×10^{-4}	
甘氨酰甘氨酰甘氨酸(pH 7.0)	-740×10^{-4}	7.27×10^{-4}	7.37×10^{-4}	0.10×10^{-4}	[8]
		8.19×10^{-4}	8.10×10^{-4}	-0.09×10^{-4}	
	-751×10^{-4}	7.27×10^{-4}	7.40×10^{-4}	0.13×10^{-4}	
	—	8.19×10^{-4}	8.31×10^{-4}	0.12×10^{-4}	—

①蛋白质数据未见报道。

6.1 二过氧化钒酸盐的杂配体反应

表 6-2 VL$_2$X 型配合物的部分氧代二过氧钒酸盐杂配体在水溶液中的 ^{51}V 化学位移

	杂配体（X）	化学位移/%	参考文献
单配位基与氧的配位反应	水	-765×10^{-4}	[2], [3], [9]
	苯酚	-731×10^{-4}	[8]
	醋酸盐	-720×10^{-4}	[9]
	甘氨酸	-712×10^{-4}	[3]
	双甘氨肽	-713×10^{-4}	[9]
	丙酰甘氨酸	-713×10^{-4}	[9]
	甘氨酰谷氨酸	-716×10^{-4}, -720×10^{-4}	[8]
	异戊氨酰天冬氨酸	-714×10^{-4}, -719×10^{-4}	[9]
	甘氨酰酪氨酸	-715×10^{-4}①, -731×10^{-4}②	[8]
单配位基与氮的配位反应	氨	-750×10^{-4}	[9]
	乙胺	-744×10^{-4}	[9]
	三乙胺	-739×10^{-4}	[9]
	甘氨酸	-758×10^{-4}	[3]
	甘氨酰胺	-749×10^{-4}	[3]
	双甘氨肽	-747×10^{-4}	[9]
	丙酰甘氨酸	-728×10^{-4}, -750×10^{-4}	[9]
	异戊氨酰天冬氨酸	-757×10^{-4}	[9]
	甘氨酰酪氨酸	-744×10^{-4}	[8]
	咪唑	-750×10^{-4}	[2], [9]
	N-甲基咪唑	-750×10^{-4}	[3]
	甘氨酰组氨酸	-742×10^{-4}③, -746×10^{-4}④, -751×10^{-4}③	[8], [10]
	组氨酸甘氨酸	-739×10^{-4}③, -749×10^{-4}④	[8]
	苯胺	-710×10^{-4}	[14]
	吡啶	-712×10^{-4}	[3], [14]

①反应发生在羧基氧上的化学位移。
②反应发生在酚盐氧上的化学位移。
③反应发生在咪唑氮上的化学位移。
④反应发生在氨基上的化学位移。

6 过氧化钒酸盐的反应

表 6-3 部分过氧化钒酸盐中单配位基杂配体配合物的平衡常数[9]

配体	化学位移/%	平衡常数/L·mol^{-1}	参考文献
平衡方程		$VL_2^- + RCO_2^{n-} \rightarrow VL_2X^{(n+1)-}$	
醋酸盐$^{1-}$	-720×10^{-4}	4.8 ± 0.5	[9]
乳酸盐$^{1-}$	-721×10^{-4}	1.7 ± 0.3	[53]
甘氨酸^0	-712×10^{-4}	0.7 ± 0.1	[3]
丙氨酸^0	-714×10^{-4}	0.8 ± 0.2	[3]
双甘氨肽^0	-713×10^{-4}	1.2 ± 0.5	[9]
脯氨酰甘氨酸^0	-713×10^{-4}	1.4 ± 0.5	[9]
甘氨酰酪氨酸	v715$\times10^{-4}$	1.1 ± 0.3	[8]
平衡方程		$VL_2^- + HOArR^{n-} \rightarrow VL_2X^{(n+1)-}$	
乙胺	-744×10^{-4}	$(2.5 \pm 0.3)\times10^3$	[9]
苯酚^0	-731×10^{-4}	$(4.9 \pm 0.3)\times10^3$	[8]
甘氨酰酪氨酸^0	-731×10^{-4}	$(1.9 \pm 0.2)\times10^4$	[8]
平衡方程		$VL_2^- + NH_2R^{n-} \rightarrow VL_2X^{(n+1)-}$	
N-甲基咪唑^0	-750×10^{-4}	$(6.3 \pm 0.6)\times10^3$	[3]
吡啶^0	-712×10^{-4}	$(1.0 \pm 0.2)\times10^2$	[3]
甘氨酸$^{1-}$	-758×10^{-4}	$(4.0 \pm 0.5)\times10^3$	[3]
丙氨酸$^{1-}$	-766×10^{-4}	$(3.6 \pm 0.5)\times10^3$	[3]
双甘氨肽$^{1-}$	v747$\times10^{-4}$	$(2.7 \pm 0.4)\times10^2$	[9]
甘氨酰酪氨酸$^{1-}$	-747×10^{-4}	$(2.4 \pm 0.7)\times10^2$	[8]
丙氨酰组氨酸^0	-750×10^{-4} ①	$(1.6 \pm 0.3)\times10^3$	[11]
丙氨酰组氨酸	-739×10^{-4} ①	$(2.0 \pm 0.3)\times10^2$	[11]

①咪唑氮上发生的反应的产物

咪唑（$V_2L_4Im^{3-}$）的二钒四过氧基配合物展现了一个有趣的结构问题。配合物[3]中咪唑的^{1}H NMR 波谱与对称化合物一致。虽然搜索到了第二个钒信号，但结果显示该化合物只有一个^{51}V NMR 信号[2]。图 6-2 提供了该配合物的两个可选结构。磷酸盐衍生物的晶体结构显示[12]，$[(VL_2O)_4P]$ 中的磷酸基团以类似于图 6-2a 中咪唑的方式桥接在 4 个氧代二过氧钒酸盐基团之间[13]。虽然图 6-2b 中描述的结构是咪唑配合物一个理论上基于 V_2L_4 配比的可能结构，但这个配合物的电荷却不正确。不过，在碱性条件下有可能会形成此配合物。目前，已知的信息与图 6-2a 中所描述的结构相吻合，且该结构提供了咪唑二（氧代二过氧钒酸盐）配合物可能的配位方式。

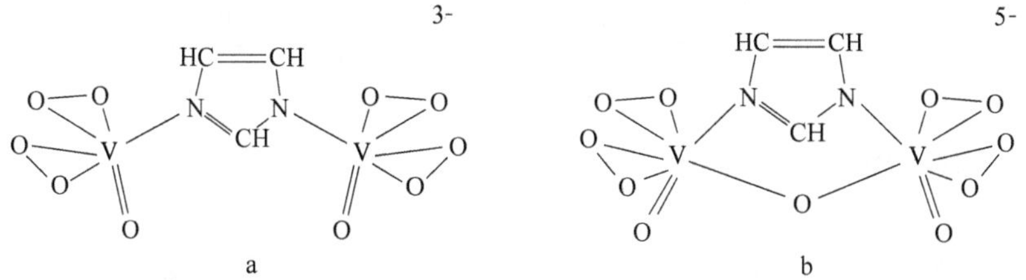

6.1 二过氧化钒酸盐的杂配体反应

$$\underset{a}{\text{结构a}} \qquad \underset{b}{\text{结构b}}$$

图 6-2 咪唑（$V_2L_4Im^{3-}$）的二钒四过氧基配合物的两种结构

与其他胺一样，吡啶和苯胺很容易形成杂配合物，这为研究取代基电负性对钒化学位移的影响提供了一种手段。多个苯胺和吡啶的哈米特（hammett）图都揭示了取代基间电负性和化学位移之间的线性关系，并且说明了随着两种配体的电负性的提高，^{51}V 化学位移会向正向移动[14]。遗憾的是，没有与二过氧杂配体配合物形成常数相关的报道。然而，其他研究表明，脂肪族配体中共轭酸的酸度常数（pK_a）与产物形成常数（lgK_f）[9]线性相关。这种自由能相关性表明，配体供电子能力的增强极有利于产物的生成。如图 6-3 所示线性关系包含胺、酚和羧酸，这与所观察到的结果相一致，在 pH 值为 7 时脂肪醇的配位作用非常微弱。由图 6-3 可知对醇类而言，反应 $VL_2+RO^- \rightleftharpoons VL_2OR^{2-}$ 的形成常数较大（数量级为 $2\times10^5 L/mol$）。然而由于醇盐的浓度非常低，因此将不利于各种产物的形成。同样发现钒酸盐和烷基醇及苯酚的反应具有类似的相关性（3.1 节），但配体酸度对产物形成的影响并不像对生成过氧钒酸盐的影响那么明显。

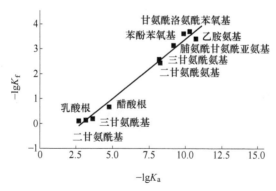

图 6-3 不同配体的 pK_a 与配体、氧代二过氧钒酸盐（$VL_2^- + R^{(n-)} \rightarrow VL_2R^{(n+1)-}$）之间反应产物形成常数之间的关系

（直线由方程 $lgK_f = 0.48 (-lgK_a) - 1.39$ 来定义。图中的信息来自 Tracey 和 Jaswal[9]，Jawal 和 Tracey[8]，而乳酸盐的相关信息来自 Gorzsas 及其同事[53]）

6.1.2 氧代二过氧钒酸盐的多齿杂配体配位反应

尽管氨基酸及其相关化合物通常以单齿配位基的方式与过氧钒酸盐发生反

应,但其也可以以双齿配位的方式发生反应,只是产物通常不是双过氧化合物;相反,其在缩合反应中消除了一个过氧化氢。当然并非所有情形都如此,其中双过氧杂二配体化合物就是已知的一个例外,尽管有一些其在固态时的 X 射线结构的报道。在这种情况下,一个配位点是在顶端位置,以草酸[15]和吡啶(吡啶-2-羧基)[16]配合物形成的一个五角双锥型产物(见图6-4)。在水溶液中几乎没有此类物质及其类似配合物的详细研究。对吡啶化合物的初步研究表明,在中性和适度碱性条件下溶液中含 2 倍以上的过氧化物,此时物质形态主要为吡啶甲酸氧代过氧钒酸盐[17,18]。在本研究的条件下,还不确定这种化合物是否能发生双配位基配合反应。在研究该化合物的催化特性时常认为存在配位反应,电位研究结果表明阴离子配合物的 pK_a 为 4.41 ± 0.02[19]。

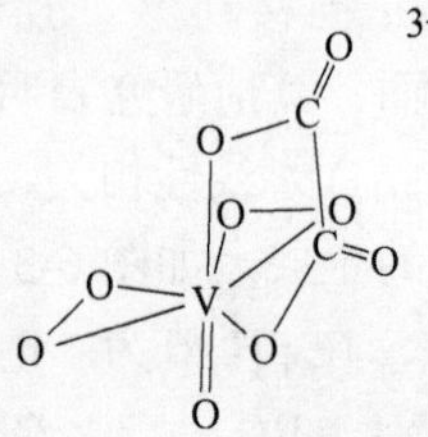

图 6-4 草酸和吡啶(吡啶-2-羧基)配合物形成的一个五角双锥型产物

几乎没有证据能够说明在该化合物发生水解的水溶液中也存在过氧钒酸盐杂配体的双配位反应,虽然对丙氨酸的研究表明,除了会生成已讨论过的 N-、O-衍生物外,还生了成两种快速交换的产物。令人惊讶的是,这两种快速交换的化合物的形成均需要氨基和羧酸盐的参与[3]。如表6-2所示,吡啶甲酸化合物的^{51}V 的化学位移是-745×10^{-4}%,这属于双过氧单配位异构体配合物的化学位移范围。这种化学位移比典型的羧酸类化合物(-712×10^{-4}%,-720×10^{-4}%)的位移要大,且显著高于吡啶化合物的化学位移(-712×10^{-4}%),尽管这还在氨基类化合物的范围内。这表明(但还未证实),在水溶液中,过氧化钒酸盐以双配位的方式与吡啶甲酸配体发生配位反应。对配位诱导产生的^{13}C 化学位移的研究可能需要较长的时间才能给出答案。当然,在酸性条件下有一种假设是消除一个过氧基团从而生成含有双配位甚至更高配位杂配体的单过氧钒酸盐化合物[17,18]。

从拉曼研究中可知,草酸盐以双配位的形式发生配位反应时没有消除过氧基团[6]。钒的吡啶甲酸酯配合物的配位反应可以通过观察^{13}C 配位诱导的 NMR 化学位移而给出更明确的解释。钒的草酸盐配合物的 X 射线结构表明其两个 VO_{ox} 键之间的距离不同。VO 键与二维平面中草酸氧的距离为 0.2064(4)nm,而 VO 键与草酸顶端氧的距离为 0.2251(4)nm[15]。同样在钒的吡啶甲酸配合物(VO_{pic} 0.2290nm[16])和其他配合物[20]中发现类似的键长。这些间距表明其与顶端氧形成的键相对较弱,并且该键从钒中心解离而形成单齿配合物是完全可能的。目前还未对水溶液中不同草酸盐配合物的相对稳定性进行详细研究。

6.2 单过氧钒酸盐与杂多酸的反应

已经报道了一些单过氧钒酸盐杂配体配合物的 X 射线结构，其中杂配体包括吡啶甲酸酯、吡啶二羧酸酯、二肽和许多 α-羟基羧酸酯。已针对其中部分溶液体系开展了 NMR 研究，并描述了各种溶液产物。表 6-4 给出了已被研究的溶液产物的 ^{51}V NMR 化学位移。该表涵盖了各种类型的配合物，并且化学位移范围从 $100×10^{-4}\%$、约 $-580×10^{-4}\%$ 至 $-680×10^{-4}\%$。

表 6-4 部分氧过氧钒酸盐杂配体配合物在水溶液中的 ^{51}V NMR 化学位移

杂配体	配比（V∶L∶X）	化学位移/%	参考文献
吡啶甲酸	VLX^0	$-600×10^{-4}$	[17]，[18]
	$VLX^{1-/2-}$	$-658×10^{-4}$	[17]
	VLX_2^{1-}	$-611×10^{-4}$，$-616×10^{-4}$，$-632×10^{-4}$①	[17]，[18]
乙醇酸	VLX	$-574×10^{-4}$	[37]
	$V_2L_2X_2$	$-583×10^{-4}$	[37]
乳酸	$V_2L_2X_2$	$-596×10^{-4}$	[17]，[40]
	V_2LX_2	$-521×10^{-4}$，$-592×10^{-4}$②	[17]
	V_2LX_2	$-519×10^{-4}$，$-590×10^{-4}$②	[17]
杏仁酸	$V_2L_2X_2$	$-588×10^{-4}$	[37]
甘氨酸	$VLX_2^{1-/2-}$	$-662×10^{-4}$	[3]
	$VLX_2^{1-/2-}$	$-674×10^{-4}$	[3]
甘氨酰甘氨酸	VLX^{1-}	$-649×10^{-4}$③	[8]，[25]
苯酚	VLX^{2-}	$-605×10^{-4}$	[8]
甘氨酰酪氨酸	VLX^{2-}	$-604×10^{-4}$	[8]

①3 个信号可能对应于 3 种结构异构体。
②两种化合物，每种均有两种信号。
③一些二肽配合物显示出 VLX 衍生物在两个或 3 个不同范围内的化学位移：$-620×10^{-4}\% \sim -632×10^{-4}\%$，$-644×10^{-4}\% \sim -657×10^{-4}\%$ 和 $-663×10^{-4}\% \sim -675×10^{-4}\%$[3]。

6.2.1 钒与氨基酸、吡啶甲酸酯和二肽的配位反应

吡啶甲酸与单过氧钒酸盐形成单配体和双配体杂配合物。但是，对于氨基酸，只有双杂配体配合物有报道。通过阻断胺或羧酸酯基团可以阻止产物的形成。由氨基酸衍生的双杂配体配合物有两种不同的形式。某一杂配体通过氮官能团以单齿的方式配位是一种不太被承认的形式[3]。第二种形式可能是类似的配合

物，其中第二种配体通过羧酸氧来配位而不是氮。然而，另一种选择是在主要配合物中，第二种异配体也是双齿的，如图6-5所示。这是双吡啶甲酸盐配合物在固态下的配位模式[21]，也见于相应的双草酸盐[22]和吡啶甲酸吡啶盐混合配体配合物[20]。尽管这显然是这些配体在溶液中可行的配位模式，但氨基酸配合物的溶液研究已表明主要产物具有 pK_a 值，因此必须具有可电离的质子。单吡啶甲酸盐配合物的结构显示出其与两个水分子发生了配位[23]，因此在双氨基酸配合物中，第二个氨基酸与单一水进行单齿配位是十分可能的。这表明类似于图6-6中的配位模式可以应用于单过氧钒酸盐配合物。

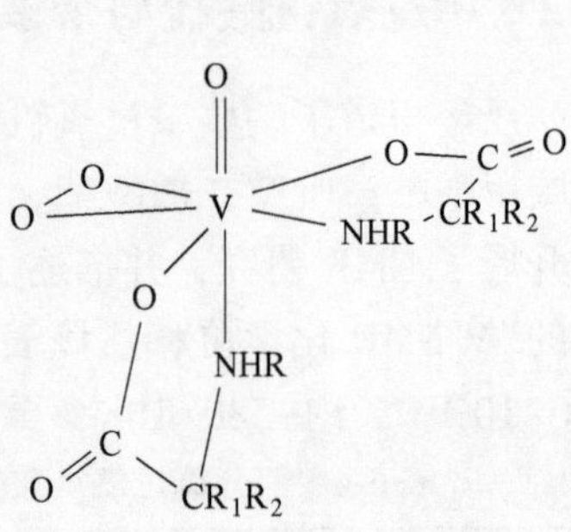

图6-5 胺和羧酸盐螯合配位

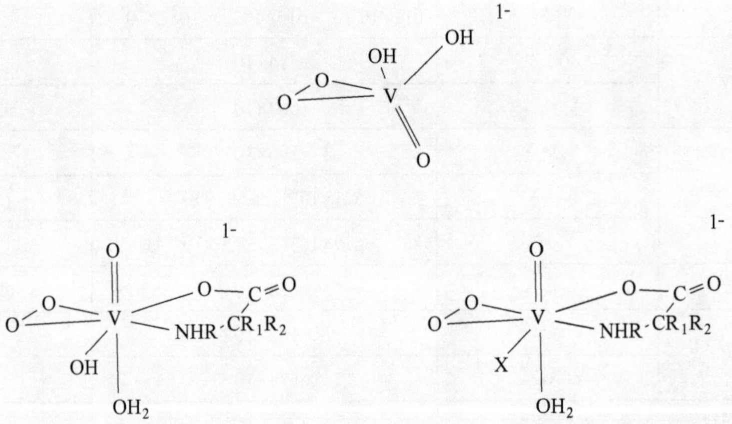

图6-6 胺、N、羧酸盐和O通过X-配体配位

已有研究表明，氨基酸（L）可以形成 $(VO(OO)_2L)_2(OO)L$ 配位体的双核钒配合物，为此有人提出一个过氧基团与含有一个氨基酸的羧酸盐基团在两个钒原子核之间形成的桥梁，如图6-7所示[24]。配合物在水溶液中溶解时不能保持其完整性。

二肽配合物以三齿配位的方式形成氧代过氧二肽。与二肽的配合速率相比，

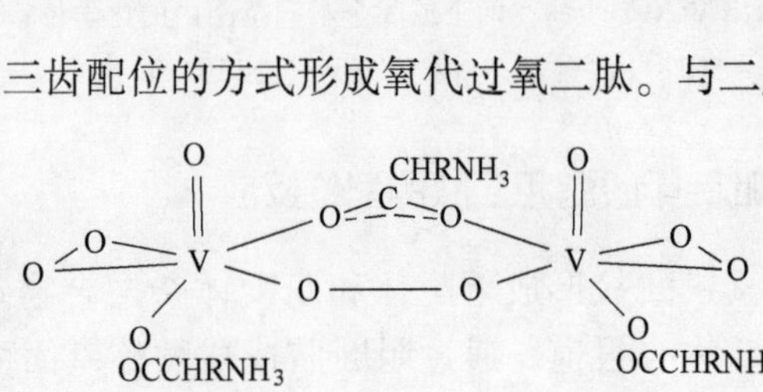

图6-7 一个过氧基团与含有一个氨基酸的羧酸盐基团在两个钒原子核之间形成的桥梁

6.2 单过氧钒酸盐与杂多酸的反应

这些配体的配位速率相当缓慢。即使有钒催化的过氧化氢的歧化反应发生。二肽配合物的形成是很有意思的，其配体是三齿的。二肽配合物的形成复杂并涉及从肽链的酰胺 NH 中失去质子的过程反应（图 6-8）。NMR 研究已经确定了二肽配合物在水溶液中的反应[8]，而 X 射线结构清楚地显示了这种配位模式[25]。其他配体如吡啶二羧酸盐形成的配合物在结构上与二肽配合物相似[26,27]。二肽配合物的 X 射线结构表明，如果该结构能稳定存在于水溶液中，则应观察到配合物的两种异构形式。如图 6-8 所示，异构体的产生是由于氨基酸残基侧链的存在，并且由配体的翻转产生，该配体使侧链从外向（图 6-8a）移动到 V═O，从而处于内向（图 6-8b）。预期两种异构体是来自二肽，如缬氨酰甘氨酸、色氨酰甘氨酸、胰氨酰色氨酸和谷氨酰谷氨酸等。另外，甘氨酰甘氨酸有望形成一种异构体。与预期相符，配合物的 ^{51}V NMR 波谱显示了异构体的出现。表 6-5 给出了各种二肽单过氧钒酸盐的 ^{51}V NMR 化学位移。

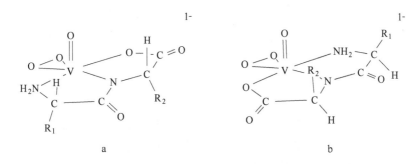

图 6-8　二肽配合物的形成中肽链的酰胺 NH 中失去质子的过程反应

表 6-5　部分氧过氧钒酸盐二肽配合物在水溶液中的 ^{51}V NMR 化学位移

杂配体	化学位移/%	pK_a	参考文献
双甘氨肽	-649×10^{-4}	—	[8]
缬氨酰甘氨酸	-643×10^{-4}, 657×10^{-4}	—	[8]
甘氨酰色氨酸	-620×10^{-4}, -651×10^{-4}	—	[8]
色氨酰甘氨酸	-652×10^{-4}, -656×10^{-4}	—	[8]
色氨酰色氨酸	-623×10^{-4}, -648×10^{-4}	—	[8]
色氨酰酪氨酸	-628×10^{-4}, -644×10^{-4}	—	[8]
甘氨酰苏氨酸	-632×10^{-4}, -650×10^{-4}①	—	[8]
	-637×10^{-4}, -656×10^{-4}①	—	[8]
丙氨酰丝氨酸	-656×10^{-4}	—	[28]
	-659×10^{-4}②, -677×10^{-4}③	—	—

6 过氧化钒酸盐的反应

续表6-5

杂配体	化学位移/%	pK_a	参考文献
甘氨酰谷氨酸	-625×10^{-4}, -647×10^{-4}, -651×10^{-4}	—	[8]
丙氨酰组氨酸	-627×10^{-4}, $-v660\times10^{-4}$	—	[11]
	$-627\times10^{-4} \to -683\times10^{-4}$ ④	5.92	—
甘氨酰组氨酸	-650×10^{-4}	—	[8]
	$-649\times10^{-4} \to -673\times10^{-4}$ ④	6.9	—
组氨酰甘氨酸	-651×10^{-4}	—	[8]
	$-664\times10^{-4} \to -675\times10^{-4}$ ④	6.2	—
组氨酰丝氨酸	-652×10^{-4}	—	[8]
	$-660\times10^{-4} \to -663\times10^{-4}$ ④		

①化学位移在-632×10^{-4}%和-650×10^{-4}%处的配合物与苏氨酸羧酸基团螯合（单负电荷），而在-637×10^{-4}%和656×10^{-4}%处的配合物则与羟基衍生螯合物结合（双负电荷）[8]。

②很可能，应该将这种化学位移分配给单个产物的方法修改为对应于单负电荷和双负电荷配合物的两个重叠信号的化学位移（参见正文）。

③该化学位移对应的带双负电荷的配合物可能来源于通过羟基氧螯合而不是通过羧酸盐氧。

④化学位移和pH值有关。

如果二肽具有适合与单过氧钒酸盐发生螯合的侧链，则可以观察到两种以上类型的配合产物。表6-5给出了几种此类系统中观察到的产物的^{51}V NMR化学位移。与甘氨酰苏氨酸形成的配合物是这种行为的一个很好的例子[8]。在中性至微酸性条件下，观察到由末端氨基的螯合作用产生的两种配合物酰胺氮和羧酸盐氧（-632×10^{-4}%，-650×10^{-4}%）。在pH值增加时，观察到另外两组信号（-637×10^{-4}%，-656×10^{-4}%）。易于分辨这两组信号是由于羧酸盐的参与形成的螯合产物（-632×10^{-4}%，-650×10^{-4}%），并用羟基氧（-637×10^{-4}%，-656×10^{-4}%）代替羧酸氧。形成产物的不同质子要求容易区分两种类型的配合物。当羟基发生反应时，失去质子，而未配位的羧酸基团带有负电荷，因此这些产物带有双重负电荷。除了电荷状态的变化之外，似乎没有理由怀疑其与图6-8中所示的结构不同。当二肽与钒酸盐配位时，也能观察到类似的产物（见4.4.2节）。

有趣的是，对丙氨酰丝氨酸/单过氧钒酸盐体系的研究仅显示对应于3种配合物产物（表6-5[28]）的^{51}V NMR信号而不是上述论证的4种。而且，对应于-659×10^{-4}% NMR信号的产物具有pK_a值。预计与结构为图6-8相对应的产物不会有pK_a值。然而，如果-569×10^{-4}%处的信号是一种复合信号，那么它可能来自于羧酸根氧的配位，或羟基氧的配位。不同的质子配比和随后的依赖模式在不同pH值形成的总体产物中很容易被误解为产物的pK_a。这种错误似乎很有可能发生。如果是这样，由羧酸根反应的产物（单负配合物）具有-656×10^{-4}%和-659×10^{-4}%的化学位移，而来自羟基氧反应的产物（双负配合物）具有-659×10^{-4}%和-677×10^{-4}%的化学位移。

含有组氨酸的二肽表现出比上述二肽更复杂的化学反应。反应形成 3 种单过氧钒酸盐配合物，其中两种具有上述配合物的特征。如表 6-5 所示，第 3 类配合物与其他配合物的明显区别在于它们具有 pK_a 值。已测量的 pK_a 值与组氨酸侧链咪唑的 pK_a 值具有显著差异。例如，丙氨酰组氨酸（咪唑）的 pK_a 值为 6.72，而所讨论的配合物的 pK_a 值为 5.92[11]。对于已研究的配体系统，只有一种具有 pK_a 值的配合物被报道，这说明只形成了这种配合物的一种类型。此外，阻断末端位置会使产品形成受阻。

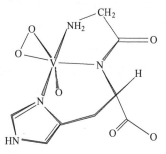

图 6-9 氧代二过氧钒酸盐的三齿配合物结构

另一种具有肽氮、羧基末端羧酸氧和咪唑氮的配合物（如甘氨酰组氨酸甘氨酸）不会形成产物。综上所述，这些结果支持将这些化合物分配为三齿配合物，如 N-胺，肽氮和咪唑环的 α-氮原子，如图 6-9 结构所示。这留下了咪唑氮，它可以通过质子化/去质子化反应来解释所观察到的该配合物的 pK_a 值。已证明咪唑自身可与单氧钒酸盐反应，但反应非常弱[2]。

二肽在过氧钒酸盐溶液中的反应一个有趣的方面是它们能够有效防止钒催化过氧化氢歧化为水和氧。有意义的是，任何复合物的形成都会削弱替代反应的途径，比如这从而会改变化学反应的总速率。已发现不存在二肽时，钒催化歧化速率比二肽存在时二肽单氧钒酸盐配合物的形成速率快得多。尽管如此，即使延长时间也很少或根本不发生过氧化氢的分解[8,9,17]。这些结果表明，分解过程中的中间体——过氧钒配合物被二肽配体有效地捕获，并且阻止其分解。随后，被捕获的中间体还原为其起始组分，其中一些组分可能会转化为肽单过氧钒酸盐配合物。另外，所观察到的肽类配合物可能通过独立的反应途径形成。然而，最终，肽类产物的形成将将钒锁定在一个不促进过氧化氢稳定性的复合物中。

歧化反应不太可能仅由肽类配合物终止，相反，其他配体的行为也可能以类似的方式进行。抑制率显然取决于配体是双齿还是三齿的。例如，氨基酸与二肽配体相比效率较低。

6.2.2 α-羟基羧酸的配合作用

α-羟基羧酸与单过钒酸盐的反应和钒酸盐本身的反应极为相似。主要产物都是具有 [VO]$_2$ 特征的环状双核钒配合物。从结构上讲，这两种配合物的主要区别在于，一个氧基被过氧基取代（如图 6-10a 所示），得到与图 6-10b 所描绘的结构式相似的结构。就手性配体来说，如 R-乳酸盐和 S-乳酸盐，其 X 射线研究表明，当配位体为 $S,S(R,R)$ 配体组合时中心 $[VO]_2$ 核结构可以是非平面的，而当组合为 R,S 时，中心结构可以是平面结构[29]。配体为非手性时中心核是平面的，如乙醇酸[30]。后者不是必要的要求，因为原则上结构布置可以使双核钒配合物的两个氧基处于顺式（非平面核）排列中或在中心 $[VO]_2$ 核的反式（平面核）排列中。中心核内的 VOV 角通常在 108°~110°，而 OVO 角为 69°~71°。这些角度基本上与相应的氧钒酸盐配合物相同（参见表 4-1）。

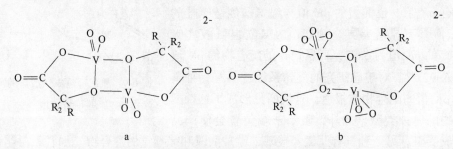

图 6-10 具有 $[VO]_2$ 特征的环状双核钒配合物

在图 6-10 所示的结构中清楚地看到的，在核心区域中有两种不同类型的 VO 键。$V_1—O_1$ 键往往比 $V_1—O_2$ 键短，通常短 0.010nm 或更多，但更常见的是 0.002~0.004nm 的较小差异。表 6-6 给出了从 X 射线衍射研究获得的这些 VO 键长。当然，当分离为单体时 $V_1—O_2$ 键会断裂。

表 6-6 部分二聚体单过氧钒酸盐 α-羟基羧酸配合物中环状 $[VO]_2$ 核内 VO 键长和键角

	配体	VO_a	VO_b	∠VOV	∠OVO	参考文献
平面 $[VO]_2$	乙醇酸盐	1.923(4)	2.011(4)	110.3(2)	69.7(2)	[30]
	R,S-乳酸盐	1.927(6)	2.025(6)	110.0(3)	70.0(3)	[29]
		2.009(1)	2.030(1)	108.1(1)	71.9(1)	[33]
	R,S-苹果酸盐	2.005(2)	2.025(2)	107.7(2)	72.3(2)	[31]
		1.986(2)	2.021(2)	108.6(1)	71.4(1)	[31]
非平面 $[V_1O_1V_2O_2]$	S,S-乳酸盐	1.918(6)	2.049(6)	109.3(3)	69.8(3)	[29]
		1.927(6)	2.037(5)	109.4(3)	69.3(2)	[29]
	S,S-扁桃酸盐	1.975(4)	2.035(3)	109.92(16)	69.25(14)	[38]
		1.967(4)	1.990(4)	108.44(15)	70.32(14)	[38]

如果 α-羟基酸与一个官能团相连，如和苹果酸（$HO_2CCH(OH)CH_2CO_2H$）中的 CH_2CO_2H 侧链以非桥接的方式配位。然而，这是一种 pH 值依赖现象，且苹果酸可作为二齿配体（pH 值约 4）或三齿配体（pH 值约 7）来发挥作用，从溶

液中化合物的结晶可以看出[31]。水溶液中的这种结构变化还未经溶液研究得到证实。在固体中，[VO]₂核保留在两个配合物中，钒的配位数从6变成7[32,33]。有趣的是，柠檬酸钒（Ⅳ）配合物表现出类似的pH值依赖现象，且该配合物也有环状[VO]₂核[34]。与氧代过氧钒（Ⅴ）苹果酸配合物不同，柠檬酸（HO₂CC(OH)(CH₂CO₂H)₂）的氧代过氧钒配合物是一种更复杂的α-羟基酸，它具有两个CH₂CO₂H臂，且显示出从一个钒中心到另一个钒中心的桥接[35]。这样的桥接配位不是必需的，并且无桥接配位的双核钒配合物已被研究[36]。在这两种类型的配合物中[VO]₂核被保留。

已提出，在二聚乙醇酸配合物的两个钒原子之间存在一个额外的氧桥联[37]。虽然X射线衍射研究表明，与扁桃酸[38]和酒石酸[39]的结晶配合物可能有水分子桥联，但VO键长非常长（分别为0.2475(2)nm和0.2398(6)nm），这样的桥接方式似乎不太可能保留在水溶液中。当然，扁桃酸能形成具有或不具有额外桥联基团的双核钒配合物[38]。在乙醇酸研究中没有检测到这样的桥联氧的¹⁷O NMR信号[40]。在固态乙醇酸盐[30]、乳酸[29]、苹果酸[31]和其他配位体中发现的这种结构（图6-10b）很可能存在于水溶液中。已报道乙醇酸、乳酸和苹果酸配合物的单体形式可作为酸性条件。二聚体简单地分裂成单体似乎不太可能，二聚体的解离似乎更可能伴随着质子化和水的结合。已提出了单和双（水）氧过氧化羧基配合物[37]。

6.3 过氧钒酸盐的氧转移反应

过氧钒酸盐配合物作为氧化催化剂的作用是众所周知的。这些配合物可促进多种单电子和双电子转移反应[41~43]。许多应用用于指导有机化学中的合成。这并不奇怪，因为过氧钒酸盐配合物会与烷基烃、羟基、烯烃和芳香族化合物等底物反应。它们进行羟基化、氧化和硫氧化反应。这些反应通常具有立体选择性和区域选择性，可以通过选择杂配体来引导化学反应。事实上，合适的手性杂配体可以促进不对称诱导。过氧钒酸盐也能氧化卤化物，这是表征钒卤过氧化物酶的反应，其中过氧钒酸盐是钒卤过氧化物酶活性的重要辅因子。所以，这些酶和过氧钒酸盐催化许多类似的反应也就不足为奇了。因此，对卤代过氧化物酶活性位点的功能模型进行了大量的研究（见10.4.2节）。

烯烃经过两步氧化反应，第一步生成环氧化物，在过量氧化剂存在下，随后根据烯烃键的位置裂解生成醛或酮。过氧钒酸盐的氧化反应受质子溶剂（如水或甲醇）的阻碍。例如，吡啶甲酸酯单过氧钒酸盐在乙腈中氧化降冰片烯，在9min内能得到含22%环氧化物的产物。但在甲醇溶剂中反应120min后，产率仅为1.8%。在二氯甲烷中，环己烷氧化速度比这更快，120min内生成4%环己醇和9%环己酮，而乙腈中的苯生成56%的苯酚[23]。

6.3.1 卤化物的氧化

从各种类型的杂配体获得大量配合物的过氧钒酸盐是有效的氧化剂。然而，杂配体的性质可直接影响氧化机制。取代氨基酸［如 N-(2-羟乙基) 亚氨基二乙酸和 N,N-二 (2-吡啶基甲基) 甘氨酸］的配体通过双电子转移过程能有效地氧化卤化物和合适的底物。这些配体是四齿配体，并产生近似五边形双锥体的氧代过氧化配体产物，它在水溶液中较稳定[44]。有趣的是，正如上面提到的使用甲醇所表明的那样，这些化合物不能氧化水中溴化物，但在酸化乙腈中能快速氧化碘化物和溴化物。有人认为，这种无效性是由于在配合物保持原状的情况下无法使其质子化。如果有合适可用的有机底物，这些化合物可以按照方程 6-1 进行循环催化卤化反应[44]。

$$VO_2L + H_2O_2 \longrightarrow VO(O_2)L + H_2O$$
$$VO(O_2)L + X^- + H^+ \longrightarrow VO_2L + XOH$$
$$RH + XOH \longrightarrow RX + H_2O$$
$$VO_2L + H_2O_2 \longrightarrow VO(O_2)L + H_2O$$

(6-1)

尽管质子溶剂通常能阻碍甚至有效地阻止过氧钒酸盐的氧化过程，但双核过氧配合物确实能以有效的方式催化溴化物的氧化。在酸性过氧化氢和达到催化量的钒酸铵存在的条件下，在钒（V）中溴化物氧化速率为二级，并且对过氧化氢浓度表现出复杂依赖关系。对溶液中各种过氧化物配合物的分析表明，氧化是由 $(VO)_2(O_2)_3$ 等双核钒配合物产物催化的[45]。氧化剂可能是过氧桥联配合物，也许是过氧和氧代基团桥接的 $(O_2)OVOOVO(O_2)$ 或 $(O_2)OVO(OO)VO(O_2)$，已发现每种钒都有以甘氨酸作为杂配体的结构类似的过氧化物桥联配合物，即使在没有酸化介质的水溶液中它也是非常强的溴化物氧化剂[46]。其他类似的氨基酸过氧化物配合物以相似的方式起作用，而具有氨基酸杂配体的单体二过氧钒酸盐在类似的条件下不发生氧化[24]。这些双核配合物也是苯胺和邻甲氧基苯酚等芳香族底物的有效溴化剂。

$(O_2)_2OVOOVO(O_2)H_2O$ 这种四过氧双核钒配合物可以相当容易地制备成结晶状态，且在该状态下长时间稳定。这种化合物结构特殊，如图 6-11 所示，桥联过氧基团的两个氧与一个钒中心结合，同时一个氧与另一个钒结合[47]。令人惊讶的是，这种配合物的不对称特征在水溶液中持续了一段时间。有理由相信这种配合物中的桥联过氧基团将被活化以进行氧化反应。这种类型的桥联很可能作为其他过氧桥联双核钒配合物中的瞬态结构出现并参与其氧化反应。

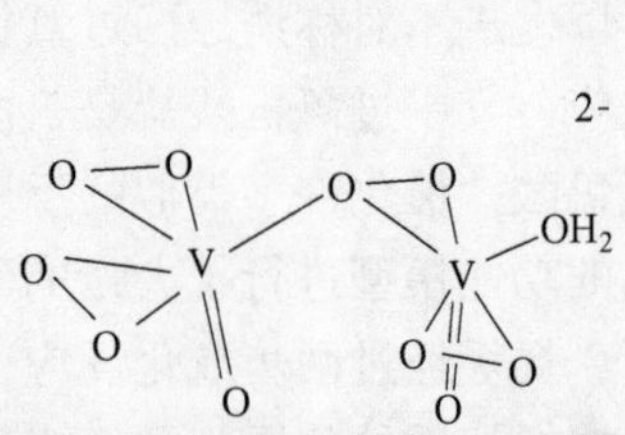

图 6-11 四过氧双核钒配合物 $(O_2)_2OVOOVO(O_2)H_2O$ 的结构

6.3.2 硫化物的氧化

在乙腈中用氨基酸衍生的配体氧化有机硫化物的研究揭示了其氧化机制与卤化机制的差异很小,只有一个除外。尽管催化循环仍需要酸性条件,但在催化循环中不产生氢氧化物或类似物,因此不消耗质子[48]。因此,在催化反应期间不需要保持酸水平。众所周知钒的过氧配合物是有效的胰岛素类似物[49,50]。它们的功效至少部分来源于增强胰岛素受体活性的氧化机制,还可能来自于增强其他蛋白酪氨酸激酶活性[51]。对过氧钒酸盐来说,这是一个不可逆的功能。虽然对激酶的功能没有直接影响,但可抑制蛋白酪氨酸磷酸酶活性。磷酸酶通过激酶去磷酸化来调节激酶活性。磷酸酶中活性位点硫醇的氧化阻碍了激酶活性的下降。据推测这种硫化物氧化作用是通过上述过程进行的。

亲核反应和亲电反应都是已知的,反应顺序可以通过选择合适的杂配体来确定[41,52]。如图 6-12a 所示,杂配体对过氧化物配合物的亲电或亲核的攻击力可作

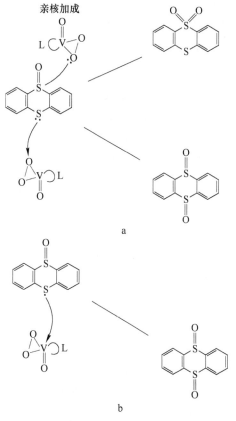

图 6-12 亲电氧化和亲核氧化将过氧钒酸盐的氧转移至硫化物
a—亲电氧化;b—自由基阳离子/阴离子对亲电氧化

为氧化反应的一个重要途径,在氧化反应中需要选择性使用。第二种亲电化学反应模型是通过硫电子攻击钒中心,在钒(Ⅳ)和 S·$^+$ 的形成过程中产生一个瞬时阴/阳离子自由基对(图6-12b)。

虽然单过氧钒酸盐的氧化催化在质子溶剂中较为缓慢,但这不适用对于双过氧配合物,而且双过氧配合物可以成为更有效的氧化剂。比如硫代甲酸钴(Ⅲ)((en)$_2$Co(SCH$_2$CH$_2$NH$_2$))的氧化,其双过氧化物的氧化速率约是单过氧化物的1000倍。然而,与单过氧化物一样,双过氧化物配合物在质子化时是较好的氧化剂。例如,HVO(O$_2$)$_2$(pic)$^{1-}$ 氧化上述硫化物底物的速度是 VO(O$_2$)$_2$(pic)$^{2-}$ 的7倍[19]。

参 考 文 献

[1] Paul, P. C. and A. S. Tracey. 1997. Aqueous interactions of vanadate and peroxovanadate with dithiothreitol. Implications for the use of this redox buffer in biochemical investigations. J. Biol. Inorg. Chem. 2: 644-651.

[2] Andersson, I., S. J. Angus-Dunne, O. W. Howarth, and L. Pettersson. 2000. Speciation in vanadium bioinorganic systems 6. Speciation study of aqueous peroxovanadates, including complexes with imidazole. J. Inorg. Biochem. 80: 51-58.

[3] Tracey, A. S. and J. S. Jaswal. 1993. Reactions of peroxovanadates with amino acids and related compounds in aqueous solution. Inorg. Chem. 32: 4235-4243.

[4] Keramidas, A. D., W. Miller, O. P. Anderson, and D. C. Crans. 1997. Vanadium(Ⅴ) hydroxylamido complexes: Solid state and solution properties. J. Am. Chem. Soc. 119: 8901-8915.

[5] Drew, R. E. and F. W. B. Einstein. 1972. The crystal structure of ammonium oxodiperoxoamminevanadate (Ⅴ). Inorg. Chem. 11: 1079-1083.

[6] Schwendt, P. and M. Pisarcik. 1990. Raman spectral study on the structure of vanadium(Ⅴ) oxodiperoxo complexes in aqueous solution. Spectrochim. Acta 46A: 397-399.

[7] Bortolini, O., M. Carraro, V. Conte, and S. Moro. 1999. Histidine-containing bisperoxovanadium(Ⅴ) compounds: Insight into the solution structure by an ESI-MS and ^{51}V-NMR comparative study. Eur. J. Inorg. Chem. 1489-1495.

[8] Jaswal, J. S. and A. S. Tracey. 1993. Reactions of mono- and diperoxovanadates with peptides containing functionalized side chains. J. Am. Chem. Soc. 115: 5600-5607.

[9] Tracey, A. S. and J. S. Jaswal. 1992. An NMR investigation of the interactions occurring between peroxovanadates and peptides. J. Am. Chem. Soc. 114: 3835-3840.

[10] Guevara-Garcia, J. A., N. Barba-Behrens, R. Contreras, and G. Mendosa-Diaz. 1998. Bisperoxo-oxovanadium(Ⅴ) complexes of histidine-containing peptides as models for vanadium

haloperoxidases. In Vanadium Compounds: Chemistry, Biochemistry and Therapeutic Applications. A. S. Tracey and D. C. Crans (Eds). American Chemical Society, Washington, D. C. 126-35.

[11] Schmidt, H., I. Andersson, D. Rehder, and L. Pettersson. 2001. A potentiometric and ^{51}V NMR study of the aqueous $H^+/H_2VO_4^-/H_2O_2$/L-α-alanyl-L-histidine system. Chem. Eur. J. 7: 251-257.

[12] Schwendt, P., J. Tyrselova, and F. Pavelcik. 1995. Synthesis, vibrational spectra, and single-crystal x-ray structure of the phosphato-bridged dinuclear peroxovanadate $(NH_4)_5[V_2O_2(O_2)_4PO_4] \cdot H_2O$. Inorg. Chem. 34: 1964-1966.

[13] Schwendt, P., A. Oravcova, J. Tyrselova, and F. Pavelcik. 1996. The first tetranuclear vanadium (V) peroxo complex: Preparation, vibrational spectra and x-ray crystal structure of $K_7[V_2O_4(O_2)_8(PO_4)] \cdot 9H_2O$. Polyhedron 15: 4507-4511.

[14] Conte, V., F. Di Furia, and S. Moro. 1995. Studies directed toward the prediction of the oxidative reactivity of vanadium peroxo complexes in water. Correlations between the nature of the ligands and the ^{51}V-NMR chemical shifts. J. Mol. Catal. A 104: 159-169.

[15] Begin, D., F. W. B. Einstein, and J. Field. 1975. An asymmetrical coordinated diperoxo compound. Crystal structure of $K_3[VO(O_2)_2(C_2O_4)] \cdot H_2O$. Inorg. Chem. 14: 1785-1790.

[16] Shaver, A., J. B. Ng, D. A. Hall, B. Soo Lum, and B. I. Posner. 1993. Insulin-mimetic peroxovanadium complexes: Preparation and structure of potassium oxodiperoxo (pyridine-2-carboxylato) vanadate(V), $K_2[VO(O_2)_2(C_5H_4NCOO)] \cdot 2H_2O$, and potassium oxodiperoxo (3-hydroxypyridine-2-carboxylato) vanadate(V), $K_2[VO(O_2)_2(OHC_4H_3NCOO)] \cdot 3H_2O$, and their reactions with cysteine. Inorg. Chem. 32: 3109-3113.

[17] Pettersson, L., I. Andersson, and A. Gorzsas. 2003. Speciation in peroxovanadium systems. Coord. Chem. Rev. 237: 77-87.

[18] Conte, V., F. Di Furia, and S. Moro. 1994. ^{51}V NMR investigation on the formation of peroxo vanadium complexes in aqueous solution: Some novel observations. J. Mol. Catal. 94: 323-333.

[19] Ghiron, A. F. and R. C. Thompson. 1990. Comparative kinetic study of oxygen atomtransfer reactions of diperoxo and monoperoxo complexes of oxovanadium (V) in aqueous solution. Inorg. Chem. 29: 4457-4461.

[20] Szentivanyi, H. and R. Stomberg. 1983. The crystal structure of (2,2'-bipyridine) oxoperoxo (pyridine-2-carboxylato) vanadium (V) hydrate, $[VO(O_2)(C_5H_4NCOO)(C_{10}H_8N_2)] \cdot H_2O$, at −100℃. Acta Chem. Scand. A37: 709-714.

[21] Sergienko, V. S., M. A. Porai-Koshits, V. K. Borzunov, and A. B. Illyukhin. 1993. Crystal structure of three $VO(O_2)^+$ compounds with pyridine-2-carboxylate ions and o-phenanthroline. Structural features of pseudooctahedral vanadium (V) oxoperoxo complexes. Koord. Khim. 19: 767-781.

[22] Stomberg, R. 1986. The crystal structures of potassium bis (oxalato) oxoperoxovanadate (V)

hemihydrate, $K_3[VO(O_2)(C_2O_4)_2] \cdot 1/2H_2O$, and potassium bis (oxalato) dioxovanadate (V) trihydrate, $K_3[VO_2(C_2O_4)] \cdot 3H_2O$. Acta Chem. Scand. A 40: 168-176.

[23] Mimoun, H., L. Saussine, E. Daire, M. Postel, J. Fischer, and R. Weiss. 1983. Vanadium (V) peroxo complexes. New versatile biomimetic reagents for epoxidation of olefins and hydroxylation of alkanes and aromatic hydrocarbons. J. Am. Chem. Soc. 105: 3101-3110.

[24] Sarmah, S., D. Kalita, P. Hazarika, R. Borah, and N. S. Islam. 2004. Synthesis of new dinuclear and mononuclear peroxovanadium (V) complexes containing biogenic coligands: A comparative study of some of their properties. Polyhedron 23: 1097-1107.

[25] Einstein, F. W. B., R. J. Batchelor, S. J. Angus-Dunne, and A. S. Tracey. 1996. A product formed from glycylglycine in the presence of vanadate and hydrogen peroxide: The (glycylde-N-hydroglycinato-K^3N^2,N^N,O^1)oxoper oxovanadate(V) anion. Inorg. Chem. 35:1680-1684.

[26] Wieghardt, K. 1978. Preparation and characterization of dipicolinatovanadium (V) complexes. Kinetics and mechanism of their reactions with hydrogen peroxide in acidic media. Inorg. Chem. 17: 57-64.

[27] Drew, R. E. and F. W. B. Einstein. 1973. Crystal structure at $-100°$ of ammonium oxoperoxo (pyridine-2, 6-dicarboxylato) vanadate (V) hydrate, $NH_4[VO(O_2)(H_2O)(C_5H_3N(CO_2)_2)] \cdot xH_2O(x \approx 1.3)$. Inorg. Chem. 12: 829-835.

[28] Gorzsas, A., I. Andersson, H. Schmidt, D. Rehder, and L. Pettersson. 2003. A speciation study of the aqueous $H^+/H_2VO_4^-$/L-α-alanyl-L-serine system. J. Chem. Soc., Dalton Trans. 1161-1167.

[29] Schwendt, P., P. Svancarek, I. Smatanova, and J. Marek. 2000. Stereospecific formation of α-hydroxycarboxylato oxo peroxo complexes of vanadium (V). Crystal structure of $(NBu_4)_2[V_2O_2(O_2)(L\text{-}Lact)_2] \cdot 2H_2O$ and $(NBu_4)_2[V_2O_2(O_2)_2(D\text{-}Lact)(L\text{-}lact)] \cdot H_2O$. J. Inorg. Biochem. 80: 59-64.

[30] Svancarek, P., P. Schwendt, J. Tatiersky, I. Smatanova, and J. Marek. 2000. Oxoperoxo glycolato complexes of vanadium (V). Crystal structure of $(NBu_4)2[V_2O_2(O_2)_2(C_2H_2O_3)_2]H_2O$. Monat. Chemie. 131: 145-154.

[31] Kaliva, M., T. Giannadaki, A. Salifoglou, C. P. Raptopoulou, A. Terzis, and V. Tangoulis. 2001. pH-dependent investigations of vanadium (V)-peroxo-malate complexes from aqueous solutions. In search of biologically relevant vanadium (V)-peroxo species. Inorg. Chem. 40: 3711-3718.

[32] Kaliva, M., T. Giannadaki, A. Salifoglou, C. P. Raptopoulou, and A. Terzis. 2002. A new dinuclear vanadium (V)-citrate complex from aqueous solutions. Synthetic, structural, spectroscopic and pH-dependent studies in relevance to aqueous vanadium (V)-citrate speciation. Inorg. Chem. 41: 3850-3858.

[33] Djordjevic, C., M. Lee-Renslo, and E. Sinn. 1995. Peroxo malato vanadates (V): Synthesis, spectra and structure of the $(NH_4)_2[VO(O_2)(C_4H_4O_5)] \cdot 2H_2O$ dimer with a rhomboidal V_2O_2 (hydroxyl) bridging core. Inorg. Chim. Acta 233: 97-102.

[34] Tsaramyrsi, M., M. Kaliva, A. Salifoglou, C. P. Raptopoulou, A. Terzis, V. Tangoulis, and J. Giapintzakis. 2001. Vanadium (IV)-citrate complex interconversions in aqueous solutions. A pH-de-

pendent synthetic, structural, spectroscopic and magnetic study. Inorg. Chem. 40: 5772-5779.

[35] Djordjevic, C., M. Lee, and E. Sinn. 1989. Oxoperoxo (citrato) vanadates (V): Synthesis, spectra, and structure of a hydroxyl oxygen bridged dimer, $K_2[VO(O_2)(C_6H_6O_7)] \cdot 2H_2O$. Inorg. Chem. 28: 719-723.

[36] Wright, D. W., P. A. Humiston, W. H. Orme-Johnson, and W. M. Davis. 1995. A unique coordination mode for citrate and a transition metal: $K_2[V(O)_2(C_6H_6O_7)] \cdot 4H_2O$. Inorg. Chem. 34: 4194-4197.

[37] Justino, L. L. G., M. L. Ramos, M. M. Caldeira, and V. M. S. Gil. 2000. Peroxovanadium (V) complexes of glycolic acid as studied by NMR spectroscopy. Inorg. Chim. Acta 311: 119-125.

[38] Ahmed, M., P. Schwendt, J. Marek, and M. Sivak. 2004. Synthesis, solution and crystal structures of dinuclear vanadium (V) oxo monoperoxo complexes with mandelic acid: $(NR_4)_2[V_2O_2(O_2)_2(mand)_2]xH_2O$ [$R = H$, Me, Et; mand = mandelato(2-) = $C_8H_6O_3^-$]. Polyhedron 23: 655-663.

[39] Schwendt, P., P. Svancarek, L. Kuchta, and J. Marek. 1998. A new coordination mode for the tartrato ligand. Synthesis of vanadium (V) oxo peroxo tartrato complexes and the x-ray crystal structure of $K_2[\{VO(O_2)(L\text{-}tartH_2)\}_2(\mu\text{-}H_2O)] \cdot 5H_2O$. Polyhedron 17: 2161-2166.

[40] Justino, L. L. G., M. L. Ramos, M. M. Caldeira, and V. M. S. Gil. 2000. Peroxovanadium (V) complexes of L-lactic acid as studied by NMR spectroscopy. Eur. J. Inorg. Chem. 7: 1617-1621.

[41] Ligtenbarg, A. G. L., R. Hage, and B. L. Feringa. 2003. Catalytic oxidations by vanadium compounds. Coord. Chem. Rev. 237: 89-101.

[42] Butler, A., M. J. Clague, and G. E. Meister. 1994. Vanadium peroxide complexes. Chem. Rev. 94: 625-638.

[43] Bonchio, M., V. Conte, F. Di Furia, G. Modena, S. Moro, and J. O. Edwards. 1994. Nature of the radical intermediates in the decomposition of peroxovanadium species in protic and aprotic media. Inorg. Chem. 33: 1631-1637.

[44] Colpas, G. J., B. J. Hamstra, J. W. Kampf, and V. L. Pecoraro. 1996. Functional models for vanadium haloperoxidase: Reactivity and mechanism of halide oxidation. J. Am. Chem. Soc. 118: 3469-3478.

[45] Clague, M. J. and A. Butler. 1995. On the mechanism of cis-dioxovanadium (V)-catalyzed oxidation of bromide by hydrogen peroxide: Evidence for a reactive, binuclear vanadium (V) peroxo complex. J. Am. Chem. Soc. 117: 3475-3484.

[46] Rao, A. V. S., N. S. Islam, and T. Ramasarma. 1997. Reactivity of μ-peroxo-bridged dimeric vanadate in bromoperoxidation. Arch. Biochem. Biophys. 342: 289-297.

[47] Schwendt, P. and K. Liscak. 1996. Spectral investigation of stability of the peroxo complexes $M_2[V_2O_2(O_2)_4H_2O]$aq($M = N(CH_3)_4$, $N(C_4H_9)_4$) in solutions. Coll. Czech. Chem. Commun. 61: 868-876.

[48] Smith, T. S. and V. L. Pecoraro. 2002. Oxidation of organic sulfides by vanadium haloperoxidase model complexes. Inorg. Chem. 41: 6754-6760.

[49] Posner, B. I., C. R. Yang, and A. Shaver. 1998. Mechanism of insulin action of peroxovanadium

compounds. In Vanadium compounds: Chemistry, biochemistry and therapeutic applications. A. S. Tracey and D. C. Crans (Eds.). American Chemical Society, Washington, D. C. 316-28.

[50] Posner, B. I., R. Faure, J. W. Burgess, A. P. Bevan, D. Lachance, G. Zhang-Sun, I. G. Fantus, J. B. Ng, D. A. Hall, B. Soo Lum, and A. Shaver. 1994. Peroxovanadium compounds. J. Biol. Chem. 269: 4596-4604.

[51] Krejsa, C. M., S. G. Nadler, J. M. Esselstyn, T. Kavanagh, J. A. Ledbetter, and G. L. Schieven. 1997. Role of oxidative stress in the action of vanadium phosphotyrosine phosphatase inhibitors. J. Biol. Chem. 272: 11541-11549.

[52] Ballistreri, F. P., G. A. Thomaselli, R. M. Toscano, V. Conte, and F. Di Furia. 1991. Application of the thianthrene 5-oxide mechanistic probe to peroxometal complexes. J. Am. Chem. Soc. 113: 6209-6212.

[53] Gorzsas, A., I. Andersson, and L. Pettersson. 2003. Speciation in the aqueous $H^+/H_2VO_4^-/H_2O_2/$ L-(+)-lactate system. J. Chem. Soc., Dalton Trans. 2503-2511.

7 钒酸羟胺的液态反应和 NMR 波谱学特征

7.1 钒酸羟胺与杂配体的相互作用

很少有关于钒酸羟胺与杂配体的化学反应的研究。已有的研究集中于与生物化学相关的配体，如氨基酸、小分子肽、硫醇盐的反应上。观察发现钒酸羟胺的水化学性质与过氧钒酸盐的水化学性质不同。例如，二过氧钒酸盐和双甘氨肽能通过末端 N 和末端 O 迅速反应形成单齿配合物。随后发生一个缓慢的反应，失去一个过氧基团，并形成三齿配合物。在这个三齿配合物中，双甘氨肽通过末端氨基、一种脱旋肽 N 和一种末端羧基 O 进行配位（见图 6-5）。这个化学过程与钒酸二羟胺和双甘氨肽的配位过程相比，双甘氨肽能迅速形成双甘氨肽二羟胺配合物（图 7-1），双甘氨肽以二齿的方式通过末端氨基 N 和邻位羰基 O 配位，产生钒带正电荷的两性离子配合物[1,2]。在钒酸羟胺与其他小分子肽[1]和氨基酸[1,2]的反应中也发现了类似的配位，除了与氨基酸配位，其他配位方式产生的配合物都不是两性离子。有趣的是，一种双咪唑配合物也已用 X 射线衍射表征，其与钒的配位类似于多肽和氨基酸与钒的配位，但没有发现螯合环，且两个咪唑已形成配位。配合物的溶解导致咪唑的损失，同时释放出一个等价的配体到介质中[2]。可以预期，过量的咪唑进入介质将再次生成双咪唑配合物。

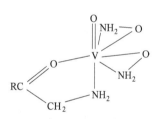

图 7-1 双甘氨肽二羟胺配合物结构图

类似的过氧配合物通常不会表现出羟胺配合物的内部动力学特征。羟胺基团可能存在翻转式旋转。在理论和实践中都可观察到这种旋转产生的同分异构体。事实上，咪唑配合物的动力学研究表明，各种异构体配合物之间可以发生快速转换，这源于羟胺基团的翻转式旋转及咪唑的分解和重新组合[2]。

现有的证据表明，烷基醇、1,2-二醇、脂肪族羧酸与钒酸羟胺不易形成配合物。此外，钒酸羟胺易与肽发生配位，但其与氨基酸不易形成杂配体配合物。例如，甘氨酸与二（N,N-二甲基羟胺）钒酸盐形成配合物，在 pH 值为 8.5 时，反应 VL_2+ 甘氨酸→VL_2 甘氨酸的形成常数约为 5L/mol[3]。在较低 pH 值时，其形成常数不会大幅增加，与和二肽即双甘氨肽进行的类似反应的形成常数相比，低 3 个数量级 [$(3.3±0.5)×10^3$ L/mol，pH = 7.0][1]。如果氨基酸侧链含有硫（如半胱氨酸），也会形成配合物。硫醇盐不易以单齿方式配位，但是如果能形成五元螯合物，则会发生单齿配位。氨基 N 和羟基 O 是较易与硫醇盐形成配合物的配体基团。例如，半胱氨酸与来自 S,O 和 S,N 的配体形成比例几乎相同的两种配合物[3,4]。有趣的是，尽管配位羟基失去一个质子，但胺和硫醇基团的氢并未丢失。单钒酸羟胺和二钒酸羟胺均可以和半胱氨酸、β-巯基乙醇以及二硫苏糖醇形成杂配体配合物[3]。当然，钒酸盐本身也会与这些配体形成配合物（4.3 节）。

与双羟胺配合物相比，单羟胺与杂配体形成的配合物往往不易溶解。因此，很少有这类配合物的详细特征。甲基吡啶（吡啶-2-羧酸）容易与氧化钒酸二羟胺反应，并形成一个有结晶特征的二羟胺配合物，其结构类似于钒与氨基酸及二肽形成的配合物。然而，吡啶二甲酸（吡啶-2,6-二羧酸）配合物包含单个羟胺基团，并且二甲基吡啶以三齿的形式配位[5]。二甲基吡啶和羟胺基团位于五角双锥体结构的赤道平面。含氧的配体在一个轴向位置，而水分子占据了第二轴向位置。钒和 O_{aqua} 的间距为 0.2240(0.3) nm，类似于其他 VO 键的长度，配体氧与 VO_{oxo} 键相对。两个赤道 VO 键间距为 0.2031(0.3) nm 和 0.2039(0.3) nm，是赤道面配体的常见间距。

7.2 钒酸羟胺配合物的 NMR 波谱学特征

钒酸羟胺类及其杂配合物的 ^{51}V 化学位移是很好的诊断工具。表 7-1 给出了一系列配合物的化学位移。这些化学位移的范围类似于过氧钒酸盐的化学位移，和过氧钒酸盐配合物一样，单配体和双配体钒酸盐的化学位移有很大的差异，约为 $100×10^{-4}$%。化学位移的差异取决于特定的羟胺配体。负一价单钒酸羟胺（VL^-）的化学位移为 $-670×10^{-4}$%，带不同电荷的双羟胺配合物的化学位移在 $(-801~-860)×10^{-4}$%之间。N,N-二甲基羟胺配合物的化学位移范围从 VL^- 的 $-630×10^{-4}$%到相应双配位配合物的 $(-694~-750)×10^{-4}$%。因此，这些值可以代表配位数对化学位移的系统影响。

其他因素也强烈影响着化学位移。例如，VL^- 羟胺氮的 0、1、2 甲基的化学位移分别为 $-670×10^{-4}$%、$-651×10^{-4}$%、$-630×10^{-4}$%。双羟胺配合物有类似的变化范围。很明显，甲基替代氮上的氢导致被替代的每个氢产生 $(20~30)×10^{-4}$% 的化学位移正变化。此外，从表 7-1 和图 7-2 所示的单 N-甲基化羟胺配体来看，甲基取向对化学位移也有很大影响。从表 7-1 不能判断影响效果的大小，因为对应的同分异构体对是未知的。显然，甲基取向对化学位移有 $(10~20)×10^{-4}$% 的影响。甲基重新定位的机制尚不清楚，但似乎甲基重新定位与羟胺的翻转式旋转有关，并以图 7-3 中所描述的方式耦合。

7.2 钒酸羟胺配合物的NMR波谱学特征

配合物质子化态的变化可能对钒化学位移有重大影响。例如，特殊二羟胺配合物的质子化作用导致（22~28）×10^{-4}%的化学位移的正变化。然而，这只适用于六配位二配体配合物。七配位二羟胺配合物（-840×10^{-4}%，-860×10^{-4}%，表7-1）在适当的碱性条件下可以去质子化；然而，在质子化状态的变化过程中没有发现化学位移的变化[6]。同样，相应的二（N,N-二甲基羟胺）配合物没有化学位移的变化[7]。

表7-1 部分钒酸羟胺水溶性配合物的^{51}V化学位移

	异配体（X）	化学计量比	化学位移/%	参考文献
与羟胺配位		VL$^-$	-670×10^{-4}	[6]
		VL$_2^+$	-801×10^{-4}，-815×10^{-4}①②	[6]
		VL$_2^0$	-823×10^{-4}，-848×10^{-4}①②	[6]
		VL$_2^-$	-840×10^{-4}，-860×10^{-4}①②	[6]
	甘氨酸	VL$_2$X	-843×10^{-4}，-854×10^{-4}②	[2]
	丝氨酸	VL$_2$X	-847×10^{-4}，-850×10^{-4}，-861×10^{-4}	[2]
	咪唑	VL$_2$X	-850×10^{-4}，-858×10^{-4}，-868×10^{-4}②	[2]
	双甘氨肽	VL$_2$X^0	-839×10^{-4}，-848×10^{-4}，-861×10^{-4}②	[1]
与N-甲基羟胺配位		VL$^-$	-651×10^{-4}	[6]
		VL$_2^0$	-751×10^{-4}，-758×10^{-4}，-766×10^{-4}，-779×10^{-4}，-798×10^{-4}③④	[6]
		VL$_2^0$	-789×10^{-4}，-794×10^{-4}，-803×10^{-4}，-808×10^{-4}，-810×10^{-4}③④	[6]
	双甘氨肽	VL$_2$X^0	-770×10^{-4}，-779×10^{-4}，-785×10^{-4}，-796×10^{-4}，-804×10^{-4}，-809×10^{-4}③	[1]
与N,N-二甲基羟胺配位		VL$^-$	-630×10^{-4}	[7]
		VL$_2^+$	-696×10^{-4}，-694×10^{-4}⑤	[7]
		VL$_2^0$	-724×10^{-4}，-740×10^{-4}⑤⑥	[7]
		VL$_2^0$	-750×10^{-4}⑥	[7]
	甘氨酸	VL$_2$X	-700×10^{-4}，-724×10^{-4}，-734×10^{-4}⑦	[3]
	丝氨酸	VL$_2$X	-730×10^{-4}，-736×10^{-4}，-741×10^{-4}⑦	[4]
	β-巯基乙醇	VLX	-487×10^{-4}⑧	[3]
		VL$_2$X	-692×10^{-4}⑧	[3]，[4]

续表 7-1

异配体 (X)		化学计量比	化学位移/%	参考文献
与 N,N-二甲基羟胺配位	二硫苏糖醇	VLX	-485×10^{-4}, -517×10^{-4} ⑦	[3]
		VL_2X	-626×10^{-4} ⑧	[3]
	硫氢基乙酸	VL_2X	-680×10^{-4} ⑧	[4]
	半胱氨酸	VLX	-496×10^{-4} ⑧	[3]
		VL_2X	-729×10^{-4}, -734×10^{-4}, -741×10^{-4} ⑦	[3], [4]
		VL_2X	-632×10^{-4}, -636×10^{-4} ⑧	[3], [4]
	谷胱甘肽 (谷氨酸半胱氨酰甘氨酸)	VL_2X	-731×10^{-4}, -737×10^{-4}, -743×10^{-4} ⑦	[4]
		VL_2X	-633×10^{-4}, -635×10^{-4} ⑧	[4]

① -801×10^{-4}% 和 -823×10^{-4}% 信号对应相同的配合物但具有不同的质子态。类似的，-815×10^{-4}% 和 -848×10^{-4}% 信号是不同质子态的第一对配合物的立体异构体。-840×10^{-4}% 和 -860×10^{-4}% 信号来自具有不同配位数的立体异构体。

② 结构异构体来自两个羟胺配体的相对取向。

③ 结构异构体来自两个 N-甲基羟胺配体的相对取向和甲基的相对取向。

④ 两个化学位移对应两组不同配位数的同分异构体。

⑤ -696×10^{-4}%，-724×10^{-4}% 化学位移对和 -694×10^{-4}%，-740×10^{-4}% 化学位移对应同一配合物的不同质子态。这两对配合物是立体异构体。

⑥ -750×10^{-4}% 信号对应除 -724×10^{-4}% 和 -740×10^{-4}% 的不同配位数的配合物。

⑦ N,O 配位。

⑧ N,S 和 O,S 配位。

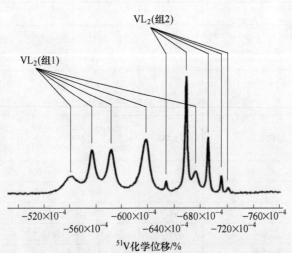

图 7-2　在 N-甲基羟胺存在条件下的钒酸盐部分 ^{51}V NMR 波谱

(光谱显示为 VL_2 结构，两种配合物的每种类型可观察到 5 个同分异构体；
实验条件：3.1mmol/L 总钒酸盐，4.1mmol/L 总 N-甲基羟胺，
1.0mol/L KCl，20mmol/L HEPES 缓冲液，pH 值 6.6)

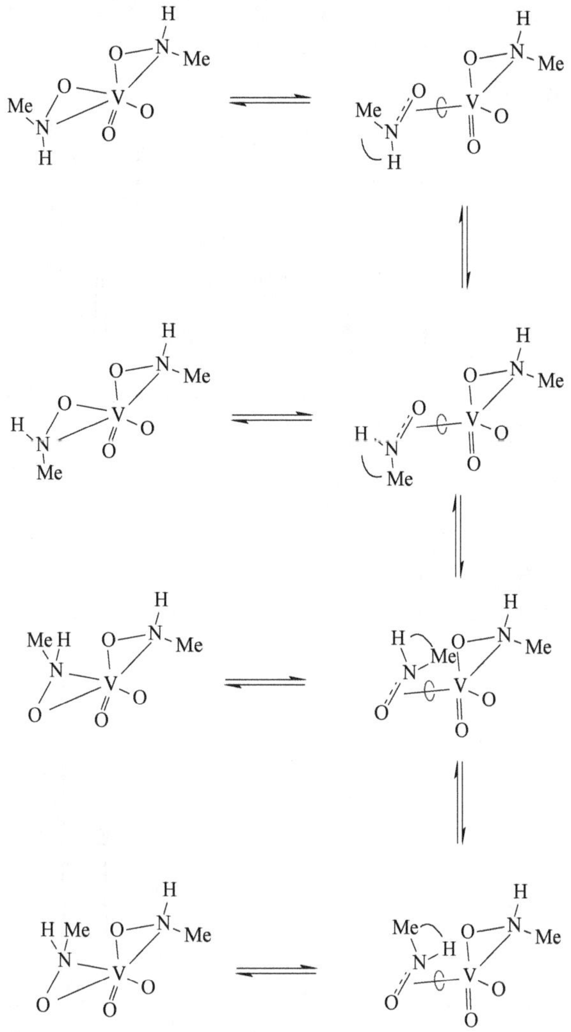

7.2 钒酸羟胺配合物的 NMR 波谱学特征

图 7-3 与羟胺的翻转式旋转有关的甲基重新定位机制

与咪唑或氨基酸的 N 或 O 配位的杂配体螯合作用只对化学位移有较小的影响。例如，氨基酸、二肽、咪唑杂配体配合物的钒信号落在其羟胺配合物的区域（表 7-1）。只有吡啶甲酸配合物的信号在此范围之外，然而只有 -13×10^{-4}% 的差异，这可能并不重要。二羧酸吡啶配体同样对钒的化学位移只有轻微的影响。

然而，当硫参与配位时情况非常不同（表 7-1）。螯合物中一个硫的配合会引起化学位移产生 $+100\times10^{-4}$% 的偏移甚至更多，如图 7-4 所示的杂配位半胱氨酸 N,N-二甲基钒酸羟胺的配合物[3,4]。额外配位的硫导致相应化学位移的进一步变化。从图 7-5 中可以看出，当钒酸盐本身与含硫组分配位时也有类似的变化。

7 钒酸羟胺的液态反应和NMR波谱学特征

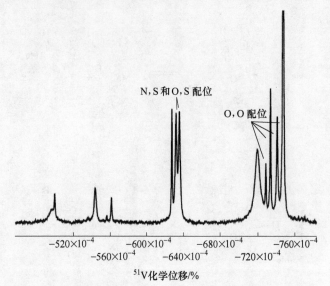

图7-4 含S异配体和类似的二（N,N-二甲基羟胺）（异配体）
钒（V）配合物的O配体对^{51}V化学位移强烈影响的NMR波谱对比
（实验条件：总钒5.0mmol/L；总N,N-二甲基羟胺40mmol/L；
总半胱氨酸90mmol/L；KCl 1.0mol/L；pH 8.5）

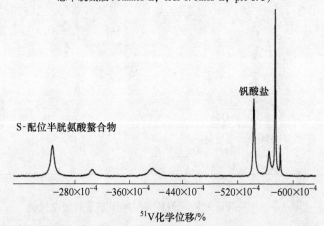

图7-5 半胱氨酸存在下pH值为8.4的钒酸盐的^{51}V NMR波谱
（高场信号来自钒酸盐及其各种低聚物，低场信号来自S-配位半胱氨酸螯合物）

参 考 文 献

[1] Paul, P. C., S. J. Angus-Dunne, R. J. Batchelor, F. W. B. Einstein, and A. S. Tracey. 1997. Reactions of hydroxamidovanadate with peptides: Aqueous equilibria and crystal structure of oxobis (hydroxamido) glycylglycinatovanadium (V). Can. J. Chem. 75: 183-191.

[2] Keramidas, A. D., W. Miller, O. P. Anderson, and D. C. Crans. 1997. Vanadium (V) hydroxylamido complexes: Solid state and solution properties. J. Am. Chem. Soc. 119: 8901-8915.

[3] Bhattacharyya, S., A. Martinsson, R. J. Batchelor, F. W. B. Einstein, and A. S. Tracey. 2001. N,N-dimethylhydroxamidovanadium (V). Interactions with sulfhydryl-containing ligands: V(V) equilibria and the structure of a V(IV) dithiothreitol complex. Can. J. Chem. 79: 938-948.

[4] Nxumalo, F. and A. S. Tracey. 1998. Reactions of vanadium (V) complexes of N,N-dimethylhydroxylamine with sulfur-containing ligands: Implications for protein tyrosine phosphatase inhibition. J. Biol. Inorg. Chem. 3: 527-533.

[5] Nuber, B. and J. Weiss. 1981. Aqua (dipicolinato)(hydroxylamido-N,O) oxovandium. Acta Crystallogr. B37: 947-948.

[6] Angus-Dunne, S. J., P. C. Paul, and A. S. Tracey. 1997. A ^{51}V NMR investigation of the interactions of aqueous vanadate with hydroxylamine. Can. J. Chem. 75: 1002-1010.

[7] Paul, P. C., S. J. Angus-Dunne, R. J. Batchelor, F. W. B. Einstein, and A. S. Tracey. 1997. Reactions of vanadate with N,N-dimethylhydroxylamine: Aqueous equilibria and the crystal structure of the uncharged oxygen-bridged dimer of bis (N,N-dimethylhydrox-amido) hydroxooxovanadate. Can. J. Chem. 75: 429-440.

8 钒酸盐低聚体的反应

8.1 较小的低聚体

本章主要讨论基本主体结构无变化的低聚体配合物,如通过在钒中心之间产生多个键的配合物。单钒的配位数和几何构型很可能受配位影响,从这个意义上来说,钒酸盐低聚体一般不具有单体所体现出来的丰富的化学性质。其中一个原因是,随着钒酸盐二聚体的形成,两个 VOH 键缩合,脱水并形成 VOV 键。其结果是每个钒原子失去一个反应中心。在某种程度上,这可以通过扩大配位层来弥补。许多已知的 V_2 配合物有五配位构型和 $(VO)_2$ 环状中心,这使得 V_2 配合物与钒酸盐二聚体有所区别,钒酸盐二聚体的钒是通过一个桥接氧连接而形成的四面体配位结构。有环状中心的配合物在 4.1 节中已有讨论。钒酸盐二聚体显示出了钒酸盐单体羟基官能团上的单齿配体的大部分化学性质。因此,醇可以逐步取代羟基形成烷基钒酸盐二聚体类配合物[1]。但钒酸盐二聚体的化学过程通常很难详细研究,因为反应物不只是钒酸盐二聚体,而且几乎总是单体的化学过程占主导地位。

过氧化氢与钒形成 VVL^{3-}、VVL_2^{3-}、VLVL^{3-} 和 VL_2VL^{3-} 等结构的 V_2 配合物[2]。VVL 中两个钒的 ^{51}V 化学位移分别在 $-563\times10^{-4}\%$ 和 $-622\times10^{-4}\%$ 处,VVL_2 中两个钒在 $-555\times10^{-4}\%$ 和 $-737\times10^{-4}\%$ 处有化学位移。VLVL 的第三个配体在 $-634\times10^{-4}\%$ 处有一单一信号,而 VL_2VL_2 在 $-755\times10^{-4}\%$ 处有两个钒的化学位移。表 8-1 提供了这些过氧钒酸盐的化学位移和相关的羟基酰胺配合物的化学位移。综上所述,这些化学位移清楚地表明,所有这些化合物都基于类似钒酸盐二聚体的结构(图 8-1),且这一结构特征已在四过氧钒酸盐二聚体配合物($V_2L_4^{4-}$)的 X 射线结构中发现[3]。

在溶液中,四过氧化物(V_2L_4)为负三价[2]。在这种情况下,$V_2L_4^{4-}$(图8-1)就需要 1 个质子来形成负三价。这个质子的位置尚不明确,但推测可由桥接氧质子化形成一个羟基桥。V_2L_4 的化学位移是 $-755\times10^{-4}\%$,这很接近 VL_2^{2-} 的化学位移($-765\times10^{-4}\%$),并与 VL_2^- 的化学位移($-691\times10^{-4}\%$)相差约 $65\times10^{-4}\%$。因此,化学位移同含氧基团的质子化作用相一致。V_2L_4 在碱性条件较易形成,且是一个非常小的配合物。

二钒三过氧配合物($V_2L_3^0$)是上述配合物的一个有趣的结构变体。其电荷

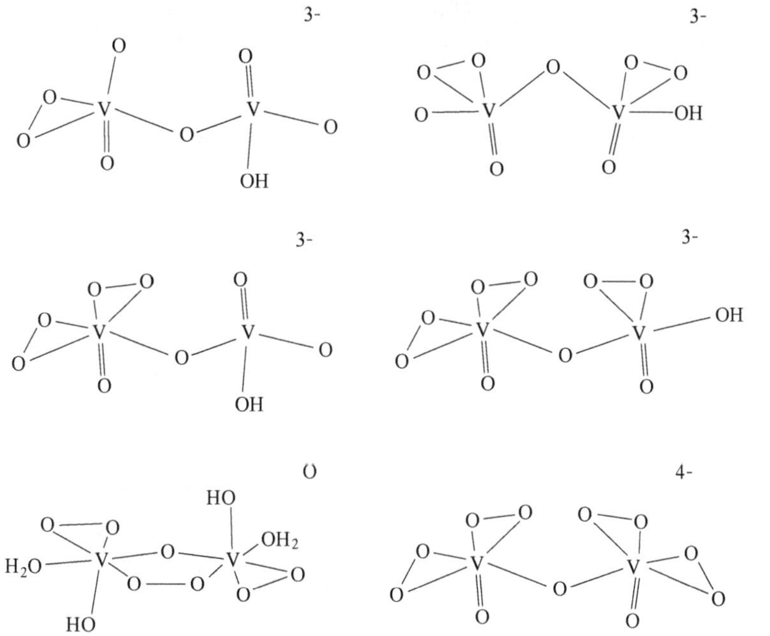

8.1 较小的低聚体

图 8-1 钒酸盐二聚体结构式

状态和配体配比表明在两个钒之间通过其中一个过氧基团桥接。此外，$V_2L_3^0$只有一个^{51}V NMR 信号[2]。图 8-1 中展示的配合物的结构符合$V_2L_3^0$的上述特征。当溶液中含有咪唑时也可以观察到类似的配合物。咪唑在两个过氧钒基团之间桥连的配合物已有报道，尽管这是一个非常小的组成部分[4]。

无论配位与否，V_2L_3化学计量学中的 N,N-二甲基羟胺配合物都应有两个核磁共振信号，因为即使有配体桥接，两个钒中心也不是等同的。信号的位置（$-648×10^{-4}$‰、$-712×10^{-4}$‰，表 8-1）表明 N,N-二甲基羟胺配体不发生桥接，所以该产物最有可能只有氧桥 VLVL$_2$ 配体。原则上，产物应该有一定数量的同分异构体，然而只发现了一个异构体，因此，该产物对单一异构体有高度选择性。

虽然V_6及更小的线性钒酸盐低聚体被视为水溶液中的次要产物，但对其化学过程所知甚少。它们可能接受单配位，并发生像V_2一样只包含一个钒中心的反应。已发现含 α-羟基-羧酸配体的V_3L_2配合物。这种配合物在钒原子间有多个桥，已在 4.1 节详细讨论过。

除了线性低聚体，钒的环状衍生物（V_3^{3-}、V_4^{4-}、V_5^{5-}）也已被发现（见 2.2 节）。V_4^{4-}和V_5^{5-}容易形成并广泛存在于水溶液中。这些化合物不易发生配合反应，它们的环状结构能保持相对稳定；因而，反应平衡向生成其他配比的产物倾斜。据推测，这些低聚体产生配合物的方式之一是使一个或多个氧质子化，进而使反

8 钒酸盐低聚体的反应

应性增加。然而，在溶液中尚未观测到质子化的 V_4 或 V_5，也没有研究表明在醇溶液中 V_4 或 V_5 发生质子化作用时，烷氧基会取代含氧配体，如果发生质子化，这是可以预测的。

表 8-1 液态过氧钒二聚体配合物及羟胺钒二聚体配合物的 ^{51}V 化学位移（%）

	配合物	化学位移			
		V	VL	VL_2	VL_x
过氧配合物	V^-	-560×10^{-4}			
	VL^-		-625×10^{-4}		
	VL_2^{2-}			-765×10^{-4}	
	VVL^{3-}	-563×10^{-4}	-622×10^{-4}		
	VVL^{3-}	-555×10^{-4}		-737×10^{-4}	
	VLVL^{3-} ①		-634×10^{-4}		
	$VL_2VL_2^{3-}$ ②			-755×10^{-4}	
	$V_2L_3^0$				-669×10^{-4}
N,N-二甲基羟胺配合物	VL^-		-630×10^{-4}		
	VL_2^0			-724×10^{-4}，-740×10^{-4}，-750×10^{-4}	
	VVL	-567×10^{-4}	-632×10^{-4}		
	VLVL_2		-648×10^{-4}	-712×10^{-4}	

① 配合物在高钒酸盐浓度（80mmol/L）和高配体浓度（80mmol/L）时是次要产物[2]。
② 关于配合物电荷状态的讨论请见正文[14]。

在液态环境下，四核钒簇，如 $[V_4O_4\{(OCH_2)_3CCH_3\}_3(OC_2H_5)_3]$，能够在含 1,1,1-三（羟甲基）乙烷的醇溶液中产生。如果使用乙醇来制备，产物配位方式会有所不同，但均保留四核结构。每个钒中心在配合物中都以八面体方式配位。在氯仿溶液中仅有少量等效水存在的情况下，这些钒簇就会不稳定而水解和分解[5]。

尽管观察到的钒酸盐四聚体在水溶液中通常不易发生配位反应，但它与酒石酸易发生反应[6]。2R,3R-酒石酸盐很容易与钒酸盐溶液反应生成多种产物，包括与 V_4^{4+} 反应形成的配合物，该配合物具有 V_4L_2 配比和一种特殊结构，几乎每个钒都有一个近乎四方锥五配位几何结构。产物的独特之处在于 $[VO]_4$ 环不是 4 个钒几乎共面的椅式构象，而是船式构象，相邻的一对钒以垂直的方式与另一对钒连接（图 8-2）。pH 值低于 7 时很容易形成该产物，且在 pH 值约为 2 的条件下是溶液中的主要产物。V_2L_2 配比的另一个配合物的结构可能类似于含有其他 α-羟基羧酸的配合物（4.1 节）。

8.2 钒酸盐十聚体

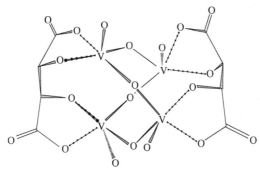

图 8-2 [VO]$_4$ 环的船式构象

四聚体也能和其他金属中心反应而不破坏环状结构。例如四聚体可以作为二菲钴配合物阳离子([Co(phen)$_2$]$^{2+}$)的配体进行反应。在钒中心附近两个钒氧基与一个钴通过氧键合，在第二对钒上的含氧基也同第二个钴键合形成二钴四钒酸盐衍生物([{Co(phen)$_2$}$_2$V$_4$O$_{12}$])[7]。在这个钒簇中，钒酸盐四聚体可以看做是在两个阳离子中心之间的阴离子桥。尽管该配合物是由溶液结晶获得的，但关于它的溶液化学性质知之甚少。

8.2 钒酸盐十聚体

关于钒酸盐十聚体与有机配体反应的研究较少。大部分研究仅表明配体就像一个反离子，并通过氢键与钒酸盐相互作用[8,9]。钒酸盐十聚体与二肽形成的配合物双甘氨肽[(NH$_4$)$_6$(glygly)$_2$V$_{10}$O$_{28}$]是一个有趣的例子，其中肽配合物以两性离子的形式存在。在这个结构中，6个铵离子和甘氨酸组（GlyGly）的2个氨基通过氢键结合到钒酸盐十聚体上。由此，钒酸盐十聚体和其氢键互补物是阳离子形式的。两个双甘氨肽的羧化物从钒酸盐十聚体核方向朝向邻近钒酸盐十聚体的氨基以中和正电荷。对水溶液中这种配合物的研究尚未成功，也没有证据表明在其晶体溶解过程中可保持晶体配位结构[8]。

关于钒酸盐十聚体与相关配体配位的研究很少。已发现钒酸盐十聚体水溶液中的甲醇以立体定向的方式与钒酸盐十聚体配位（图8-3）。钒酸盐十聚体在特殊条件下与1,1,1-三（羟甲基）丙烷反应的情况明显不同。这种特殊反应不会导致其与钒酸盐十聚体发生配位，而是与钒酸盐十聚体结构类似物发生配位（图8-4），其所有钒均被还原为钒（Ⅳ）[10]。

钼和钨的氧化物可以轻易地与V$_{10}$发生配位，形成杂多钒酸盐类。如果取代度较低，类十钒酸盐十聚体的结构可以保持稳定。然而，杂多钒酸盐类浓度较高，常导致产生六核衍生物[11,12]，其他一些结构也为人所知[13]。W$_6$和W$_{12}$多氧金属化钨容易被钒酸盐取代，W$_5$V、W$_{11}$V、W$_{10}$V$_2$、W$_9$V$_3$是一些已知的物质。

由于这种类型的配合物表现出独特的电、光、热性能,其已被应用于纳米材料中。

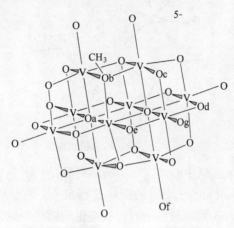

图 8-3　甲基氧钒（Ⅴ）十聚体结构式

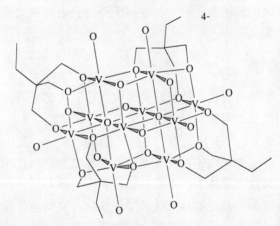

图 8-4　四{1,1,1-3(甲氧基)丙烷}钒(Ⅳ)十聚体结构式

参 考 文 献

[1] Tracey, A. S. and M. J. Gresser. 1988. The characterization of primary, secondary, and tertiary vanadate alkyl esters by 51-V nuclear magnetic resonance spectroscopy. Can. J. Chem. 66: 2570-2574.

[2] Andersson, I., S. J. Angus-Dunne, O. W. Howarth, and L. Pettersson. 2000. Speciation in vanadium bioinorganic systems 6. Speciation study of aqueous peroxovanadates, including complexes with imidazole. J. Inorg. Biochem. 80: 51-58.

参考文献

[3] Stomberg, R., S. Olson, and I.-B. Svensson. 1984. The crystal structure of ammonium μ-oxo-bis (oxodiperoxovanadate) (4-), $(NH_4)_4[O\{VO(O_2)_2\}_2]$. A refinement. Acta Chem. Scand. A 38: 653-656.

[4] Tracey, A. S. and J. S. Jaswal. 1993. Reactions of peroxovanadates with amino acids and related compounds in aqueous solution. Inorg. Chem. 32: 4235-4243.

[5] Crans, D. C., F. Jiang, J. Chen, O. P. Anderson, and M. Miller. 1997. Synthesis, X-ray structures, and solution properties of $[V_4O_4\{(OCH_2)_3CCH_3\}_3(OC_2H_5)_3]$ and $[V_4O_4\{(OCH_2)_3CCH_3\}_2(OCH_3)_6]$: Examples of new ligand coordination modes. Inorg. Chem. 36: 1038-1047.

[6] Schwendt, P., A. S. Tracey, J. Tatiersky, J. Gálikova and Z. Zák. 2006. Vanadium (V) Tartrato Complexes: Speciation in the $H_3O^+(OH^-)/H_2VO_4^-/(2R,3R)$-tartrate System and X-ray Crystal Structures of $Na_4[V_4O_8(\text{rad-tart})_2] \cdot 12H_2O$ and $(NEt_4)_4[V_4O_8(R,R\text{-tart})_2] \cdot 6H_2O$ (tart = $C_4H_2O_6^{4-}$). Submitted for publication.

[7] Kucsera, R., R. Gyepes, and L. Zurkova. 2002. The crystal structure of the cluster complex $[\{Co(phen)_2\}_2V_4O_{12}]H_2O$. Cryst. Res. Technol. 37: 890-895.

[8] Crans, D. C., M. Mahroof-Tahir, O. P. Anderson, and M. M. Miller. 1994. X-ray structure of $(NH_4)_6(\text{Gly-Gly})_2V_{10}O_{28} \cdot 4H_2O$: Model studies for polyoxometalate-protein interactions. Inorg. Chem. 33: 5586-5590.

[9] Averbuch-Pouchot, M. T. 1995. Crystal structure of hexakis (2-ammonium-2-methyl-1-propanol) decavanadate$(C_4H_{12}NO)_6(V_{10}O_{28})$. Z. Krist. 210: 371-372.

[10] Ishaque Khan, M., Q. Chen, D. P. Goshorn, H. Hope, S. Parkin, and J. Zubieta. 1992. Polyoxo alkoxides of vanadium: The structures of the decanuclear vanadium (IV) clusters $[V_{10}O_{16}\{CH_3CH_2C(CH_2O)_3\}_4]^{4-}$ and $[V_{10}O_{13}\{CH_3CH_2C(CH_2O)_3\}_5]^-$. J. Am. Chem. Soc. 114: 3341-3346.

[11] Howarth, O. W. and J. J. Hastings. 1990. Monotungstononavanadate and mer-tritung-stotrivanadate. Polyhedron 9: 143-146.

[12] Flynn Jr., C. M. and M. T. Pope. 1971. Tungstovanadate heteropoly complexes. I. Vanadium (V) complexes with the constitution $M_6O_{19}^{n-}$ and V: W less than or equal to 1: 2. Inorg. Chem. 10: 2524-2529.

[13] Howarth, O. W. 1990. Vanadium-51 NMR. Prog. Nucl. Magn. Reson. Spectrosc. 22: 453-485.

[14] Bhattacharyya, S., A. Martinsson, R. J. Batchelor, F. W. B. Einstein, and A. S. Tracey. 2001. N,N-dimethylhydroxamidovanadium (V). Interactions with sulfhydryl-contain-ing ligands: V(V) equilibria and the structure of a V(IV) dithiothreitol complex. Can. J. Chem. 79: 938-948.

9 配体性质对产物结构和反应活性的影响

正如前面讨论到的，钒酸盐易与从简单的单齿配体到大的多齿配体多种配体发生配位。这极大地扩展了钒的配空间。通常与二齿和三齿配体配位会增强或赋予钒酸盐的反应活性，而这种反应在二齿或三齿配体中尚未得到明显证实。尽管钒酸盐可与多种不同化学性质的配体发生反应，但这些化学反应并无明显差别，归根结底，这些配体在整个水化学中具有非常一致的影响。先前已经描述了其在水化学方面的现象，但在此处重新检测反应体系中的各种成分，目的是识别一些潜在的作用并为其提供理论基础。

9.1 烷基醇

脂族醇的一些单配体和双配体钒酸盐配合物的形成研究表明，单电荷阴离子配合物的 ^{51}V 化学位移与 $-559×10^{-4}\%$ 处的化学位移有关（3.1.1节）。结果表明，若$-559×10^{-4}\%$ 处和单配体配合物之间的化学位移差已知，那么将这种差异加倍，就可以得到配体衍生物的化学位移[1]。此外，将这种规律扩展到混合脂族醇，若已知两种单配体配合物的化学位移，则可以预测两个同型双配体配合物和异双配体配合物的化学位移。在一项独立的研究[2]中发现，若溶液中含有咪唑，结果并不具有如上述那样明确的关系。此外，这些研究者还发现咪唑对反应具有重要影响。表9-1列出了各种观察到的化学位移及相应的计算位移。从表中可以明显看出，计算值非常接近观察到的信号位置。这种有趣的现象表明，在一定程度上，化学位移与钒原子核的电子密度有关，且第二配体的配位与第一配体的配位无关。事实上，考虑到伯醇或仲醇各种配体的化学位移的系统变化，可能有人认为配合反应对钒中心的电子分布影响很小。非常令人惊讶的是，脂族醇涵盖约8个数量级的 K_a 值范围。然而，尽管 K_a 值有如此巨大的变化，但对产物形成常数的影响却很小[3]。

参考各种单配体配合物的 pK_a 值来选择上述反应适宜的快速检测探针。未被质子化的双配体配合物无对应的 pK_a 值。如果醇配体的配位对钒的电子分布没有显著影响，那么改变醇的供电性会定量地影响产物配合物的 pK_a 值。如图9-1所示，烷基钒酸盐的化学位移与其 pK_a 值之间显著相关。然而，显然不论复合物的 pK_a 值大于还是小于8.3，这都是一种复杂的依赖关系。可观测到的化学反应取决于产生钒酸盐衍生物的醇的 pK_a 值。图9-2显示了作为反应物及其对应的钒酸盐配合物产物的 pK_a 值之间的关系。

9.1 烷基醇

表 9-1　特定杂配体双过氧钒配合物的 ^{51}V 化学位移

配体	$RO_2VO(O_2)_2^①$	配体	$RNH_nVO(O_2)_2^①$	参考文献
		氨	-750×10^{-4}	[13]
		乙胺	-744×10^{-4}	[13]
		吡啶甲酸	-745×10^{-4②}	[26]
		咪唑	-749×10^{-4}	[27],[28]
醋酸	-720×10^{-4}			[13]
乳酸	-721×10^{-4}			[8]
甘氨酸	-712×10^{-4}	甘氨酸	-758×10^{-4}	[12]
CBz-甘氨酸	-714×10^{-4}	甘氨酸-OEt	-736×10^{-4}	[12]
甘氨酰甘氨酸	-713×10^{-4}	甘氨酰甘氨酸	-747×10^{-4}	[13]
丙氨酰丝氨酸	-714×10^{-4②}	丙氨酰丝氨酸	-743×10^{-4②}	[28]
		甘氨酰组氨酸	-742×10^{-4}, -746×10^{-4}, -751×10^{-4③}	[29]
丙氨酰组氨酸	-712×10^{-4②}	丙氨酰组氨酸	-739×10^{-4}, -750×10^{-4}	[30]

①电荷态随配体而变化。$VO(O_2)_2(H_2O)^-$ 与 RCO_2^- 或 RNH_2 发生反应不损失质子。
②这些化学位移没有对应的特定产物。
③-742×10^{-4}% 和 -751×10^{-4}% 化学位移对应咪唑氮基上的反应，-746×10^{-4}% 对应末端氨基的N反应。

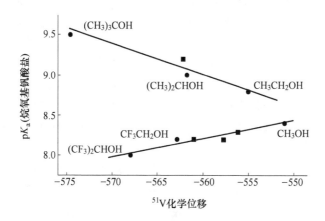

图 9-1　负一价烷氧基钒酸盐离子的 ^{51}V 化学位移与 pK_a 值的函数关系
(图中选择性地展示了部分烷氧基配体。实线为查看数据提供指导，这些数据来自 Tracey 及其同事的研究[3])

值得注意的是，尽管甲醇和六氟异丙醇之间醇的 K_a 值有几乎 6 个数量级的差异，但其相应配合物的 pK_a 之间的差异略小于 pK_a 值。然而，醇比甲醇大一个 pK_a 值单位，其中配体的 pK_a 值增加约 1.8 个 pK_a 值单位，产物配合物的 pK_a 值线性变化高达 1.1 个 pK_a 值单位。这种行为表明钒中心具有源自配位配体的优先电子密度。与此电子密度相关的是饱和效应。

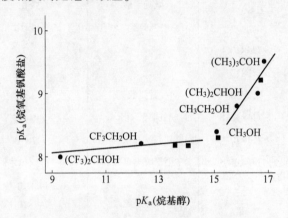

图 9-2 各种负一价烷氧基钒酸盐离子的 pK_a 值与作为反应物的 pK_a 值的函数关系
（实线可作为查看数据的辅助手段，并没有理论意义。图中仅展示了部分醇。
这些数据来自 Tracey 及其同事的研究[3]）

酸性越强的醇作为吸电子基团越有效。为了补偿由于醇的吸引而造成的密度降低，一些电子被拉离钒中心（包括羟基），且该配合物的 pK_a 值稍微下降。另外，碱性越强的醇提供电子给钒中心的能力越强。但是，不具备处理额外电子密度的能力（pK_a 值约 15 的醇，例如甲醇）。钒酸盐通过将额外电子密度转移到其他配体来弥补这一点。通过这种方式，配合物的 pK_a 值增量与乙醇的碱度增量基本相同。因此，图 9-1 所示的化学位移折线，清楚地表明化学位移的变化对烷基钒酸盐配合物有两个主要作用，一个是来自钒的电子密度去饱和，另一种来自于羟基的电子密度变化，并且可能是配合物的另一个氧原子电子密度的变化。

目前，已探明作为产物的烷基钒酸盐配合物的形成对作为反应物的 pK_a 值无显著影响的原因。钒酸根的电子密度接近最理想状态，因此由于配体的供电子或吸电子的能力变化引起的微小变化对醇的配位而言，是相对次要的。可以预料，钒酸盐与酚类反应的共振和诱导效应都会很小[4]。考虑到各种取代苯酚基的 pK_a 值都远低于 15，可预计芳基钒酸盐的 pK_a 值与配体的 pK_a 值之间会呈近似线性的关系（图 9-3），并且也可以通过观察烷基钒酸盐得到。共振电子提供和接受电子只会产生很小的差异。

9.2 乙二醇、α-羟基酸和草酸酯

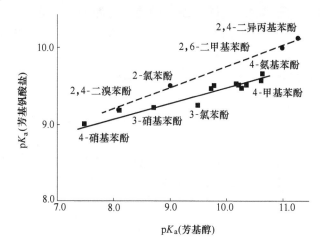

图 9-3 各种邻位（●）、间位和对位（■）取代苯酚基的 pK_a 值与相应芳基钒酸盐 pK_a 值之间的关系

（数值为在体积分数 42% 的丙酮水溶液中。对于各种酚溶液，钒酸盐（$VO_4H_2^-$）的 pK_a 值约为 9.5，且取决于溶液性质。所有溶液的修正值为 9.55。数据来自 Galeffi 和 Tracey[4]。图中仅展示了部分酚）

9.2 乙二醇、α-羟基酸和草酸酯

乙二醇和相关的 1,2-二醇的单羟基可与钒酸盐发生配位从而产生烷基钒酸盐，但也可通过双齿配位形成相应的配合物。后者是双配体双核配合物，其具有类似于图 9-4a 中所述的五元环状结构[5~7]。单体前体相对于二聚体是非常不利的，反应 $2VL \rightleftharpoons V_2L_2$ 的核苷二聚化常数为 $10^6 \sim 10^{7\,[7]}$。然而，如果配体被氧化成 α-羟基羧酸，其二聚化常数要减小 3~4 个数量级[8,9]。进一步氧化成草酸盐则只能以单倍体形式参与配合物的形成。

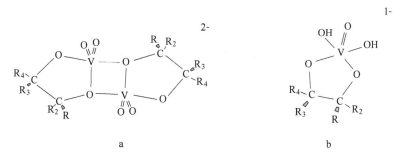

图 9-4 乙二醇和 1,2-二醇的单羟基与钒酸盐发生配位生成的配合物构型

通过扩展有关烷基醇配位对钒酸配合物电子分布的影响论据，可以使这些发现合理化。α-羟基酸的单体（VL）配合物的 pK_a 值约为6.5，其取决于配体，去质子化 $VL^- \rightleftharpoons VL^{2-} + H^+$。由于 VL^- 含有质子，它的形成过程必须有含水的配位，且至少为五元环状结构。据推测，这种配合与图9-4b中描述的相似。如果钒的电子密度很高，那么可以通过形成如图9-4a所示的二倍体来降低过量的密度。在这种配位模式中，电子密度分布在钒原子核之间，总体上不多于两个配体。酸度不如α-羟基酸的乙二醇能够更有效地提供电子密度，并通过这种方式使平衡向复合物的二聚体形式转移。这种情况与草酸盐配体相反，它比α-羟基酸能更有效地接受电子。单草酸钒酸盐和双草酸钒酸盐（图9-5）都很容易形成。

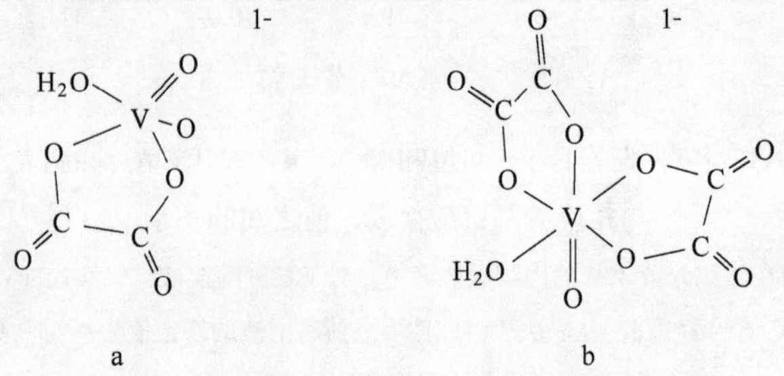

图9-5　单草酸配合物与双草酸配合物构型

目前单草酸配合物的配位几何构型尚不明确，尽管五配位几何构型看起来是很有可能的，并且已经从 ^{13}C 和 ^{17}O 核磁共振研究中得到证实[10]。图9-5a描述了这个几何构型。通过引入第二配体，将额外的电子引入到配位层中，在六配位几何构型中容易形成双草酸配合物（图9-5b）。溶液研究没有发现钒酸盐与乙二醇或α-羟基羧酸盐形成的 VL_2 配比的化合物。因此，对于这些类型的双齿配体（L），主要配位顺序为（X=H_2O 或 OH）：V_2L_2；VLX 和 V_2L_2；VLX 和 VL_2 分别为二醇、α-羟基羧酸盐和草酸酯。

这些观察引出一个涉及单齿配位的有趣的问题。通常认为单齿配体（XOH）通过反应 $H_nVO_4^{(3-n)-}+XOH \rightleftharpoons H_{n-1}VO_3(OX)^{(3-n)-}+H_2O$ 形成配合物。如果单齿配体是足够好的电子受体，配位层会从正四面体配位扩展到更高的配位吗？

9.3　双过氧钒酸盐和双羟胺钒酸盐：杂配体反应活性

目前已观察到与过氧钒酸盐和羟胺钒酸盐相关的受产物控制的杂配体反应。以 O_2^{2-} 配位的过氧化物作为电子供体比以 H_2NO^- 配位的羟胺更好。这两个配体类型的二重配体可以有非常相似的配位形式，如图9-6所示。事实上，有两种不同类型的二羟胺配合物（见5.2.3节），其中一种显然是将水纳入配位层[11]，如图9-6b所示。钒中心通过将水引入配位层，可以弥补羟胺配体相对较强的吸电子性。水的加入所带来的稳定性还没有大到使平衡完全向水合物转移。然而，可以预期，在与其

9.3 双过氧钒酸盐和双羟胺钒酸盐：杂配体反应活性

他类型的杂配体反应时，过氧配合物和羟胺配合物会表现出明显的差异。

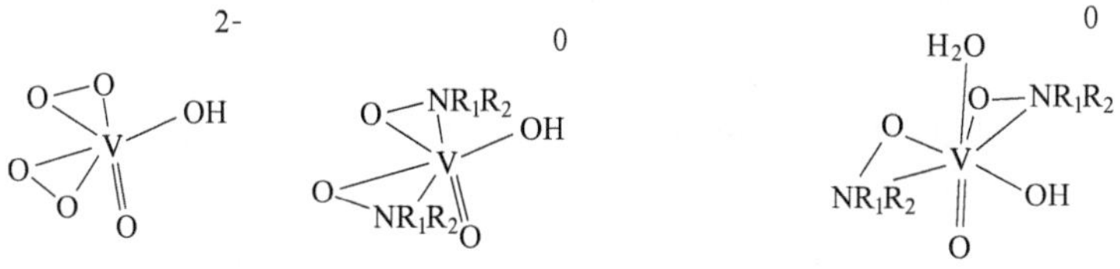

图 9-6 两种不同类型的二羟胺配合物构型

脂肪族羧酸和脂族胺与二过氧钒酸盐易于在水溶液中发生反应（表 9-1 给出了对各种配体观察到的 ^{51}V 核磁共振化学位移的汇编）。因此，二肽和氨基酸都容易与二过氧钒酸盐形成类似的产物，这并不奇怪。即使这些杂多酸具有多齿配位能力，它们也仅以单齿配位反应，并且羧酸和氨基衍生产物都可以在水溶液中观测到[12,13]。除了损失一个过氧基以形成单过氧化物产物，很少有证据表明，这些类型的杂配体以二齿配位形式发生反应，尽管这样的二齿配合物可以作为晶体材料获得[14,15]。这种行为与双羟酰胺配合物有很大的不同。

基于以上优势，双羟胺配体比双过氧钒酸盐更易发生二齿配位反应。以甘氨酰甘氨酸的反应为例来描述这种行为。甘氨酰甘氨酸与双过氧化物钒酸盐形成两种产物（图 9-7a），其来源于羧酸盐或胺基的独立反应。二羟胺钒酸盐形成一种单一类型的产物，其中配体为二齿配体，如图 9-7b[16,17] 所示。当然，固态样本的例子表明，二齿配体如草酸盐[15]和各种吡啶甲酸盐[14]以二齿钒酸盐的二齿配位方式反应。然而，这些结构不是稳定存在于水溶液中的。有趣的是，与相应的位于赤道面氧的 VO 键长 0.206nm 相比，草酸盐的 VO 键长到末端羧酸氧是相当长的，约为 0.225nm。相似的吡啶配体的末端 VO 距离接近 0.220nm。相比之下，

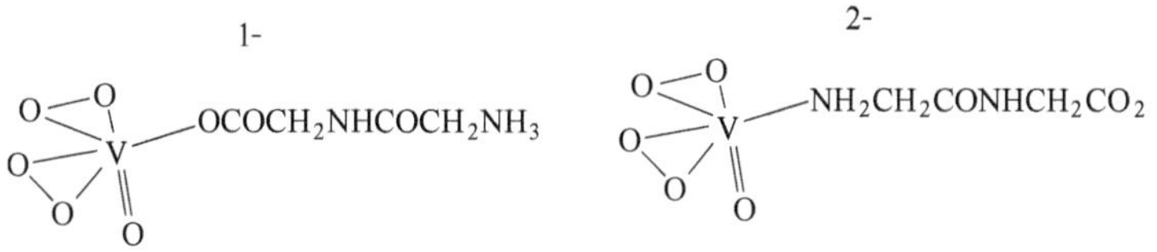

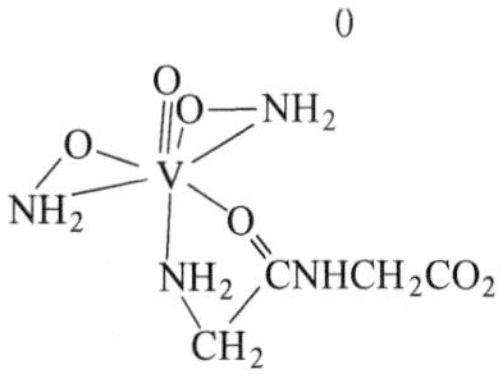

图 9-7 甘氨酰甘氨酸与双过氧化物钒酸盐形成的两种产物的构型

对于单过氧吡啶配合物，VO 距离为 0.2016nm[18]，吡啶-2,6-二羧基吡啶（dipic）配合物的两个羧酸盐氧合物接近 0.206nm[19]。

这些距离表明，在二过氧配合物中这些二齿配体的末端基团的结合是不牢固的。此外，就二过氧吡啶衍生物而言，^{51}V NMR 研究表明它在水溶液中有明显的水解，这再次表明配体的结合并不紧密。与吡啶类物质不同，固态的二过氧钒酸盐的甘氨酸配合物是以单齿形式和羧酸酯基团发生配位的[20]。将这与相应的双羟肟钒酸盐配合物进行比较，发现其中所含的甘氨酸的末端羧酸基团中的一个氧原子充当二齿配体[16]，双甘氨肽的结构如图 9-7b 所示。反应倾向于朝配位层扩张方向发展，因此，遵循基于初级配体、过氧化氢或羟胺的吸电子能力的预期模式。

9.4 酚类化合物

pK_a 值接近钒酸盐的配体 pK_a 值对核电子分布影响最小。因此，可以合理地预期具有与钒酸盐相匹配的 pK_a 值的配体将表现出选择性的反应性能。在体积分数为 42% 的丙酮水溶液中钒酸盐的第二 pK_a 值会上升到 9.5 左右[4]。许多酚类可溶于该溶剂中，并且当钒酸盐的 pK_a 值在配体 pK_a 值范围内时，这些酚类提供了探明配体 pK_a 值对产物形成影响的便捷探针。图 9-8 显示了配体 pK_a 对芳基钒酸盐形成的影响，其中丙酮水溶液的形成常数由反应式 9-1 定义。

$$H_2VO_4^- + ArOH \longrightarrow HVO_3OAr^- + H_2O \qquad (9-1)$$

$$K = [H_2VO_4^-][ArOH] / [HVO_3OAr^-]$$

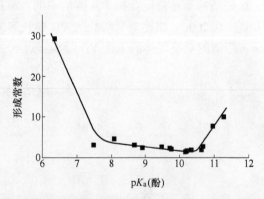

图 9-8 酚类配体的 pK_a 值与芳基钒基酸（$VO_4H_2^- + ArOH \rightarrow ArOVO_3H^-$）形成常数的关系

（这些值是在体积分数为 42% 的丙酮水溶液中获得的。数据来自 Galeffi 和 Tracey[4]）

从图 9-8 可以看出，在钒酸盐的 pK_a 值的两侧，产物的形成在大约 1 个 pH 值单位的范围内几乎是最小的。尽管如此，配位体 pK_a 值与配合物 pK_a 值之间的线性关系（图 9-7）显示，电子密度很好地向钒酸盐上的羟基转移。当配体 pK_a 值明显低于负一价钒酸盐离子的 pK_a 值时，它可以将其质子转移到钒酸的 OH 上并形成水，且随之形成的配合物保留其大部分的 ArO⁻ 特性。当配体的 pK_a 值明显高于钒酸盐的 pK_a 值时，它能将电子密度转移到钒中心，从而保持共价性质。在匹配条件下，配位体和钒酸盐均不能通过形成配合物得到，且生成的产物量也是最小的。然而，如果配位作用改变了配位数，那么情况将发生巨大变化。

9.5 二乙醇胺

钒酸盐与许多二乙醇胺的表面缩合反应形成了如图 9-10 中所描述的五配位配合物[21]。钒酸盐单阴离子（$H_2VO_4^-$）的 pK_a 值在这些配体的质子化形式的 pK_a 值范围内，负一价钒酸盐单离子在水中的 pK_a 值约为 8.0，且依赖于溶液的离子性质[22~24]。产物的形成根据反应式 9-2，但从图 9-9 中可以看出，反应的变化符合质子化配体的酸度常数的系统变化。当钒酸盐和配体的 pK_a 值相匹配时，产物的形成会大大增强。

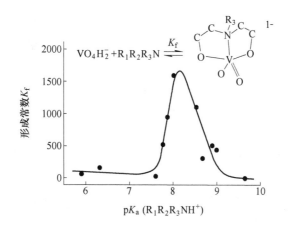

图 9-9　不同的二乙醇胺钒酸盐配合物的形成常数

（$VO_4H_2 + H_2L \rightarrow VO_2L^-$）与配体 p$K_a$ 值的函数

(实线仅作为指导，没有理论意义。所有的值来自 Crans 和 Boukhobza 的研究，
均为在室温下于 0.40mol/L KCl 溶液中获得的[21])

$$H_2VO_4^- + RN(CH_2CH_2OH)_2 \longrightarrow RN(CH_2CH_2O)_2VO_2^- + 2H_2O \quad (9-2)$$

$$K = [H_2VO_4^-][RN(CH_2CH_2OH)_2] / [RN(CH_2CH_2O)_2VO_2^-]$$

二乙醇胺配合物的形成分 3 个步骤，它的反应是一个醇函数并在最初形成一个烷基氧配位物。在这一阶段，钒中心周围的电子环境几乎没有扰动。如前所述，钒中心的电子密度是通过失去或从配位基团中得到电子密度来维持的。当钒中心的配位层扩大时，原中心会试图保持电子密度。具有与钒酸盐最接近的 pK_a 值的配体具有最有利的电子特性。在配位反应的第二步中，胺官能团结合钒酸

盐，并根据其 pK_a 值以优先方式进行。最后，剩余的羟基进入配位层中消除第二分子水。当然，配位的实际过程尚不清楚，但最终结果与该过程无关。对匹配 pK_a 值的这种选择性的结果是造成常数大于 2 个数量级的因素。当然，侧链性质和 R 基团对氮的影响也会对化学反应产生选择性的影响。

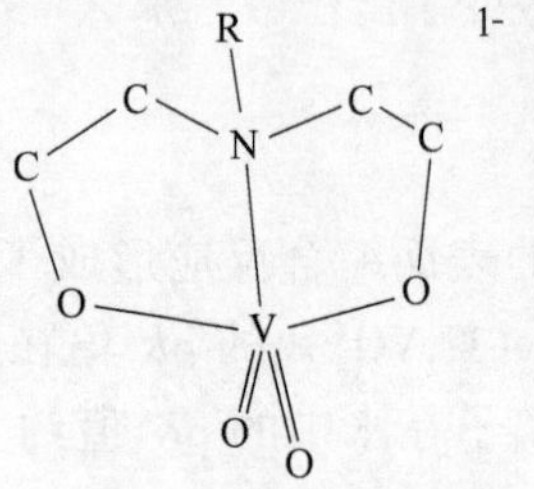

图 9-10　钒酸盐与二乙醇胺的缩合反应产物构型

9.6　反应活性模式

在讨论负一价钒酸盐离子（$VO_4H_2^-$）化学反应时的共同线索是钒中心与其相关的优先电子密度不易受配体的影响。正如 pK_a 值对钒酸酯及其 ^{51}V 化学位移的影响所反映的那样，电子从配位基团中拉离或转移。当电性被强制改变时，如二过氧和二羟胺配合物，与杂配体的配位反应具有选择性，反映并补偿这一变化。这一影响反映在与杂配体的优先反应中，从而导致钒中心电子密度的再平衡。例如，由于羟基酰氨基配体是相对较好的吸电子配体，因而两个二齿异配体的连接基团都被吸入二羟基氨基钒酸盐的配位层中，这与二过氧钒酸盐的情况形成对比，其相同的配体以单齿方式进行反应。

配位几何体的扩展易于进行，当二乙醇胺配合物形成时，是以选择性的方式进行的。在这里，钒中心处的电子密度通过配体的 pK_a 值与钒酸根 pK_a 值匹配维持。在这个例子中，观察到两个配体烷基羟基氧取代钒羟基氧基的现象，因而对电子性质的影响很小。若配位是由具有不同连接基团的其他类型的配体（例如巯基）进行配合，则情况将会有所改变。由于钒的电子性质受不同类型的初级连接基团影响，将优先选择具有与配合物的不同电子性质相匹配的 pK_a 值的杂配体。

显而易见，对于观察到的钒（V）的许多化学反应存在共同的基础，这表明钒酸盐的反应活性可以被调节和定向。这里描述的化学性质表明，对于某些类型的反应以及合理的选择配体，应该有可能选择性地增强钒酸盐配合物的特定功能。例如，如果使用适当的杂配体，可能会提高二氧化物异配体氧化反应的选择性。事实上，这种功能对于过氧化合物是已知的，且底物噻蒽 5-氧化物是一个很好的例子，其中硫化物或亚砜硫上的氧化可以通过选择杂配体来定向[25]。

钒固氮酶的模拟物的开发将来取决于所用辅助配体的性质，且可以通过合理的基础来提高所需的性质。通过考虑有利于形成这种化合物的配体性质，可以简化特定类型的配合物的合成。然而，如钒酸盐与二乙醇胺配体的反应图解所说明的，更多的酸或碱（在该实例中，过酸或过碱）都不利于反应进行，并且这些配体是否有利于配合主要取决于配体的供电子性质与钒的需求。通过有意错配的性质，应该有可能操纵和增强对钒的反应活性。

参 考 文 献

[1] Tracey, A. S. and M. J. Gresser. 1988. The characterization of primary, secondary, and tertiary vanadate alkyl esters by 51-V nuclear magnetic resonance spectroscopy. Can. J. Chem. 66: 2570-2574.

[2] Crans, D. C., S. M. Schelble, and L. A. Theisen. 1991. Substituent effects in organic vanadate esters in imidazole-buffered aqueous solutions. J. Org. Chem. 56: 1266-1274.

[3] Tracey, A. S., B. Galeffi, and S. Mahjour. 1988. Vanadium (V) oxyanions. The dependence of vanadate ester formation on the pK_a of the parent alcohols. Can. J. Chem. 66: 2294-2298.

[4] Galeffi, B. and A. S. Tracey. 1988. The dependence of vanadate phenyl ester formation on the acidity of the parent phenols. Can. J. Chem. 66: 2565-2569.

[5] Ray, W. J., Jr., D. C. Crans, J. Zheng, J. W. Burgner, II, H. Deng, and M. Mahroof-Tahir. 1995. Structure of the dimeric ethylene glycol-vanadate complex and other 1,2-diol-vanadate complexes in aqueous solution: Vanadate-based transition-state ana- log complexes of phosphotransferases. J. Am. Chem. Soc. 117: 6015-6026.

[6] Zhang, B., S. Zhang, and K. Wang. 1996. Synthesis, characterization and crystal structure of cyclic vanadate complexes with monosaccharide derivatives having a free adjacent diol system. J. Chem. Soc., Dalton Trans. 3257-3263.

[7] Angus-Dunne, S. J., R. J. Batchelor, A. S. Tracey, and F. W. B. Einstein. 1995. The crystal and solution structures of the major products of the reaction of vanadate with adenosine. J. Am. Chem. Soc. 117: 5292-5296.

[8] Gorzsas, A., I. Andersson, and L. Pettersson. 2003. Speciation in the aqueous $H^+/H_2VO_4^-/H_2O_2/L-(+)$-lactate system. J. Chem. Soc., Dalton Trans. 2503-2511.

[9] Hati, S., R. J. Batchelor, F. W. B. Einstein, and A. S. Tracey. 2001. Vanadium(V) complexes of α-hydroxycarboxylic acids in aqueous solution. Inorg. Chem. 40: 6258-6265.

[10] Ehde, P. M., L. Pettersson, and J. Glaser. 1991. Multicomponent polyanions. 45. A multinuclear NMR study of vanadate(V)-oxalate complexes in aqueous solution. Acta Chem. Scand. 45: 998-1005.

[11] Angus-Dunne, S. J., P. C. Paul, and A. S. Tracey. 1997. A ^{51}V NMR investigation of the interactions of aqueous vanadate with hydroxylamine. Can. J. Chem. 75: 1002-1010.

[12] Tracey, A. S. and J. S. Jaswal. 1993. Reactions of peroxovanadates with amino acids and related compounds in aqueous solution. Inorg. Chem. 32: 4235-4243.

[13] Tracey, A. S. and J. S. Jaswal. 1992. An NMR investigation of the interactions occur- ring between peroxovanadates and peptides. J. Am. Chem. Soc. 114: 3835-3840.

[14] Shaver, A., D. A. Hall, J. B. Ng, A.-M. Lebuis, R. C. Hynes, and B. I. Posner. 1995. Bisperoxovanadium compounds: Synthesis and reactivity of some insulin mimetic complexes. Inorg. Chim. Acta 229: 253-260.

[15] Begin, D., F. W. B. Einstein, and J. Field. 1975. An asymmetrical coordinated diperoxo compound. Crystal structure of $K_3[VO(O_2)_2(C_2O_4)] \cdot H_2O$. Inorg. Chem. 14: 1785-1790.

[16] Keramidas, A. D., W. Miller, O. P. Anderson, and D. C. Crans. 1997. Vanadium(V) hydroxylamido complexes: Solid state and solution properties. J. Am. Chem. Soc. 119: 8901-8915.

[17] Paul, P. C., S. J. Angus-Dunne, R. J. Batchelor, F. W. B. Einstein, and A. S. Tracey. 1997. Reactions of hydroxamidovanadate with peptides: Aqueous equilibria and crystal structure of oxobis (hydroxamido) glycylglycinatovanadium(V). Can. J. Chem. 75: 183-191.

[18] Mimoun, H., L. Saussine, E. Daire, M. Postel, J. Fischer, and R. Weiss. 1983. Vanadium (V) peroxo complexes. New versatile biomimetic reagents for epoxidation of olefins and hydroxylation of alkanes and aromatic hydrocarbons. J. Am. Chem. Soc. 105: 3101-3110.

[19] Drew, R. E. and F. W. B. Einstein. 1973. Crystal structure at $-100°$ of ammonium oxoperoxo (pyridine-2,6-dicarboxylato) vanadate(V) hydrate, $NH_4[VO(O_2)(H_2O)(C_5H_3N(CO_2)_2)]$ xH_2O ($x \approx 1.3$). Inorg. Chem. 12: 829-835.

[20] Bhattacharjee, M., M. K. Chaudhuri, N. S. Islam, and P. C. Paul. 1990. Synthesis, characterization and physiochemical properties of peroxo-vanadium(V) complexes with glycine as the heteroligand. Inorg. Chim. Acta 169: 97-100.

[21] Crans, D. C. and I. Boukhobza. 1998. Vanadium(V) complexes of polydentate amino alcohols: Fine-tuning complex properties. J. Am. Chem. Soc. 120: 8069-8078.

[22] Pettersson, L., B. Hedman, A.-M. Nenner, and I. Andersson. 1985. Multicomponent polyanions. 36. Hydrolysis and redox equilibria of the H^+-HVO_4 system in 0.6 M Na(Cl). A complementary potentiometric and 51-V NMR study at low vanadium concentrations in acid solution. Acta Chem. Scand. A 39: 499-506.

[23] Pettersson, L., I. Andersson, and B. Hedman. 1985. Multicomponent polyanions. 37. A potentiometric and 51-V NMR study of equilibria in the H^+-HVO_4 system in 3.0 M Na(ClO_4) medium covering the range $1 < -\lg[H^+] < 10$. Chem. Scr. 25: 309-317.

[24] Tracey, A. S., J. S. Jaswal, and S. J. Angus-Dunne. 1995. Influences of pH and ionic strength on aqueous vanadate equilibria. Inorg. Chem. 34: 5680-5685.

[25] Ligtenbarg, A. G. L., R. Hage, and B. L. Feringa. 2003. Catalytic oxidations by vanadium compounds. Coord. Chem. Rev. 237: 89-101.

[26] Conte, V., F. Di Furia, and S. Moro. 1994. ^{51}V NMR investigation on the formation of peroxo

vanadium complexes in aqueous solution: Some novel observations. J. Mol. Catal. 94: 323-333.

[27] Andersson, I., S. J. Angus-Dunne, O. W. Howarth, and L. Pettersson. 2000. Speciation in vanadium bioinorganic systems. 6. Speciation study of aqueous peroxovanadates, including complexes with imidazole. J. Inorg. Biochem. 80: 51-58.

[28] Jaswal, J. S. and A. S. Tracey. 1993. Reactions of mono- and diperoxovanadates with peptides containing functionalized side chains. J. Am. Chem. Soc. 115: 5600-5607.

[29] Gorzsas, A., I. Andersson, H. Schmidt, D. Rehder, and L. Pettersson. 2003. A speciation study of the aqueous $H^+/H_2VO_4/L$-α-alanyl-L-serine system. J. Chem. Soc., Dalton Trans. 1161-1167.

[30] Schmidt, H., I. Andersson, D. Rehder, and L. Pettersson. 2001. A potentiometric and ^{51}V NMR study of the aqueous $H^+/H_2VO_4^-/H_2O_2/L$-α-alanyl-L-histidine system. Chem. Eur. J. 7: 251-257.

10 生物系统中的钒

钒在生物圈中含量丰富,在某些生物系统中也具有明确的功能。钒在其他系统中也具有药理作用(见第11章),且在现代营养学书籍中被列为必需的超痕量金属。本章重点介绍生物圈中的钒和与钒相互作用或者以钒为重要结构的天然化合物或蛋白质。虽然已有研究报道海鞘血细胞中的钒浓度超过了350mmol/L,但哺乳动物体内的钒平均浓度在10nmol/L左右。

在生物系统中,钒与小配体相互作用,并与转运蛋白和结合蛋白相结合。特殊的固氮酶和卤代过氧化物酶是以钒为结构金属而形成的。为了说明钒的水化学是如何对生物圈中的生命过程做出贡献的,下面将描述钒在生物系统中的作用。钒酸盐作为磷酸盐类似物,无论是过渡态还是基态类似物,它在酶反应中的作用都相当重要[1]。作为过渡态类似物,钒酸盐对许多重要的酶如磷酸化酶、突变酶、磷酸酶、核糖核酸酶和ATP酶的行为有影响[2]。

10.1 钒在环境中的分布

钒广泛分布在整个地壳中,在淡水和海水中的浓度通常都较低。地壳中钒的平均浓度约为300μmol/kg,但在黏土和页岩中钒的浓度可能高达地壳钒平均浓度的20倍。淡水钒浓度的变化很大,但都处于0.1μmol/L水平左右,而海水钒浓度约为淡水钒浓度的1/3。在淡水中,钒浓度通常在0.1~0.5μmol/L,虽然有时钒浓度可能比这个高很多。在这样的浓度下,钒(V)几乎完全以单体形式存在,既可以是游离钒酸盐也可以是配合物。在弱酸性条件下,这样的钒浓度将不能维持任何低聚物(包括钒酸盐十聚体)的可检测浓度。缺乏配体时,质子化状态将发生变化。在pH值高于12的强碱性条件下,钒酸盐几乎完全以负三价阴离子VO_4^{3-}形式存在。在pH值为8.2~12的中等碱性条件下,钒酸盐主要以阴离子化合物VO_4H^{2-}存在。在pH值为3~8.2时,钒酸盐的主要存在形态是负一价离子配合物,在pH值为3左右时,钒酸盐会质子化形成中性产物。然而,第二步质子化会同时发生并形成阳离子。第二步的质子化反应还伴随着水的介入,并由此生成八面体结构的配合物。这使得其化学性质在一定程度上发生了改变,以阳离子形式存在的钒的pK_a值(3.88)实际上要比VO_4H_3的pK_a值(3.08)高[3]。除阳离子衍生物外,所有形态的钒均以四面体形式配位。复合配体具有特定的配位几何构型,但是大多数此类配体是以五配位或六配位形式存在的。在中

10.1 钒在环境中的分布

性到强酸性条件下，如果处于适宜的还原环境（如存在还原性配体及水中溶解氧较低时）中，钒（Ⅴ）酸盐极易被还原为钒（Ⅳ）氧根。相反，不论是水中含有高浓度的溶解氧还是 pH 值较高，都会使得氧化还原平衡向生成钒（Ⅴ）的方向移动。

一般认为生物圈中的钒有两种存在方式，一种是具有高度迁移性的，而另一种则是几乎不会发生迁移的。钒的迁移性与其氧化状态密切相关，其中具有迁移性的钒或多或少地符合钒（Ⅴ）形式，当然这并不是绝对的。钒（Ⅴ）主要存在于煤气废水，石油、煤和天然气燃烧后的灰分，某些矿物中以及地表水中。通常在矿物中发现的钒（Ⅳ）配合物的迁移性较低，但是，如果处于氧化环境中，它可被氧化为钒（Ⅴ）从而进入流动相中。以螯合物形式存在的钒可以通过机械过程（如河流或小溪中的悬浮物质的移动）迁移。机械迁移可以将钒从陆地转移到湖泊或海洋中，这也是环境中钒迁移的一个主要方式。与其他含钒介质不同，该过程不会向环境中排放钒，而仅仅是简单地将钒随沉积物一同重新沉积下来。然而，由于悬浮物的表面积较大，钒可以通过化学反应被有效地从悬浮物中去除，且随后以活性物质的形式进入环境中。

海水中的钒含量较低，这清楚地表明钒会不断被螯合并沉积在海洋沉积物中，这可能是由一些藻类及其他可以富集钒的生物的吸收造成的。在湖泊和池塘中，钒（Ⅴ）可以通过与沉积物中的组分发生配位反应从而被固定下来，这些组分通常指的是腐殖酸类物质，且该过程会受到还原环境的影响。当被还原为钒（Ⅳ）时，除非沉积物受到干扰，否则钒会以这种形式较长时间地存留在沉积物中。相反，通过迁移或富钒物质（含钒矿石或矿山及其他工业废料）的释放而进入富氧地下水中的钒易被氧化，从而导致大量的钒（Ⅴ）在这些富氧水体中蓄积。例如，虽然在燃煤设备中产生的灰分是固体，但如果其中的钒未被及时回收，其暴露于雨水、融雪、洪水或其他来源的水时，会迅速渗滤进环境中。类似地，由废气产生的钒同样会迅速进入地表和地下水中。这些水可能进入地下蓄水层或地表水中，从而造成具有危害性的污染。因此，尾矿及受污染的矿场是地下蓄水层和地表水常见的钒污染源。科罗拉多（Colorado）河的钒污染就是一个例子。犹他州（Utah）科罗拉多河马瑟森（Matheson）湿地附近的一个废弃冶炼厂排出的流经其厂内含钒废材的废水进入了地下水中，并最终污染了河流本身。在科罗拉多河附近和该废弃冶炼厂下游的平头鱼体内检测出的钒含量是正常含量水平的 8 倍。同时在鱼体内还检测出了许多其他金属，且其浓度均超出正常浓度水平数倍。

可从矿石和废料中迁移出来的钒量受其在结合底物中的固定方式以及水介质本身性质的强烈影响。钒的氧化还原速率受水介质的 pH 值、含氧量以及结合底物的表面性质的影响。有趣的是，尽管当钒（Ⅳ）氧根离子水解时，其被氧化的速率很快，但当离子通过结合底物的表面羟基被结合（配位作用）到底物表面时，其被氧化的速率同样很快[4]。另外，当钒（Ⅳ）被主要存在于煤或石油矿床中的卟啉配体和其他一些有机化合物结合时，其被氧化为钒（Ⅴ）的速率将变得极为缓慢，或者根本不被氧化。含钒（Ⅴ）废水流经含零价铁的可渗透格栅后，其所含的钒（Ⅴ）可被有效地从水中去除。这种格栅为钒（Ⅴ）转化为钒（Ⅳ）提供了良好的还原环境。该技术不仅能有效去除水中的钒，其同样可以有效去除水中所含的其他金属。然而目前尚不清楚当格栅中的铁被完全氧化时钒的归趋是怎样的。铁可与钒（Ⅳ）形成杂金属配合物[5]，然而目前尚未探明该配合物能否稳定存在而不被氧化为钒（Ⅴ）。对此，可以用先前所讨论的发生在底物表面的反应来回答，即含氧水或含氧量大于零的水会迅速释放钒。因此，基于铁/钒氧化还原反应而设计的格栅，很可能在铁被完全氧化后必须进行更换。可以推测，一个好的设计除了考虑铁的回收外，在格栅设计中还应考虑钒的回收问题。

10.2 钒配合物

钒配合物已被应用于光谱技术中，来探测许多蛋白质的结构和活性[6]。存在天然可结合钒的配体，如铁-铁载体（iron binding siderophores）。铁载体的主要作用是参与维持铁的稳定，它结合钒的功能似乎是其次要功能[7]。钒酸盐确实会抑制铁-铁载体配合物的迁移[8]，这表明钒和铁传递系统之间存在着相互影响。

包括谷胱甘肽（GSH）、半胱氨酸、抗坏血酸、核苷酸和糖类在内的许多天然代谢产物都可与钒形成配合物[9~11]（参见第4章）。钒和GSH的相互作用已经得到较为透彻的研究，其可能与细胞中钒的相互作用和氧化还原性质密切相关[12]。关于钒（Ⅳ）-GSH配合物的早期研究结果表明钒的主要结合位点是两个羧基[13]。在pH值为2~11的范围内，对$V(Ⅳ)O^{2+}$-GSH体系在水溶液中的平衡进行了研究。在生理pH值条件下，钒主要以VL_2H_2形式存在[14]。人工合成的GSH类似物与含氧钒（Ⅳ、Ⅴ）的配位反应[15]以及半胱氨酸[16]、β-巯基乙醇[17]和二硫苏糖醇[18]与钒（Ⅴ）的配位反应均与GSH和钒（Ⅴ）的配位反应类似。这类化合物很难长时间抗氧化，但是在有氧存在的情况下，氧化还原会达到平衡。在GSH或氧耗尽之前，一定浓度的钒（Ⅴ）-GSH配合物在氧化还原过程中保持稳定。

鹅膏钒素是一种天然存在的且仅在伞型毒菌蘑菇属中发现的钒化合物。在鹅膏钒素中，钒（Ⅴ）与N-羟基-2,2′-亚氨基二丙酸配体发生配位，这些配体的独特之处在于N-羟基-2,2′-亚氨基二丙酸是目前唯一已知的自然界中与钒的亲和力比其他重金属高的配体[19]。鹅膏钒素的结构已得到全面的研究,其配合物有 4 个手性碳和一个 S 结构,并且钒与其周围配体的结合方式产生了第五个手性中心[20],其中的一种配位形式如图 10-1 所示。鹅膏钒素具有良好的水解稳定性和可逆的单电子氧化还原能力。在酸性溶液中,鹅膏钒素将会催化包括自然存在的半胱氨酸和 GSH 的巯基氧化[2]。据称鹅膏钒素在蘑菇中可作为一种电子转移介质。

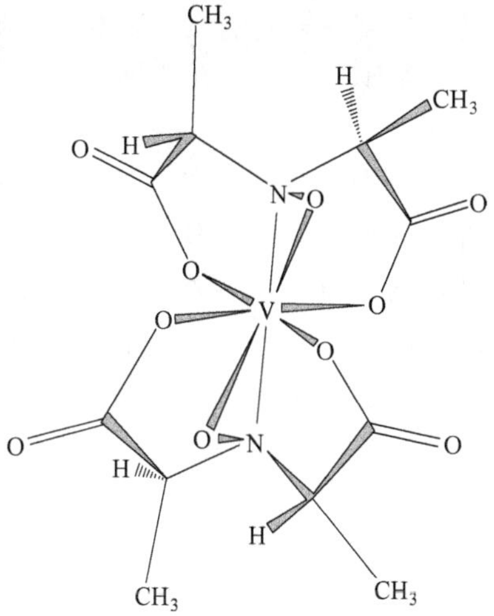

10.3 钒转运及结合蛋白

钒通过协助扩散或高亲和力的能量依赖型蛋白系统以含氧阴阳离子的形式进入细胞。从脉孢菌(Newrospora)(一种真菌)体内分离出了单一磷酸运输系统中有缺陷的钒酸盐抗性突变体。这意味着钒以磷酸盐类似物的形式进入细胞[21]。在正常真菌体内,这种高亲和力磷酸盐转运系统对钒酸盐的亲和力为 8.2μmol/L[22]。

图 10-1 鹅膏钒素(Amavadine)的配位形式举例

红细胞中钒酸盐的转运通过其在红细胞膜上的协助扩散得以实现,但其会被携带阴离子转运蛋白的一种特殊抑制剂 4,4′-二异硫氰酸-二磺酸-二磺酸(DIDS)所抑制。钒也很可能通过阳离子协助扩散系统以氧钒根离子的形式进入细胞[23]。二价金属载体蛋白(称为 DMT1,又称 Nramp2),能够携带铁离子进入胃肠道系统的细胞中,并且其在转铁蛋白的循环中从细胞中分离出来[24],据称这种转运蛋白也转运 VO^{2+}。在动物系统中,特定的运输蛋白质系统促进了钒跨膜进入细胞和钒在细胞区室之间的运输,而在有机体中通过液体运输钒的过程是以钒与非特异性蛋白的结合得以实现。

钒转运能力的大小是影响生物积累钒的关键因素所在。虽然钒不能被高等陆生植物所富集,但它能被某些陆生真菌、苔藓和地衣所积累。鹅膏毒菌(毒蝇伞)能富集的钒浓度大约是其他蘑菇和高等植物中钒浓度的 100 倍(2mmol/kg 干重)。一些淡水植物也能积累类似浓度的钒。在海洋中,大量藻类积累的钒主要用于确保钒卤代过氧化物酶作用的正常发挥。也许最大的钒富集者是各种各样的海鞘,其钒细胞中能够积累浓度高达 350mmol/L 的钒。显然,这种富集能力的进化发展与其保护机制相关。

海鞘钒细胞的液泡中钒的积累过程已经被很好地阐述[25,26],包括将海水中的钒(Ⅴ)还原为液泡中的钒(Ⅲ)(图 10-2)。海鞘中的钒包括以钒(Ⅴ)形式转运到支气管囊的钒,其通过与哺乳动物的二价金属转运系统类似的运输系统穿过钒细胞的质膜。在钒细胞内部,钒(V)被还原为钒(Ⅳ),并由钒蛋白运输到液泡。在液泡中,钒(Ⅳ)进一步被还原为钒(Ⅲ)。钒蛋白(见 10.3.1 节)是一类钒结合蛋白,其唯一的作用似乎是结合钒细胞中的钒(Ⅳ),并协助其进入钒细胞的液泡中。可能还有其他蛋白直接参与钒的转运。据称从海鞘消化道分离出的与哺乳动物谷胱甘肽转移酶(GST)高同源且具有谷胱甘肽转移酶活性的钒结合蛋白[27]参与了消化系统中钒的转运。钒细胞液泡中钒(Ⅲ)浓度超过 350mmol/L 的原因尚不清楚。

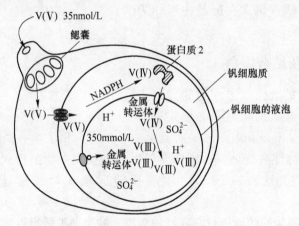

图 10-2 海鞘钒酸盐细胞
(由参考文献 [26] 改编)

还有其他一些并不是专门负责钒转运的蛋白质也可以参与钒在体内的运输。随着钒在多种维生素中以微克浓度或毫克量分别被健美运动员和其他运动员大量摄入,人们对天然存在的钒结合蛋白的兴趣增加,并认为它可以治疗糖尿病和癌症。这些蛋白质在正常的新陈代谢中具有其他功能,对钒有亲和力,并有助于钒在体内的转运。金属硫蛋白、转铁蛋白、铁蛋白和血清白蛋白是帮助钒在哺乳动物体内转运的主要金属结合蛋白。由于钒可作为检测蛋白质结构的探针,因此在钒与这 4 种蛋白质和其他蛋白质的结合方面做了大量的研究[2,6]。血清白蛋白具有多个钒结合位点,其主要功能是在血液中转运游离脂肪酸。在血清白蛋白的商业制剂中已经观察到钒(V)的存在,且与该蛋白的 1 个分子结合的钒(Ⅳ)分子多达 20 个。转铁蛋白是一种在血液中发现的铁转运蛋白,它可以同钒(Ⅳ)和钒(V)结合。转铁蛋白结合氧钒根阳离子(VO^{2+})的能力比血清白蛋白强 10 倍。钒-转铁蛋白配合物在化学处理下很稳定,如它在 HPLC 和凝胶电泳分析处理过程中保持稳定,并且发现动物组织分离出的转铁蛋白也含钒[2]。

用 EPR 研究了胰岛素增强化合物二(麦芽糖醇)氧钒(Ⅳ)(BMOV)与转

铁蛋白和白蛋白的结合,并将 VOSO$_4$ 与这些蛋白质的结合相比较[28,29]。这两种蛋白质对将钒代谢物输送到哺乳动物组织中很重要。铁蛋白是体内主要的铁储存蛋白,血清中铁蛋白的含量是反映体内铁含量的直接指标。研究发现钒和与 VO^{2+} 结合的蛋白质有关[30,31]。金属硫蛋白是一种具有抗氧化作用的金属结合蛋白[32]。正常大鼠经钒处理后[33],它编码的金属硫蛋白 RNA 转录物的表达增加。糖尿病大鼠经钒治疗后[34],该表达减少。

钒蛋白是目前已知的唯一与钒结合的具有生理功能的蛋白质。在海鞘中,这些蛋白有结合钒(Ⅳ)的作用。对这些蛋白质功能的深入了解来自分子生物学[25,35]和分子结构[26]研究。已经从海鞘(Ascidia sydneinsis samea)体内分离出 5 种钒蛋白,其中 4 种与海鞘的血细胞有关,1 种在海鞘血清中起作用[36]。在最初分离时,对现有基因序列数据库中编码钒蛋白的基因进行了 BLAST(基于局部比对算法的搜索工具,Basic Local Alignment Search Tool),结果表明这是当时数据库中一个独特的蛋白质家族。进一步的研究表明,从玻璃海鞘(Ciona intestinalis)中可以分离出相似但不完全相同的蛋白质[37]。这些结果表明,钒蛋白家族是一个特殊的金属伴侣蛋白家族,它的形成有助于海鞘积累海水中的钒。钒蛋白对钒(Ⅳ)的亲和力约为 2×10^{-5} mol/L。使用核磁共振(图 10-3)测定钒蛋白 2 的三维结构,

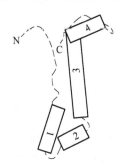

图 10-3 钒蛋白 2 的结构
(结构信息来自参考文献 [26])

从而对这些蛋白质的功能有了更深入的了解[26]。该钒蛋白含有 91 个氨基酸和 18 个半胱氨酸。它的结构为弓形,含有 4 个由 9 个二硫键连接的 α 螺旋段。与基因序列相似,在这个蛋白质结构的数据库中没有发现任何结构同源物。其结合的 10~20 个 VO^{2+} 阳离子似乎都在分子的同一侧,并与氨基酸(赖氨酸、精氨酸和组氨酸)上的胺氮配位,这证实了先前的 EPR 研究[26]。

10.4 含钒的酶

含钒固氮酶是从细菌中分离出来的,而卤代过氧化物酶是从海藻、陆生真菌和地衣中得到的。固氮酶中的钒是作为辅因子的一部分,而卤代过氧化物酶中的钒是活性位点的组成成分。在讨论关于钒是否是生命所必需的微量元素时,常常用这些天然存在的含钒酶来进行验证。

10.4.1 固氮酶

钒固氮酶可以作为钼固氮酶的替代物[38],尤其是在钼元素耗尽的条件下。但是钒固氮酶还没有像过氧化物酶那样被深入地研究,然而随着人们对酶活性中

心配位的不断了解，这种酶开始引起越来越多的关注。固氮酶的辅因子是铁-硫-钒簇（图10-4），其结构和功能类似于受钼系统控制的且能较好表征的 Fe-Mo 辅因子。尽管在这样的团簇中，氧化态的分配由于电子离域而变得很困难[39,40]，但团簇中的钒氧化态表现为钒（Ⅲ）[39]，该酶不利用钒（Ⅴ）。另外，卤代过氧化物酶只利用钒（Ⅴ），并且似乎没有任何证据表明，催化过程中会出现较低的氧化速率。

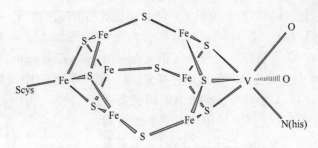

图 10-4　作为固氮酶活性的辅因子的铁-硫-钒簇

10.4.2　钒卤代过氧化物酶

卤代过氧化物酶是一类通过活性过氧金属活性中心来催化卤化物氧化的酶，这些酶是根据它们能够氧化电负性最强的卤化物命名的。因此，溴代过氧化物酶可以氧化溴化物和碘化物而不能氧化氯化物，而氯代过氧化物酶却可以将这三种卤族元素都氧化。卤代过氧化物酶存在于大多数生物体内，主要分为两类：亚铁血红素卤代过氧化物酶和钒卤代过氧化物酶。其中，亚铁血红素卤代过氧化物酶是在哺乳动物中发现的，它们在抵抗致病物质方面提供了非常重要的保护功能，源自真菌的铁基过氧化物酶已经商业化。

钒卤代过氧化物酶首次是在海藻中被发现的[41]，随着在各种陆生真菌和地衣中再次被发现[42~45]，这种酶开始受到越来越多的关注。其中，溴代过氧化物酶主要存在于海洋藻类中，而氯代过氧化物酶通常存在于陆地环境中。

氧化过程中没有涉及钒的氧化还原循环：有 H_2O_2 存在的条件下，钒卤代过氧化物酶通过双电子供体催化卤化物氧化，生成活性卤素物质，随后进入有机底物中生成卤化产物（图10-5），因此，卤代过氧化物酶与许多天然存在的有机卤化物有关[46]。海洋藻类是环境中卤化物的主要来源，在最近的一次关于土壤氯化物的欧洲氯气研讨会上（2004年），粗略估算出每年海藻产生的次溴酸（HOBr）约50万吨，另外还产生20万吨三溴甲烷（$CHBr_3$）[47]。卤代过氧化物酶还与许多其他生物转化有关，如有机前体的氧化、环氧化和磺化氧化[48]。钒卤代过氧化物酶的结构和功能的大量研究，为模型系统的形成和研究提供了详细信息。

10.4 含钒的酶

有趣的是，卤代过氧化物酶与酸性磷酸酶的活性位点的结构非常相似，因此在一定程度上，过氧化物酶和磷酸酶可以相互替代[49~51]。例如，当存在 H_2O_2 时，钒酸盐福氏志贺菌（*Shigella flexneri*）和鼠伤寒沙门氏菌（*Salmonella enterica* ser. *typhimurium*）中酸性磷酸酶重组或被钒酸盐取代时，能够氧化溴化物，但因为磷酸酶活性位点没有被过氧化物酶充分利用[52]，所以催化效率非常低。

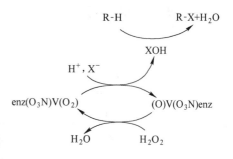

图 10-5　卤化产物

10.4.2.1　卤代过氧化物酶的活性位点

由于钒卤代过氧化物酶必然涉及钒（V）过氧化物，所以有效模型的建立依赖于可高效模拟过氧化物酶功能的配体的发现。理想配位结构的发现一直是许多研究的焦点。过氧化物酶非过氧化形式的 X 射线结构数据表明，酶活性位点中钒的几何构型非常简单。钒与 4 个氧原子和 1 个组氨酸氮以三角双锥构型配位，组氨酸处于轴向位置[46,50,53]。钒的 3 个赤道氧原子与 2 个精氨酸、1 个赖氨酸和 1 个丝氨酸之间的外层氢键接触，使配合物稳定并提高活性。此外，存在第二组氨酸，其位于末端羟基基团的氢键距离内。溴代过氧化物酶的外层区域中还有另一种组氨酸残基，它被氯代过氧化物酶中的苯丙氨酸所取代。此外，赖氨酸由天冬酰胺取代。诱变研究已经证实了组氨酸、精氨酸和赖氨酸基团在钒酸盐结合和酶功能中的重要性[49,54]。研究还表明，通过苯丙氨酸或色氨酸取代精氨酸，可以在溴代过氧化物酶中诱导氯代过氧化物酶的活性[54]。

X 射线研究不够精确，无法确定结晶酶中钒酸盐的电荷状态。然而，过氧化物酶在休眠状态的理论模型表明钒酸盐是负一价离子形式，其中一个羟基与组氨酸的 N-咪唑环，一个赤道羟基和两个赤道氧基[55]轴向结合。钒位于活性部位裂缝的底部，其深度约为 20nm。裂缝的一侧主要由脯氨酸和苯丙氨酸的氨基酸片段组成，具有很强的疏水性，而另一侧含有精氨酸、天冬氨酸和主链羰氧基，具有很强的极性[56,57]。裂缝基部含有组氨酸、精氨酸、赖氨酸、丝氨酸和甘氨酸这些氨基酸基团，它们与钒的活性位点结合。在这些基团中，只有组氨酸形成共价键，其余基团通过氢键的相互作用稳定这种结合作用。

钒在活性部位结合得不紧密，并且很容易通过分离磷酸盐而被去除。钒酸盐很容易重组入酶，溶液中的钒酸盐会使酶的活性再生。在 X 射线结构和理论计算的基础上，图 10-6 似乎能很好说明钒周围的结构和电荷状态，这也表明建立构造模型系统是相对容易的。理论计算还表明，结合区中的阳离子精氨酸残基对于维持组氨酸咪唑的配位至关重要。这并不奇怪，因为咪唑与钒酸盐的相互作用很弱。虽然过氧化钒酸盐单体与咪唑的结合不像与双氧水（H_2O_2）结合那样紧密，但是它比与钒的结合更紧密[58]。因此，很显然的是，咪唑环牢固地保留在酶的活性位点中，其钒酸盐带有过氧基。甚至，阳离子残基会对强化单过氧化钒酸盐与咪唑的反应起重要作用。此外，如果咪唑是多齿配体的一部分，如组氨酸中含有的二肽，则其与咪唑的结合将非常紧密[59~61]。因此，在此基础上，阳离子残基对于增强咪唑环的配位很重要。

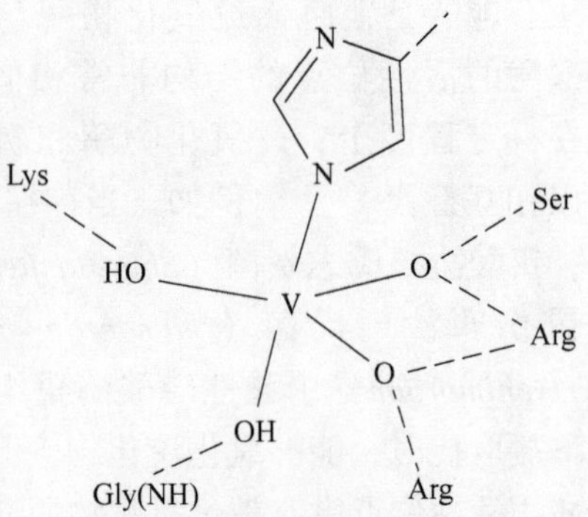

图 10-6 钒的结构和电荷状态

活性位点的疏水侧和亲水侧是可区分的，这表明活性位点会选择具有相匹配特性的有机底物。并立体选择性催化卤化底物，这种立体取向取决于活性位点区域中活性基团固定底物的取向。事实上，从竞争性实验可知，反应速率是有选择性的[57,62]。

X射线研究表明，氯代过氧化物酶和溴代过氧化物酶之间的主要区别在溴代过氧化物酶的一个外层组氨酸基团中。在氯代过氧化物酶中，组氨酸被苯丙氨酸取代，其余两个组氨酸被保留。溴代过氧化物酶的反应顺序表明组氨酸影响了溴代过氧化物酶的活性[46]。但这种活性是不必要的。

10.4.2.2 卤代过氧化物酶模型化合物

对溴代过氧化物酶在海洋环境中发挥作用的可能机制的讨论[46]揭示了与该酶相关的复杂化学反应过程。已知二过氧钒酸盐能够氧化溴并生成有机溴化物[63,64]。与二过氧钒酸盐的特殊反应不是一种高效的反应，并且人们已经投入了很多的努力来发展高效的催化体系。早期研究开发的卤代过氧化物酶系统模型对天然酶的单晶X射线结构不起作用，而是依赖于来自X射线吸收研究（EXAFS，XANES）和^{51}V核磁共振波谱的数据来描述的钒周围配位的数据。研究表明，氮配位提供了富氧环境。以此为基础，研究了基于羧酸盐[65]、酚盐[66]、咪唑[67,68]和希夫碱[69,70]前驱物的模型。溶液化学研究结合理论计算，为过氧化物酶活性提供了见解[55,71]。

结构的探明导致了卤代过氧化物酶模型系统的快速发展。人们在研究中采用了多种多样的方法。一个有趣的现象是，钒酸盐可以结合到植酸酶中从而产生过氧化物酶活性[72]。该体系能催化非对称磺化反应。基于钒与乙醇胺和相关化合物的乙酸衍生物配位形成的单过氧化钒（V）配合物，人们还发现其他一些卤

10.4 含钒的酶

代过氧化物酶模型能有效催化硫化物的氧化作用[73]。与氨基吡啶侧链有关的配合物的 X 射线结构和 NMR 研究显示，在过氧基的一个氧和氨基的一个氢之间存在相当强的氢键（图 10-7）[74]。与此类似的氢键对于过氧化物酶模型的有效功能可能十分关键。其他类似的模型系统研究中已强调了这一点，这些研究强调了由 N-和 O-连接的供体组的重要性[75]。图 10-8 描述了与 H_2O_2 一起作为过氧化物酶活性模型的各种配体。许多其他配体已被研究以寻找快速且高效的模型[76]。然而，外层以氢键为主且钒仅与组氨酸共价结合的稳定的模型系统尚未被发现。

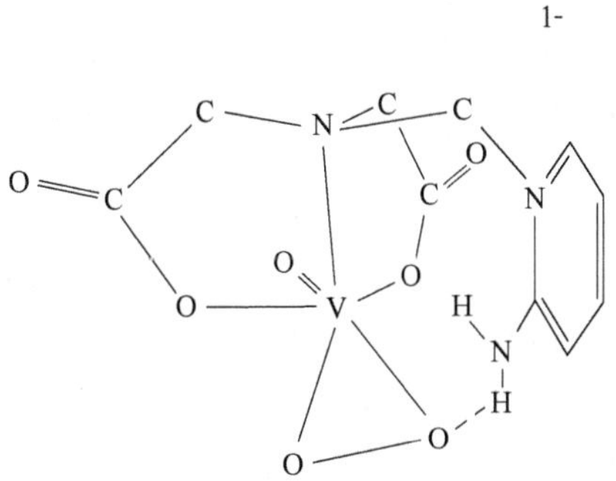

图 10-7 过氧基的一个氧和氨基的一个氢之间的氢键

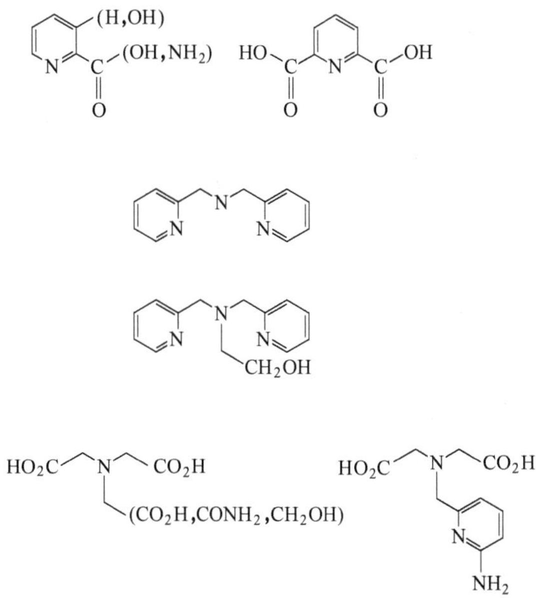

图 10-8 以 H_2O_2 为过氧化物酶活性模型的配体

本章缩写

（1）GSH：glutathione，谷胱甘肽。

（2）GST：glutathione transferase，谷胱甘肽转移酶。

参 考 文 献

[1] Gresser, M. J., A. S. Tracey, and N. D. Chasteen. 1990. Vanadates as phosphate analogs in biochemistry. Vanadium in biological systems. Dordrecht, Boston, London: Kluwer Academic Publishers. pp 63-79.

[2] Crans, D. C., J. J. Smee, E. Gaidamauskas, and L. Yang. 2004. The chemistry and biochemistry of vanadium and the biological activities exerted by vanadium compounds. Chem. Reviews 104: 849-902.

[3] Pettersson, L., B. Hedman, A. M. Nenner, and I. Andersson. 1985. Multicomponent polyanions. 36. Hydrolysis and redox equilibria of the H^+-HVO_4^{2-} system in 0.6 M Na(Cl). A complementary potentiometric and 51-V NMR study at low vanadium concentrations in acid solution. Acta Chem. Scand. 39: 499-506.

[4] Wehrli, B. and W. Stumm. 1989. Vanadyl in natural waters: Adsorption and hydrolysis promote oxygenation. Geochim. Cosmochim. Acta 53: 69-77.

[5] Nunes, G. G., G. R. Friedermann, M. H. Herbst, R. B. Barthem, N. V. Vugman, J. E. Barclay, D. J. Evans, P. B. Hitchcock, G. J. Leigh, E. L. Sa, and others. 2003. The first hetero-binuclear alkoxide of iron and vanadium: Structural and spectroscopic features. Inorg. Chem. Commun. 6: 1278-1281.

[6] Chasteen, N. D. 1995. Vanadium-protein interactions. Metal Ions in Biological Systems 31: 231-247.

[7] Boukhalfa, H. and A. L. Crumbliss. 2002. Chemical aspects of siderophore mediated iron transport. BioMetals 15: 325-339.

[8] Cornish, A. S. and W. J. Page. 2000. Role of molybdate and other transition metals in the accumulation of protochelin by Azotobacter vinelandii Appl. and Environ. Microbiol. 66: 1580-1586.

[9] Baran, E. J. 2000. Oxovanadium (IV) and oxovanadium (V) complexes relevant to biological systems. J. Inorg. Biochem. 80: 1-10.

[10] Ferrer, E. G., P. A. M. Williams, and E. J. Baran. 2005. On the interaction of oxovanadium (IV) with homocysteine. Biol. Trace Elem. Res. 105: 53-58.

[11] Williams, P. A. M., S. B. Etcheverry, D. A. Barrio, and E. J. Baran. 2006. Synthesis, characterization, and biological activity of oxovanadium (IV) complexes with polyalcohols. Carbohydr. Res. 341: 717-724.

[12] Macara, I. G., K. Kustin, and L. C. Cantley, Jr. 1980. Glutathione reduces cytoplasmic vanadate. Mechanism and physiological implications. Biochim. Biophys. Acta, 629: 95-106.

[13] Delfini, M., E. Gaggelli, A. Lepri, and G. Valensin. 1985. Nuclear magnetic resonance study of the oxovanadium-(glutathione) 2 complex. Inorg. Chim. Acta 107: 87-89.

[14] Pessoa, J. C., I. Tomaz, T. Kiss, E. Kiss, and P. Buglyo. 2002. The systems V(IV)O^{2+}-glutathione and related ligands: A potentiometric and spectroscopic study. J. Biol. Inorg. Chem. 7: 225-240.

参 考 文 献

[15] Tasiopoulos, A. J., A. N. Troganis, Y. Deligiannakis, A. Evangelou, T. A. Kabanos, J. D. Woollins, and A. Slawin. 2000. Synthetic analogs for oxovanadium (Ⅳ/Ⅴ)-glutathione interaction: An NMR, EPR, synthetic and structural study of oxovanadium (Ⅳ/Ⅴ) compounds with sulfhydryl-containing pseudopeptides and dipeptides. J. Inorg. Biochem. 79: 159-166.

[16] Bhattacharyya, S., A. Martinsson, R. J. Batchelor, F. W. B. Einstein, and A. S. Tracey. 2001. N, N-Dimethylhydroxamidovanadium (Ⅴ). Interactions with sulfhydryl-containing ligands: V(Ⅴ) equilibria and the structure of a V(Ⅳ) dithiothreitol complex. Can. J. Chem. 79: 938-948.

[17] Bhattacharyya, S., R. J. Batchelor, F. W. B. Einstein, and A. S. Tracey. 1999. Crystal structure and solution studies of the product of the reaction of β-mercaptoethanol with vanadate. Can. J. Chem. 77: 2088-2094.

[18] Paul, P. C. and A. S. Tracey. 1997. Aqueous interactions of vanadate and peroxovanadate with dithiothreitol. Implications for the use of this redox buffer in biochemical investigations. J. Biol. Inorg. Chem. 2: 644-651.

[19] Bayer, E. 1995. Amavadin, the vanadium compound of amanitae. Metal Ions in Biological Systems 31: 407-421.

[20] Armstrong, E. M., R. L. Beddoes, L. J. Calviou, J. M. Charnock, D. Collison, N. Ertok, J. H. Naismith, and C. D. Garner. 1993. The chemical nature of amavadin. J. Am. Chem. Soc. 115: 807-808.

[21] Bowman, B. J., K. E. Allen, and C. W. Slayman. 1983. Vanadate-resistant mutants of Neurospora crassa are deficient in a high-affinity phosphate transport system. J. Bacteriol. 153: 292-296.

[22] Bowman, B. J. 1983. Vanadate uptake in Neurospora crassa occurs via phosphate transport system Ⅱ. J. Bacteriol. 153: 286-291.

[23] Yang, X., K. Wang, J. Lu, and D. C. Crans. 2003. Membrane transport of vanadium compounds and the interaction with the erythrocyte membrane. Coord. Chem. Rev. 237: 103-111.

[24] Ghio, A. J., C. A. Piantadosi, X. Wang, L. A. Dailey, J. D. Stonehuerner, M. C. Madden, F. Yang, K. G. Dolan, M. D. Garrick, and L. M. Garrick. 2005. Divalent metal transporter-1 decreases metal-related injury in the lung. Am. J. of Physiol. Lung Cell. & Mol. Physiol. 289: L460-7.

[25] Michibata, H., N. Yamaguchi, T. Uyama, and T. Ueki. 2003. Molecular biological approaches to the accumulation and reduction of vanadium by ascidians. Coord. Chem. Rev. 237: 41-51.

[26] Hamada, T., M. Asanuma, T. Ueki, F. Hayashi, N. Kobayashi, S. Yokoyama, H. Michibata, and H. Hirota. 2005. Solution structure of vanabin2, a vanadium (Ⅳ)-binding protein from the vanadium-rich ascidian Ascidia sydneiensis samea. J. Am. Chem. Soc. 127: 4216-4222.

[27] Yoshinaga, M., T. Ueki, N. Yamaguchi, K. Kamino, and H. Michibata. 2006. Glutathione transferases with vanadium-binding activity isolated from the vanadium-rich ascidian Ascidia sydneiensis samea. Biochim. Biophys. Acta 1760: 495-503.

[28] Willsky, G. R., A. B. Goldfine, P. J. Kostyniak, J. H. McNeill, L. Q. Yang, H. R. Khan, and D. C. Crans. 2001. Effect of vanadium (Ⅳ) compounds in the treatment of diabetes: In vivo and in vitro studies with vanadyl sulfate and bis (maltolato) oxovanadium (Ⅳ). J. Inorg. Biochem. 85: 33-42.

[29] Liboiron, B. D., K. H. Thompson, G. R. Hanson, E. Lam, N. Aebischer, and C. Orvig. 2005. New insights into the interactions of serum proteins with bis (maltolato) oxovanadium (Ⅳ): transport and biotransformation of insulin-enhancing vanadium pharmaceuticals. J. Am. Chem. Soc. 127: 5104-5115.

[30] Chasteen, N. D., E. M. Lord, H. J. Thompson, and J. K. Grady. 1986. Vanadium complexes of transferrin and ferritin in the rat. Biochim. Biophys. Acta 884: 84-92.

[31] Grady, J. K., J. Shao, P. Arosio, P. Santambrogio, and N. D. Chasteen. 2000. Vanadyl (Ⅳ) binding to mammalian ferritins. An EPR study aided by site-directed mutagenesis. J. Inorg. Biochem. 80: 107-113.

[32] Cai, L., J. B. Klein, and Y. J. Kang. 2000. Metallothionein inhibits peroxynitriteinduced DNA and lipoprotein damage. J. Biol. Chem. 275: 38957-38960.

[33] Chakraborty, T., S. Samanta, B. Ghosh, N. Thirumoorthy, and M. Chatterjee. 2005. Vanadium induces apoptosis and modulates the expressions of metallothionein, Ki-67 nuclear antigen, and p53 during 2-acetylaminofluorene-induced rat liver preneoplasia. J. Cell. Biochem. 94: 744-762.

[34] Willsky, G. R., L.-H. Chi, D. P. Gaile, Z. Hu, and D. C. Crans. 2006. Diabetes altered gene expression in rat skeletal muscle corrected by oral administration of vanadyl sulfate. Physiol. Genomics 26: 192-201.

[35] Yamaguchi, N., K. Kamino, T. Ueki, and H. Michibata. 2004. Expressed sequence tag analysis of vanadocytes in a vanadium-rich ascidian, Ascidia sydneiensis samea. Marine Biotech. 6: 165-174.

[36] Yoshihara, M., T. Ueki, T. Watanabe, N. Yamaguchi, K. Kamino, and H. Michibata. 2005. VanabinP, a novel vanadium-binding protein in the blood plasma of an ascidian, Ascidia sydneiensis samea. Biochim. Biophys. Acta 1730: 206-214.

[37] Trivedi, S., T. Ueki, N. Yamaguchi, and H. Michibata. 2003. Novel vanadium-binding proteins (vanabins) identified in cDNA libraries and the genome of the ascidian Ciona intestinalis. Biochim. Biophys. Acta 1630: 64-70.

[38] Eady, R. R. 1995. Vanadium nitrogenases of Azotobacter. Metal Ions in Biological Systems 31: 363-405.

[39] Zuo, J. L., H. C. Zhou, and R. H. Holm. 2003. Vanadium-iron-sulfur clusters containing the cubane-type [VFe_3S_4] core unit: Synthesis of a cluster with the topology of the PN cluster of nitrogenase. Inorg. Chem. 42: 4624-4631.

[40] Carney, M. J., J. A. Kovacs, Y. P. Zhang, G. C. Papaefthymiou, K. Spartalian, R. B. Frankel, and R. H. Holm. 1987. Comparative electronic properties of vanadium-ironsulfur andmolybdenum-

iron-sulfur clusters containing isoelectronic cubane-type $[VFe_3S_4]^{2+}$ and $[MoFe_3S_4]^{3+}$ cores. Inorg. Chem. 26: 719-724.

[41] Vilter, H. 1984. Peroxidases from Phaeophyceae: A vanadium (V)-dependent peroxidase from Ascophylum nodosum. Phytochem. 23: 1387-1390.

[42] de Boer, E., Y. van Kooyk, M. G. M. Tromp, H. Plat, and R. Wever. 1986. Bromoperoxoperoxidase from Ascophyllum nodosum: A novel class of enzymes containing vanadium as a prosthetic group. Biochim. Biophys. Acta 869: 48-52.

[43] Vollenbroek, E. G. M., L. H. Simons, J. W. P. M. Schijndel, P. Barnett, M. Balzar, H. Dekker, C. van der Linden, and R. Wever. 1995. Vanadium chloroperoxidases occur widely in nature. Biochem. Soc. Trans. 23: 267-271.

[44] Soedjak, H. S. and A. Butler. 1990. Characterization of vanadium bromoperoxidase from Macrocystis and Fucus: Reactivity of vanadium bromoperoxidase toward acyl and alkyl peroxides and bromination of amines. Biochemistry 29: 7974-7981.

[45] Barnett, P., W. Hemrika, H. L. Dekker, A. O. Muijsers, R. Renirie, and R. Wever. 1998. Isolation, characterization, and primary structure of the vanadium chloroperoxidase from the fungus Embellisia didymospor. J. Biol. Chem. 273: 23381-23387.

[46] Butler, A. and J. N. Carter-Franklin. 2004. The role of vanadium peroxidase in the biosynthesis of halogenated marine natural products. Nat. Prod. Rep. 21: 180-188.

[47] Wever, R. 2004. Vanadium haloperoxidases and their role in the formation of chlorinated compounds. Euro Chlor workshop on soil chlorine chemistry. Workshop proceedings, Euro chior, Brussels. pp. 29-35.

[48] Littlechild, J. 1999. Haloperoxidases and their role in biotransformation reactions. Curr. Opin. Chem. Biol. 3: 28-34.

[49] Hemrika, W., R. Renirie, S. Macedo-Ribeiro, A. Messershmidt, and R. Wever. 1999. Heterologous expression of the vanadium-containing chloroperoxidase from Curvularia inaequalis in Saccharomyces cerevisiae and site-directed mutagenesis of the active site residues His (496), Lys (353), Arg (360), and Arg (490). J. Biol. Chem. 274: 23820-23827.

[50] Renirie, R., W. Hemrika, and R. Wever. 2000. Peroxidase and phosphatase activity of active-site mutants of vanadium chloroperoxidase from the fungus Curvularia inaequalis. J. Biol. Chem. 275: 11650-11657.

[51] Littlechild, J., E. Garcia-Rodriguez, A. Dalby, and M. Isupov. 2002. Structural and functional comparisons between vanadium haloperoxidase and acid phosphatase enzymes. J. Mol. Recognit. 15: 291-296.

[52] Tanaka, N., V. Dumay, Q. Liao, A. J. Lange, and R. Wever. 2002. Bromoperoxidase activity of vanadate-substituted acid phosphatases from Shigella flexneri and Salmonella enterica ser. typhimurium. Eur. J. Biochem. 269: 2162-2167.

[53] Messershmidt, A. and R. Wever. 1996. X-ray structure of a vanadium-containing enzyme: Chloroperoxidase from the fungus Curvularia inaequalis. Proc. Natl. Acad. Sci. U. S. A. 93: 392-396.

[54] Ohshiro, T., J. Littlechild, E. Garcia-Rodriguez, M. N. Isupov, Y. Iida, T. Kobayashi, and Y. Izumi. 2004. Modification of halogen specificity of a vanadium-dependent bromoperoxidase. Protein Sci. ACS Symp. Ser. ACS Symp. Ser. 13: 1566-1571.

[55] Zampella, G., J. Y. Kravitz, C. E. Webster, P. Fantucci, M. B. Hall, H. A. Carlson, V. L. Pecoraro, and L. de Gioia. 2004. Quantum mechanical models of the resting state of the vanadium-dependent haloperoxidase. Inorg. Chem. 43: 4127-4136.

[56] Messershmidt, A., L. Prade, and R. Wever. 1998. Chloroperoxidase from Curvularia inaequalis: x-ray structures of native and peroxide form reveal vanadium chemistry in vanadium haloperoxidases. ACS Symp. Ser. 711: 186-201.

[57] Butler, A., R. A. Tschirret-Guth, and M. T. Simpson. 1998. Reactivity of vanadium bromoperoxidase. ACS Symp. Ser. 711: 202-215.

[58] Andersson, I., S. J. Angus-Dunne, O. W. Howarth, and L. Pettersson. 2000. Speciation in vanadium bioinorganic systems. 6. Speciation study of aqueous peroxovanadates, including complexes with imidazole. J. Inorg. Biochem. 80: 51-58.

[59] Fritzsche, M., V. Vergopoulos, and D. Rehder. 1993. Complexation of histidine and alanylhistidine by vanadate in aqueous medium. Inorg. Chim. Acta 211: 11-16.

[60] Jaswal, J. S. and A. S. Tracey. 1993. Reactions of mono- and diperoxovanadates with peptides-containing functionalized side chains. J. Am. Chem. Soc. 115: 5600-5607.

[61] Schmidt, H., I. Andersson, D. Rehder, and L. Pettersson. 2001. A potentiometric and ^{51}V NMR study of the aqueous $H^+/H_2VO_4^-/H_2O_2$/L-β-alanyl-L-histidine system. Chemistry: A European Journal 7: 251-257.

[62] Tschirret-Guth, R. A. and A. Butler. 1994. Evidence for organic substrate binding to vanadium bromoperoxidase. J. Am. Chem. Soc. 116: 411-412.

[63] de la Rosa, R. I., M. J. Clague, and A. Butler. 1992. A functional mimic of vanadium bromoperoxidase. J. Am. Chem. Soc. 114: 760-761.

[64] Bhattacharjee, M. 1992. Activation of bromide by vanadium pentoxide for the bromination of aromatic hydrocarbons: Reaction mimic for the enzyme bromoperoxidase. Polyhedron 11: 2817.

[65] Rehder, D., W. Priebsch, and M. von Oeynhausen. 1989. Structural characterization of a monomer V(V) and a (2+4)-nuclear V(IV) V(V) carboxylato complex. Models for vanadium-dependent peroxidases. Angewandte Chemie 28: 1221-123 5.

[66] Holmes, S. and C. J. Carrano. 1991. Models for the binding site in bromoperoxidase: Mononuclear vanadium (V) phenolate complexes of the hydridotris (3,5-dimethylpyrazolyl) borate ligand. Inorg. Chem. 30: 1231-1235.

[67] Vergopoulos, V., W. Priebsch, M. Fritzsche, and D. Rehder. 1993. Binding of L-histidine to vanadium. Structure of exo- [VO₂{N-(2-oxidonaphthal)-His}]. Inorg. Chem. 32: 1844-1849.

[68] Cornman, C. R., J. Kampf, and V. L. Pecoraro. 1992. Structural and spectroscopic characterization of V(V) O-imidazole complexes. Inorg. Chem. 31: 1981-1983.

[69] Colpas, G. J., B. J. Hamstra, J. W. Kampf, and V. L. Pecoraro. 1994. Preparation of VO(3+)

and $VO_2(+)$ complexes using hydrolytically stable, asymmetric ligands derived from Schiff base precursors. Inorg. Chem. 33: 4669-4675.

[70] Asgedom, G., A. Sreedhara, J. Kivikoski, E. Kolehmainen, and C. P. Rao. 1996. Structure, characterization and photoreactivity of monomeric dioxovanadium (V) Schiff-base complexes of trigonal-bipyramidal geometry. J. Chem. Soc., Dalton Trans. 93-97.

[71] Conte, V., O. Bortolini, M. Carraro, and S. Moro. 2000. Models for the active site of vanadium-dependent haloperoxidases: Insight into the solution structure of peroxovanadium compounds. J. Inorg. Biochem. 80: 41-49.

[72] van de Velde, F., L. Koneman, F. van Rantwijk, and R. A. Sheldon. 2000. The rational design of semisynthetic peroxidases. Biotechnol. Bioeng. 67: 87-96.

[73] Smith, T. S. and V. L. Pecoraro. 2002. Oxidation of organic sulfides by vanadium haloperoxidase model complexes. Inorg. Chem. 41: 6754-6760.

[74] Kimblin, C., X. Bu, and A. Butler. 2002. Modeling the catalytic site of vanadium bromoperoxidase: Synthesis and structural characterization of intramolecularly Hbonded vanadium (V) oxoperoxo complexes, $[VO(O_2)(NH_2pyg_2)]K$ and $[VO(O_2)(BrNH_2pyg_2)]K$. Inorg. Chem. 41: 161-163.

[75] Casny, M. and D. Rehder. 2004. Molecular and supramolecular features of oxoperoxovanadium complexes containing O_3N, O_2N_2 and ON_3 donor sets. J. Chem. Soc., Dalton Trans. 839-846.

[76] Ligtenbarg, A. G. L., R. Hage, and B. L. Feringa. 2003. Catalytic oxidations by vanadium compounds. Coord. Chem. Rev. 237: 89-101.

11 钒化合物对生物系统的影响

钒在糖尿病或癌症治疗中的潜在用途,以及含钒补剂在普通人群和运动员广泛服用的可用性,这激发了人们对钒化合物生物作用的研究兴趣。1977年,人们研究发现钒在肌肉中能抑制Na,K-ATP酶的活性,这是现代发现的第一个钒化合物的生物作用[1]。这一发现激发了关于钒对生物系统总体作用的研究[2]。本章概述了最近的一些研究,这些研究涉及外源添加钒对磷酸盐代谢酶、细胞膜、细胞和动物的影响。一些专刊卷[3,4]以及综述[5]描述了一些关于钒化合物与纯化蛋白质、核酸之间化学作用的研究。这些研究描述了添加量为mmol/L级~nmol/L级的钒对活体生物的影响。通常较低浓度范围内的钒化合物是直接加入细胞中的,而较高浓度范围内的钒化合物是经口饲喂进入动物体内的。

本章分3个部分来展现钒化合物对生物系统的影响。第一部分论述钒化合物对生命系统的影响,包括营养学和基础毒理学。这部分讨论了钒化合物对重要酶的抑制作用,以及当钒化合物被添加到组织培养的细胞中时,观察到的钒化合物对细胞生长、发育的主要影响。第二部分重点介绍钒化合物在癌症和糖尿病治疗中的药理应用。最后一部分概述了钒化合物氧化还原的基本过程,并讨论了作为含钒药物作用机制之一的生物磷酸化/去磷酸化信号转导级联反应。

11.1 钒化合物对生物系统的作用:细胞生长、氧化还原路径和酶

生物系统的复杂特性,加上钒在水溶液中丰富的化学性质,使得对钒化合物在活体系统中的作用的研究变得十分困难。生物膜将细胞内不同的细胞器和囊泡分隔开,每个区室都可能具有不同的pH值、不同的钒富集能力以及不同的钒天然配体。将单一钒化合物注入细胞后,在细胞结构、与钒浓度相关的钒形态化学平衡以及pH值的综合影响下,会在细胞的不同部位发现多种具有不同氧化态的低聚物。例如,EPR测定出,在仅暴露于钒(V)酸盐的红细胞内发现了钒(Ⅳ)物质[6]。钒(V)酸盐四聚体存在下生长的细胞的光谱中发现了V(Ⅳ) EPR共振。这些实验都用EPR和^{51}V NMR对细胞和培养基中钒的形态进行了验证[7]。在pH值为6.5、浓度为5mmol/L的钒酸盐中培养的酵母细胞中发现了钒酸盐十聚体($V_{10}O_{26}^{6-}$)的^{51}V NMR共振信号,这有力地说明了钒可以富集在酸性细胞器内,因为胞内钒平均浓度远低于1mmol/L,且细胞质的pH值通常都高于6.5[8]。此外,这些结果还说明在活细胞中有钒形态反应的发生。

11.1 钒化合物对生物系统的作用：细胞生长、氧化还原路径和酶

已经证明，在细胞内钒的形态分布可以取决于外源钒的赋存形式，如在鱼血红细胞（RBCs）中人们发现钒的不同形态分布取决于外源钒是偏钒酸盐还是钒酸盐十聚体。在血浆和心脏细胞质中也发现了类似的积累，外源钒为偏钒酸盐时血浆中的钒与红细胞中的钒的比例随时间推移而增加，外源钒为钒酸盐十聚体时这个比例却保持恒定。当使用这两种钒化合物中的任意一种时，大部分的钒都先在血浆中被发现，然后进入线粒体[9,10]。虽然人们可以确定饲喂给动物或放入组织培养生长介质中的是哪种钒化合物，但却很难明确胞内钒的活性形式会如何变化。

由于生物系统对实验变化非常敏感，因此很难对比不同实验室的研究中外源添加钒化合物的生物作用。设计一个能够明确区分两种不同钒化合物的有效性的实验十分困难。这些问题阻碍了使用非自交 Wistar 大鼠菌株对钒化合物的抗糖尿病特性进行研究，这种菌株中每一动物个体的遗传变异性都会作为生物变量被考虑进去。

以试管中得到的良好的酶抑制作用为依据，人们已经提出了许多关于钒化合物体内效应的机制理论。有研究者提出钒化合物可作为某些酶类和磷蛋白中间体的过渡态类似物[11]以解释钒在许多生物系统中的作用。但通常难以确定试管中观察到的酶抑制作用是否会在体内发生。例如，虽然钒酸盐在试管中是质膜离子泵（如 Na，K-ATP 酶）的有力抑制剂，但很难确定这些离子泵在含钒化合物的动物体内是否真的被抑制。目前，钒化合物对蛋白酪氨酸磷酸酶（PTP）抑制剂作用被认为与钒的代谢作用有关。通过实验可以确定细胞蛋白是否磷酸化，以及这种磷酸化是否发生在丝氨酸、苏氨酸或酪氨酸残基上。该假说指出，如果钒会抑制 PTP，那么钒化合物的添加将增加蛋白质的磷酸化水平[12,13]，这已在多细胞和动物系统中观察到。

11.1.1 钒含量与氧化还原反应

钒（Ⅲ）、钒（Ⅳ）和钒（Ⅴ）之间的相互转换不断在细胞内发生。有证据表明，配位钒衍生物在体内是不稳定的；任何形式的钒药物都会不可避免地寻求其最优的形态平衡分布，因为绝大多数配合物的水解性质都不稳定，所以一旦发生解离，钒最可能结合环境中的其他配体。发生解离的细胞室或体液决定解离的钒结合的是何种配体。因此，了解钒与天然产物之间的氧化还原反应对于了解外源钒的治疗效果具有重要意义。细胞中自然存在的还原性物质谷胱甘肽（GSH）和抗坏血酸可以与钒结合，并能轻易将钒（Ⅴ）还原成钒（Ⅳ）[14]。只有在厌氧条件下钒的还原才是彻底的；有氧气存在时，将形成氧化还原平衡。

GSH 已被认为是哺乳动物细胞中巯基循环的一部分，它可以将氧化应激氧化还原信号转导到多个增殖、分化和凋亡相关基因的诱导[15]。纯化学体系的研究证实了 GSH 或抗坏血酸能还原钒（Ⅴ）麦芽酚化合物[16]。与钒结合的 GSH 转移

酶已从海鞘中被分离出来，海鞘的特殊细胞积累了超过 350mmol/L 的钒[17]。

H_2O_2 参与细胞中正常信号的传递过程[18]。当 H_2O_2 作为第二信使时，该机制被认为涉及催化半胱氨酸残基在酶中的可逆氧化，如蛋白质酪氨酸磷酸酶（PTPases），这一过程也受到钒化合物的抑制。这种巯基依赖的可逆还原可以引起酶的构象变化，并且已经发现它能通过氧化还原反应参与酶的调节来保护蛋白质酪氨酸磷酸酶-1B（PTP1B）免受不可逆的氧化失活[19]。与质膜相关的钒酸盐控制的 NADH 氧化活动是钒生成 H_2O_2 的一种方式，将在下文中介绍。

11.1.1.1 钒控制 NADH 氧化活性

钒酸盐激发的烟酰胺腺嘌呤二核苷酸（磷酸）（NAD(P)H）氧化活性首次被发现于红细胞膜[20]中，并被发现广泛分布在包括哺乳动物大鼠肝脏[21]、甜菜植株[22]和真菌酿酒酵母[23]膜等多种膜中。在钒酸盐和质膜存在下所观察到的 NADH 氧化动力学[24]表现出可变滞后，其反应产物是 H_2O_2 和 O_2。当钒酸盐[钒（V）]被添加到磷酸缓冲液中的酵母质膜中时，该反应将受磷钒酸酐的促进[23]。

有人提出该反应的化学机制是一个自由基链式反应[25,26]，且是钒酸盐通过 O_2^- 刺激 NAD(P)H 氧化的结果，而不是由特定钒酸盐刺激的氧合酶或脱氢酶引起的。钒依赖的反应被认为与钒酸盐的毒性有关[27]。但酿酒酵母的研究表明这些反应与钒的毒性无关[28]。事实上，在酵母的好氧和厌氧生长过程中，钒的生长抑制动力学是相同的，这意味着钒的毒性不需要氧化过程。EPR 研究显示在 NADH 存在下，钒酸盐介导超氧化物生成羟基自由基的过程是因为芬顿机制而非哈伯·韦斯（Haber-Weiss）反应[29]。

其他形式的钒与质膜-钒酸盐依赖的 NAD(P)H 氧化反应的促进有关。钒酸盐十聚体已被证明比加入的正钒酸盐更能促进受钒酸盐控制的 NADH 的氧化活性[30,31]。有趣的是，已发现钒酸盐十聚体还原酶活性能替代 NADP 特异性异柠檬酸脱氢酶的活性[32]。二氧钒衍生物也被证明参与此类反应[33,34]。钒酸盐十聚体可能在钒的生物学功能中承担着一定的作用，因为它被发现于正钒酸盐[8]中培养的酵母细胞中，此外，它还是磷酸果糖激酶-1（糖酵解过程的关键物质）和其他代谢反应的有效抑制剂[35]。

尽管与细胞代谢和其他组分可能存在多种相互作用，包括与黄嘌呤氧化酶和脂质过氧化物的相互作用，但这些有趣的受质膜控制的、由钒酸盐刺激的 NAD(P)H 氧化反应在细胞代谢中的作用还有待阐明[24]。钒酸盐十聚体已被证明可以促进细胞色素 C 的还原[31]，且线粒体释放的细胞色素 C 与细胞凋亡有关。还原态细胞色素 C 可能更容易从线粒体中释放出来。随着人们对钒的氧化还原性质在钒药理作用中重要性的了解日益增加，人们发现无论是否受蛋白质控制，这些反应都很可能有助于钒的治疗效果。

11.1 钒化合物对生物系统的作用：细胞生长、氧化还原路径和酶

11.1.1.2 钒化合物与胞内氧化还原代谢

钒对多种胞内氧化还原反应的影响已在许多细胞中报道。此外，类似的相互作用可能也发生在其他实验模型中，但在这些实验中钒被添加到活细胞或生物体中后，其氧化还原性质没有得到监测。

氧自由基和氮自由基除了是毒性代谢物外，最近还被发现在转录调控中起重要作用。钒的水化学性质显示，钒和有氧、氮参与的细胞氧化还原反应之间影响密切。人们发现了 NO 对一些生理过程（如血流和阴茎勃起）涉及的信号转导通路的作用，这些研究为现有的勃起功能障碍药物的研发提供了基础[36]。在不同的系统中，钒促使 NO 的形成或者通过细胞效应器抑制对 NO 形成的促进作用。了解钒对细胞内 NO 的代谢作用有助于阐明它是如何调节通常由 NO 浓度控制的生理过程。

细胞膜对氧化反应非常敏感。钒导致细胞膜氧化的作用已在分离出的细胞膜中得到研究。已经发现了二茂钒对脂质体膜的好氧过氧化作用。已证实双环戊二烯基乙酰丙酮钒（Ⅳ）（乙酰丙酮）可引起氧依赖型脂质过氧化反应[37]。脂质过氧化反应伴随着钒（Ⅳ）/钒（Ⅴ）氧化还原电位的降低且该反应无自由基形成。值得注意的是，在非螯合的双环戊二烯二氯乙烯（Ⅳ）二氯化物中，脂质过氧化与自由基的产生有关。两种化合物均形成了一种钒（Ⅳ）超氧化物复合物作为活性氧化剂，但前者必须直接作为活性氧化物，而后者必须首先分解成脂质过氧化反应的指示物——羟基自由基。过渡金属引发的脂质过氧化反应通常归因于类芬顿（Fenton）原理。去氢导致脂质过氧化自由基形成，从而使反应持续进行。钒化合物会导致急性和慢性处理的人体红细胞和动物脂肪酸脂的氧化[38]。

细胞中各种自由基（如活性氧）的形成是可以测量的。活性氧（ROS）激活了活化 T 细胞转录因子（NFAT）的核因子。这与其脱磷酸化、核易位及脱氧核糖核酸（DNA）亲和力的增强有关。NFAT 核因子的钒激活与 ROS、H_2O_2 的形成相关且取决于钙离子通道的活性[39]。在活化的人体中性粒细胞中钒（Ⅱ）、钒（Ⅲ）和钒（Ⅳ）加强了羟自由基的形成，同时减弱了过氧化物酶的活性。而钒（Ⅴ）没有表现出这些效果，类似的结果也出现在无细胞系统中[40]。正常的大鼠经钒酸盐处理后肝（而非肾脏）内脂质的过氧化程度加剧[41]。

加入钒化合物后，组织中产生了自由基。在离体灌流肺中，加入硫酸氧钒后能诱导肺动脉收缩，同时内皮细胞 NO 合成酶的苏氨酸磷酸化作用增强，而加入蛋白激酶 C 抑制剂后可使这一过程反向进行[42]。这些研究通过磷酸化机制直接将钒处理和 NO 的形成联系起来。NO 和可溶性鸟苷酸环化酶的结合促使该酶将三磷酸鸟苷（GTP）转化为第二信使 cGMP，单独加入过氧钒酸盐和 1,10-邻二氮杂菲双过氧钒（Ⅴ）酸盐和 H_2O_2 后，在老鼠主动脉平滑肌及主动脉的 PC12 细

胞中，能通过可溶性鸟苷酰环化酶亚基的酪氨酸磷酸化诱导特定的活化作用。NO 与鸟苷酸环化酶的结合促使该酶的 GTP 转化为 cGMP。这一效应支持了此过程可以在动物体内发生的假说，并提供了联系起细胞钒和 NO 信号的方式。这些实验中的钒效应可能仅仅与细胞产生的 H_2O_2 有关[43]。

11.1.2 钒化合物对磷酸盐代谢酶的抑制作用

当钒被用作药物且其抑制作用的形态积累于动物的相关生物部位时，钒对磷代谢反应的抑制作用可能是重要的。钒被看作是磷酸酯水解的过渡态类似物，但当前的证据表明，在这些系统中钒是一种不完全的过渡态类似物。在最近的一篇综述对各类磷酸化反应的钒抑制过程的无机化学性质进行了详细说明[5]。受钒化合物抑制的与生物相关的磷酸化酶反应有能够裂解 RNA 的核糖核酸酶；从小型代谢物（如碱性磷酸酶和酸性磷酸酶）中裂解磷酸盐的磷酸酶；或从蛋白质中分离磷酸盐的磷酸酶，如蛋白质酪氨酸磷酸酶；而质膜 P 型（ATP）酶离子泵可裂解 ATP 中的磷酸盐以提供能量使离子逆浓度梯度移动。

这些酶的活性位点中可能有含氮配体，通常有组氨酸（酸性磷酸酶和一些蛋白磷酸酶）、亲核的丝氨酸残基（碱性磷酸酶）、硫基和磷酸酯（蛋白磷酸酶）形成共价物的半胱氨酸残基，或者是与天冬氨酸相结合的磷酸盐（质膜离子泵）。钒的抑制形式通常是钒酸盐阴离子钒（V）形式，但钒氧根阳离子[钒（Ⅳ）]对一些类型的磷酸化酶反应也表现出了强烈的抑制作用。碱性条件下，钒氧根离子形成了以传统过渡态类似物方式抑制酶活性的阴离子钒（Ⅳ）形态[5]。

上述酶促反应涉及底物中无机磷酸盐的释放。钒还抑制代谢途径中的酶，例如磷酸甘油酸变位酶，该酶催化磷酸盐的转移[44~46]，这是糖酵解的关键步骤。关于钒酸盐自发生成抑制剂并随后作为磷酸盐载体的过渡态类似物的能力，一个很好的例子是 3-磷酸甘油酸存在于水溶液中时的钒酸盐。如果溶液中存在磷酸甘油酸变位酶，钒酸盐则会自发形成 2-钒-3-磷酸甘油酸，并以 0.01nmol/L 的抑制常数抑制该酶的活性[46]。尽管这种结合非常牢固，但稳定过渡态所需的能量中，只有约 40% 用于结合这种抑制剂。

11.1.2.1 钒对核糖核酸酶的抑制作用

核糖核酸酶 A 是一种非常小但非常重要的酶，它能催化核糖核酸的水解，因此对细胞功能至关重要。核糖核酸酶是多年来一直研究的主题[48]。如图 11-1 所示，核糖核酸酶裂解了核苷酸的 5′-核糖磷酸与结合在相邻嘧啶核苷酸的 3′-核糖的磷酸基团之间的磷酸二酯键以形成 2′,3′-环磷酸。这种环状磷酸可以水解为相应的 3′-核苷磷酸盐。钒尿苷（VUr）复合物对这种酶的抑制是钒对酶抑制作用的第一个例子[49]。早期人们并不了解各种钒-尿苷配位反应的复杂性。现已知的

11.1 钒化合物对生物系统的作用：细胞生长、氧化还原路径和酶

主要产物是二聚物（见4.1.1节），在获得形成单体的平衡常数之前[50,51]人们并不能准确计算核糖核酸酶 A 中 VUr 复合物的解离常数，其解离常数约为 0.5μmol/L[47,52]，受电离状态影响，这个值可能低至20nmol/L[53]。从核糖核酸酶 A 循环的过渡态有效结合能的分析可知，在尿苷钒酸盐配合物的结合中存在60%的有效结合能缺失[47]。从磷酸葡聚糖酶系统中钒酸盐的结合也存在类似的能量缺失[53]。

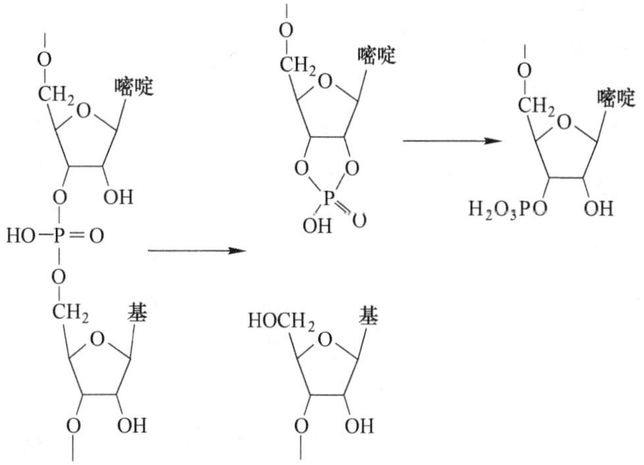

图 11-1 核糖核酸酶裂解核苷酸并结合 3′-核糖的磷酸基团磷酸二酯键形成 2′,3′-环磷酸

许多因素都可能导致核糖核酸/尿苷/钒酸盐酶复合物的有效稳定能不足。包括氢键相互作用强度的不同和键长的不同。特别是 VO 键比 PO 键长约 15%。因为钒的赋存形态是三维的，这就使得它所占的体积增加了 50%，因此核糖核酸酶活性位点残基的位置需要小的移位调整以结合抑制剂。在能量上不能实现这样的位移，因此底物需在钒酸盐复合物的最佳结构以及含磷酸盐底物的过渡态结构之间的变化以寻求平衡状态。分析晶体结构可知，尽管钒酸盐类似物存在五配位几何结构，但这种几何结构只是近似于三角双锥[54,55]。这种相对于理想几何形状的变形表明，该抑制剂与活性部位不完全匹配。图 11-2 给出了钒中心的晶体结构角[55]。值得注意的是，双锥体顶端氧原子间的 OVO 角为 150.5°，而非未变形的 OPO 角的 180°。

结合抑制剂的结构研究与计算研究有利于理解核糖核酸酶 A 作用的综合机制[55]。类似的，核糖核酸酶/VUr 复合物的拉曼光谱研究已被用作核糖核酸酶活性位点化学过程的探针[56]。然而已提出的有力论据认为核糖核酸酶/VUr 复合物具有基态复合物的性质，不应以其为过渡态分析的基础[52]。值得注意的是，核磁共振研究发现当固态酶复合物溶解于水时，其结构会发生改变。显然活性位点组氨酸 119 侧链位置上出现了显著变化[57]。

起初，人们惊讶地发现钒酸盐十聚体是核糖核酸酶 A 的良好抑制剂。量热结合研究给出的解离常数为（1.4±0.3）μmol/L，这只比 VUr 复合物稍弱一点（K_i 值为 0.5μmol/L）[58]。核糖核酸酶 A 的裂解活性位点具有阳离子特性，并且它具有适合钒酸盐十聚体结合的维数。钒酸盐十聚体高度阴离子化，并随 pH 值的不同通常带 4~6 个负电荷。这表明它的结合力是库仑力。离子强度的变化有助于说明这一点，随着介质中盐浓度的增加钒酸盐十聚体的结合显著减弱。

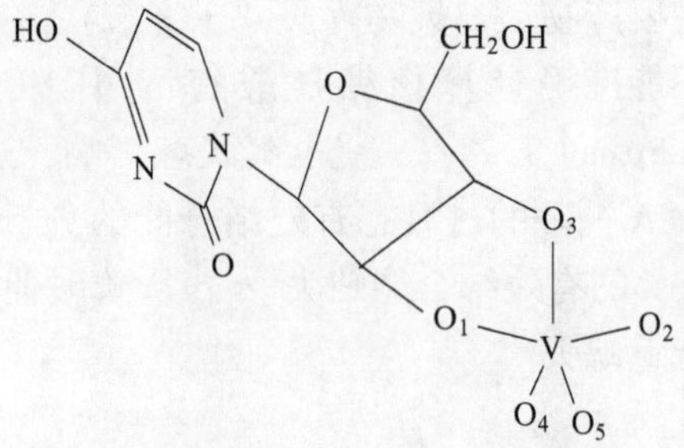

O_1VO_2 角：150.5°　O_1VO_3 角：77.5°
O_1VO_4 角：96.0°　O_1VO_5 角：103.9°
O_2VO_3 角：73.4°　O_2VO_4 角：100.4°
O_2VO_5 角：95.9°　O_3VO_4 角：132.9°
O_3VO_5 角：122.7°　O_4VO_5 角：104.2°

图 11-2　钒中心晶体结构角

相比 VUr 复合物而言，钒酸盐本身对核糖核酸酶 A 的抑制作用较弱。这是因为钒酸盐不能单独模拟过渡态。共价结合组分（如核苷与磷酸盐共价结合的部分）需要构成过渡态类似的结构。它们在活性区域发生特异性反应，从而使得钒能准确地与这些官能团发生作用。因此，核糖核酸酶（T1）中的钒酸盐晶体化合物中的钒酸盐仍以四面体配位形式存在并不奇怪。核糖核酸酶（T1）是一种可以在 RNA 链上的 3′-磷酸鸟苷酸处特异性切割 RNA 的特殊真菌酶。在结合了钒的体系中，游离酶的活性位点的侧链发生了构象变化，它至少是由 1 个肽键的显著改变引起的[59]。这些改变对于钒的结合十分重要，但同样的也可能会使它产生相对弱的结合。

11.1.2.2　对 PTP 的抑制作用

钒酸盐会对许多参与磷酸转移反应的酶产生强烈的影响。例如，钒酸盐会强烈抑制 PTP 的活性[60~62]。PTP 是一种可以通过脱磷酸来调节酪氨酸激酶活性并对维持细胞正常功能十分重要的酶。它会对许多细胞过程（如有丝分裂、T 细胞活化以及胰岛素受体信号传导）产生至关重要的影响[63]。与核糖核酸酶不同的是，PTP 在其催化过程中会特异性攻击磷中心。作为一种优良的磷酸盐类似物，钒酸盐同样会受到 PTP 的攻击，从而形成一种具有高度亲和力的类过渡态的类似酶复合体，这种反应是可逆的。由此可见，半胱氨酸活性部位的巯基不会被钒酸盐氧化。二过氧钒酸盐同样是一种有效的 PTP 抑制剂，且这种抑制是不可逆的。这是因为过氧钒酸盐是一种强氧化剂，它可对 PTP 的活性部位处的巯基造成不可逆的氧化，从而使酶失活。作为杂配体配合物的单过氧钒酸盐也容易氧化半胱氨酸的巯基，且是有效的不可逆抑制剂。

二（N,N-二甲基羟胺）羟基氧钒酸盐是另一种有效的 PTP 的可逆抑制剂，

11.1 钒化合物对生物系统的作用：细胞生长、氧化还原路径和酶

它可以在不同 K_i 值条件下，分别对 LAR（K_i 值为 1μmol/L）和 PTP1B（K_i 值为 2μmol/L）产生抑制[49,69]。此外，对于未受损的细胞而言，这种配合物是 PTP 活性的一种有效抑制剂，而钒酸盐却并非如此[65]。虽然二（N,N-二甲基羟胺）羟基氧钒酸盐的结构与双过氧钒酸盐类似，但两者还存在两个显著的差异：前者在大多数生理条件下不带电，并且是一种弱氧化剂。然而，二（N,N-二甲基羟胺）羟基氧钒酸盐与 PTP 的活性部位可以良好地结合，分子模型研究表明，其可通过氢键和疏水作用与活性位点处的残基发生强烈反应[64,66]。然而，钒不在活性位点（半胱氨酸-S）的结合距离范围之内。有趣的是，虽然单配体配合物也可以与 PTP 的活性部位发生良好的结合，但分子模拟的研究表明这一过程中很容易形成硫—钒键，并且仍能保持稳定的氢键和疏水作用[66]。单羟胺钒酸盐和二羟胺钒酸盐都易形成硫—钒键[67]（详细阐述见 7.1 节）。

分子模型研究得到的一个有趣的结论是羟胺配体上的甲基会在适宜的方向上被其他官能团所取代[66]。这一点是非常重要的，因为 PTP 的活性位点处的残基是相当保守的，且其选择性是借助表面具有识别功能的元素实现的。对甲基合理的修饰使之达到特定的表面识别元素，为建立选择性的抑制提供条件[68]。

11.1.3 钒化合物对细胞生长发育的影响

在正常的细胞生长或有丝分裂过程中，哺乳动物细胞会经历一个特定的周期。细胞在 M（有丝分裂）期后的第一阶段是 G1（第一间隙）期。在这一阶段，细胞中每条染色体形成两条染色单体，即正常细胞的二倍体状态。当接收到特定信号后，细胞将进入 S（合成）期，此时将完成 DNA 的复制。之后，将进入有丝分裂的第二阶段，即 G2（第二间隙）期。在 G2 期末期，细胞将进入 M 期或有丝分裂期，此时细胞中经复制形成的 2 套 DNA 相互分离。细胞分裂完成后将再次进入 G1 期。有丝分裂完成后，将产生 2 个相同的细胞。在这一过程中，许多蛋白质和酶参与调控细胞周期，使其从一个阶段进入另一个阶段。细胞周期调控蛋白中最重要的一类是细胞周期蛋白，它可以调控一类名为细胞周期素依赖性激酶的蛋白激酶。

细胞生物学中的许多术语可以用来描述对细胞生长的促进或抑制作用[69]。诱导有丝分裂或细胞分裂产生 2 个相似的细胞和细胞数量增加的过程，被定义为增殖。细胞接收到特定信号后转变为另一种不同类型的细胞的过程，称为分化。一般认为，生物体中的所有细胞都具有包含让每种细胞类型都出现在有机体中的遗传蓝图。在受精卵发育成胚胎的过程中会发生分化作用，将能够分化成其他类型细胞的细胞称为干细胞。

生长抑制作用可被归类为细胞死亡中的细胞凋亡，此时，受损细胞发生肿胀但细胞核形态无变化，最终细胞质膜发生破裂。细胞凋亡是通过特定的信号传导

引起的，导致细胞膜起泡（形成小的囊泡）和细胞核破裂[70]。半胱天冬酶是具有活性位点半胱氨酸残基的细胞蛋白酶。半胱天冬酶将蛋白 C 末端裂解为天冬氨酸残基，并在凋亡过程中被激活。另一类同时具有促凋亡和抗凋亡作用的蛋白质由最初分离为 B 细胞淋巴瘤基因的 BCL 基因编码。一般基因由斜体的小写字母表示，而蛋白质则由大写字母表示。BCL 蛋白受蛋白激酶 B(PKB) 的磷酸化作用调控（见 11.3.2 节）。

已有大量的关于钒在细胞生长和分化过程中所参与的反应的研究[70]。通过组织培养研究，发现钒会抑制细胞生长，并可以在某些情况下通过改变 DNA 的合成从而阻断 G2 期到 M 期的过渡。在 M 期被阻断的细胞容易发生凋亡，这种凋亡可以被钒化合物所激发。钒化合物也被证明具有促进细胞生长、增殖和分化的作用。在某些情况下，钒化合物能够促进细胞分化。显然，钒的添加不会在全部细胞中引发以上所有的这些反应。在细胞生长所涉及的以上所有过程中，钒的作用机制被认为是通过抑制 PTP 实现的。为此，作者监测了钒酸盐诱导的牵连信号转导途径中组成蛋白磷酸化的变化[70]，这些将会在 11.3.2 节中进一步讨论。另外，这些蛋白质的磷酸化的改变也可能是由轻微的钒诱导 ROS 或 NOS 形成的增加引起的，尽管在大多数的研究中并未对这一现象进行观测。已经证明，由过氧化氢（H_2O_2）反应生成的钒酸盐可通过激活 p53（一种转录因子）来调控细胞凋亡[71]。

除引起细胞凋亡外，钒还可以造成 DNA 的损伤，这一结论是通过用钒酸盐处理正常小鼠后发现其 DNA 受损所得出的[72]。二（过氧）钒（V）化合物已被证明可以催化对 DNA 单链的非特异性切割反应[73]。在 3-巯基丙酸存在时，钒（Ⅳ）氧配合物的羟色胺衍生物通过与鸟嘌呤残基发生反应来调控核酸酶的活性[74]。在解释钒化合物所引起的细胞死亡时，必须注意它是由细胞凋亡还是一般的遗传毒性造成的。钒酸盐抑制已辐照 MOLT-4 细胞（人急性淋巴细胞白血病细胞系）的肿瘤抑制蛋白 p53 的 DNA 结合活性[75]，表明存在另一种 DNA 功能细胞的钒诱导调节机制。

将钒化合物加入叙利亚（Syrian）仓鼠胚胎细胞中会引发一些反应，从而导致肿瘤的形成[76]。也许，这是由于钒为这些细胞的生长创造了有利条件，从而导致了这一变化。将钒酸盐添加到多个细胞系中导致酪氨酸磷酸化水平的提高以及有待一些可逆转化，但并不引起磷酸肌醇周转改变，可视为类似肿瘤形成过程中细胞不受控生长的发展过程[77]。

对于钒化合物引发的增殖效应的实验结果并不总是十分明确的。关于钒化合物对红细胞的产生和发展的研究结果是十分混杂的。最近的一份报告表明，正钒酸盐通过刺激红细胞前体的成熟来促进红细胞的生成[78]。已有报道指出，添加过氧钒酸盐会促进 PC12 细胞的突起生长[79]，然而钒酸盐则会抑制这些细胞的生长[70]。

11.1 钒化合物对生物系统的作用：细胞生长、氧化还原路径和酶

11.1.4 钒的营养与毒理学

与其他一些金属相比，动物摄入低浓度的钒相对来说是无害的；然而，这绝不能说明慢性暴露也是无害的，因为已有报道指出钒在慢性暴露中的毒性作用[80]。营养学会将钒归为超痕量金属，对于日常饮食，钒的营养需求小于1mg/kg，且它在组织中的含量在每千克微克以内[81]。虽然有证据表明钒有益于人体健康，但其作用机制仍不清楚。目前尚没有对钒的具体饮食建议，部分原因在于它是否是一种必需元素尚存在争议。

以 ^{48}V 作为示踪元素向狗和羊静脉注射钒的研究表明，钒并不能很好地被组织吸收，尿液排出是其主要的排泄途径。口服摄入的钒的吸收率为 1%~10%，且受多种因素的影响，包括其是否与配体发生配位。钒相对来说能较快地被人体器官代谢并排出体外。经典的药物代谢动力学研究中，在初始分布阶段后，采用一级动力学模拟排泄过程[82,83]。

动物组织中的钒浓度约为 8μmol/kg 干重，经脱水校正后，其浓度与淡水中钒浓度相当。钒在动物组织中的含量变化很大，有时可以低至几 nmol/(kg 组织)。大鼠体内的钒大部分分布于脂肪和骨骼中[84]。有趣的是，有机钒化合物在大鼠体内的吸收、分布和排泄与无机钒化合物不同[85]。对大鼠经口饲喂钒浓度约为 1mg/mL 的水时，可以发现其组织含钒量在 20~200μmol/L 的范围内[86]。假设体重 250g 的动物饮用约 20mL 的钒浓度为 1mg/mL 的水，则其体内钒含量约为 80mg/kg。对于人体，每天给予 100mg 钒，则 6 周后，其血浆中钒浓度会累积到 1~2.5μmol/L[87]。按平均标准体重 70kg 计，人体摄入钒的量为 1.25mg/kg。给予啮齿动物的给药水平远高于人体的给药水平，这一定程度上解释了相较于人类，啮齿动物体内钒浓度更高的原因。

延长饲喂时间后，钒在大鼠体内的残留时间的检测表明，大鼠肾脏排出钒的半衰期约为 12d[88]。在一定程度上，这反映了动物对钒的排泄过程，显然，单次饲喂在大鼠体内引起的钒含量的升高会在 1 个月左右恢复正常水平。然而，即便在低剂量水平，这一评估结果都不能用于判断重复饲喂造成的风险。即便摄入的是钒（V）化合物，在动物体内，将会有一大部分金属化合物被转化为钒（Ⅳ）化合物。而钒（Ⅳ）则可以与骨骼结合[89]。因此，长期的慢性暴露会导致高水平的钒富集，从而可能产生潜在问题。

迄今为止，发表的关于钒化合物在人体内的药物代谢动力学研究资料十分有限。如果不通过外源给药，则钒在人体内的含量是极低的，且这一含量水平达到许多可采用的分析技术的检测限。因此，难以确定在不同人群中检测到的钒含量的巨大差异是由环境暴露引起的还是由实验变异性导致的。对血液的研究表明，正常人血液钒含量为 0.4~2.8μg/L。血清中的钒含量最高，经原子吸收光谱法测

11　钒化合物对生物系统的影响

定其含量水平在 2~4μg/L[90]。正常人群尿液中钒含量的上限为 22μg/L，其排泄值平均低于 8μg/24h。钒广泛出现于运动员的营养餐谱中，他们认为钒是一种非甾体化合物，能以 7~10mg 的剂量增加人体肌肉含量，且不产生任何毒性作用[91]。

钒化合物的毒理学超出了本书讨论的范畴。但可从世界卫生组织❶获得全面的总结[92,93]。一个值得关注的重要领域是钒工业工人肺部摄取的钒累积[92]。在小鼠肺中发现吸入钒的明显沉积，造成明显的肺部病变[94]。吸入钒也会影响免疫系统的细胞因子活性[95]。与本章探讨的钒的治疗作用更相关的是钒注射或添加到饮用水或食物时观察到的毒性[86]。本章还讨论了产生活性氮（RNS）和 ROS 在金属（包括钒在内）毒性中的作用[96]，将在下文阐述这些自由基物质在正常新陈代谢中也同样重要。

11.2　钒的药理学特性

钒化合物作为治疗糖尿病和癌症的药物正被积极研究。针对多种类型的钒复合物的特异性和选择性功能的研究可能会得到一些用于治疗糖尿病和癌症的有效药物。此外，随着人们对钒在生物系统中的作用的了解越来越多，也可能发现钒在医学领域的其他应用[70,97]，其中包括开发用于治疗烧伤患者的含钒药物。这是含银化合物作为抗菌剂取得巨大成功的领域[98]。

从长远来看，旨在设计能利用并与目标酶内特定位点的相互作用互补的功能性配位物质的研究将为获得药物选择性功能提供基础。通过这种方式，很可能同时获得酶的高度选择性和高活性。计算机辅助分子建模有可能为实现这一目标提供宝贵的支持。例如，尽管 PTP 的活性位点高度保守，但表面识别元素为开发这些酶的选择性抑制剂提供了可能[66,68]。在这些酶中，活性位点周围的氨基酸残基存在显著差异。阳离子基团被中性基团或阴离子基团取代的方式可以用来明显区分这些酶，进而对其功能进行选择。显然利用这些差异以及其他酶系统的类似差异可以为未来药物的开发带来巨大潜力。为了使治疗价值最大化并减少毒副作用，钒在药物中的成功使用离不开它对酶的特异性和给药药物对体内特异反应的稳定性。在充分了解钒的水溶液化学性质的基础上设计钒的配合物，似乎最有可能实现这些目标。

钒正被试图用于治疗糖尿病和癌症。通过激素（如胰岛素）促进生长与通过细胞凋亡杀死细胞的信号传导途径有许多共同之处。少量的 ROS 可诱导转录因子，刺激信使 RNA（mRNA）的形成，该 mRNA 编码已知的由钒诱导的蛋白

---

❶　www.inchem.org/documents/cicads/cicads/cicads/cicad29/htm 和 www.inchem.org/documents/ehc/ehc/ehc81/htm。

质；然而，大量的 ROS 将对细胞产生毒性并引发细胞凋亡。许多用于抗糖尿病的钒化合物已显示出对肿瘤细胞株的细胞毒性作用，而 ROS 和 RNS 已被证明是使用钒作为抗糖尿病药物的产物。当评估钒对这两种疾病的潜在治疗用途时，需要考虑糖尿病和癌症中所涉及的代谢过程的相似性。在评估钒的药理学性质时，必须考虑生物系统的变异性。与化学系统相比，生物系统具有更强的固有变异性。除了实验的可变性之外，相同的药物可能在不同的细胞、动物，甚至同一细胞的不同部位触发不同的生物学作用。事实上，由于难以在完全化学定义的系统中进行动物或细胞实验，所以在不同实验室使用相同细胞系或动物也可能获得不同的结果。因此，对于将钒添加到生物系统后获得的生物化学变化的论述必须在特定的实验系统下解释。此外，使用细胞培养系统和动物模型获得的结果不能直接外推到人类疾病中。

11.2.1 钒作为糖尿病治疗药物的研究进展

糖尿病是一种多方面的疾病，有多种表现形式。糖尿病最初被认为是碳水化合物代谢疾病，现在还被认为是脂质或脂肪代谢改变的结果。1 型糖尿病在导致长期高血糖后缺失胰岛素，这与胰腺中的渐进性 β 细胞死亡有关。2 型糖尿病涉及胰岛素抵抗增加，这是胰岛素不能被利用所导致的[13]。多个层面的缺陷都将导致这种抵抗，包括受体浓度降低、磷脂酰肌醇 3-激酶（PI-3K）活性降低和葡萄糖转运蛋白易位[99]。最初胰岛素浓度会上升，但最终胰腺将耗尽并停止产生胰岛素。2 型糖尿病患者最终需要胰岛素治疗。还有许多其他形式的糖尿病，例如妊娠期糖尿病，其发生在妊娠期，但绝大多数糖尿病患者患有的是 1 型或 2 型糖尿病。

利用胰岛素治疗糖尿病患者的主要问题是低血糖风险或低血糖现象。临床发现低血糖可导致意识丧失和死亡。无论什么时候给药，胰岛素也会降低血糖水平，即使患者的血糖水平处于正常水平。对正常动物口服同样剂量的钒可以降低糖尿病高血糖，但并不会显著降低血糖水平进而导致临床低血糖，这是钒治疗的主要优势[100,101]。已经提出将钒与胰岛素合用来严格控制血糖水平而不导致低血糖。钒的施用减少了许多糖尿病患者酶活性或基因表达的变化，而对正常动物没有显著影响[13,101]。钒化合物对正常代谢无负作用，这使得钒化合物可作为胰岛素或其他药物的辅助剂用于治疗糖尿病。

氧化应激在糖尿病病因和糖尿病并发症发展中的作用已经确立。糖尿病并发症的病理机制已被证实是高血糖诱导线粒体产生超氧化物[102]。糖尿病可增加链脲佐菌素（STZ）诱导的糖尿病大鼠 ROS 和线粒体抗氧化防御系统的产生[103]。由葡萄糖诱导的自由基形成引起的氧化应激与 1 型糖尿病[104]及 2 型糖尿病[105]中胰岛素抵抗的发展有关。抗氧化剂如 GSH 的存在可防止糖尿病及其并发症的发生[106,107]。因为低水平的ROS对正常代谢至关重要并且参与胰岛素信号传导，所以很难将ROS水平与糖尿病的病理生理学相关联[108]。ROS在胰岛素作用中这种明显的矛盾正在被广泛研究[109]。任何将钒化合物作为抗糖尿病药物的方案都必须考虑该化合物对ROS和RNS形成的影响。

除钒之外，早期研究已证明其他过渡金属也具有抗糖尿病的作用，这并不奇怪，因为这类化合物具有一些类似的化学功能。铬[110~112]、钨[113,114]和钼[115,116]都显示出类胰岛素性质。

配体对钒配合物是否具有抗糖尿病或细胞毒性的性质可以有很大影响。据报道，钒配合物（4-羟基吡啶-2,6-二羧基）杂钒（V）氧酸盐在大鼠中具有抗糖尿病功能，而在酿酒酵母中具有细胞毒性作用[117]。过渡金属（钴、铬、铁、钼、锰、镍、钨和钒）的吡啶二羧酸配合物具有增强大鼠的胰岛素活性并且抑制组织培养中大鼠细胞成肌细胞生长的能力。出乎意料的是，对大鼠成肌细胞显示出最大细胞毒性作用的吡啶二羧酸过渡金属配合物在STZ诱导的糖尿病大鼠中也具有最大的胰岛素增强作用❶。值得注意的是，钒酰姜黄素配合物对大鼠淋巴瘤细胞具有强烈的细胞毒性，但对糖尿病大鼠无胰岛素增强或毒性作用[118]。结合目前的钒化学知识，设计出保持胰岛素增强活性且对动物毒性较低的连接型钒配合物是可能的。

1899年，钒首次在法国被用作治疗糖尿病的药物[119]，然而，这个实验结果被人们逐渐遗忘了。现代研究钒的抗糖尿病特性始于1979年，当时发现钒存在于肌肉中并能抑制质膜离子泵[1]。然后进行组织培养实验，钒添加物对葡萄糖代谢具有类胰岛素作用[120,121]。这是令人意外的，人们预期钒酸盐对细胞的影响是由于它能抑制质膜离子泵，但这不会引起类胰岛素作用。细胞培养实验对其类胰岛素活性的证明，促使人们对口服钒化合物对动物糖尿病治疗的探索[122,123]，引起了涉及钒化合物抗糖尿病特性的大量研究。

钒具有与胰岛素相似但不完全相同的作用[100,101,124]。钒的抗糖尿病作用可以被认为是胰岛素增强物，而不是胰岛素模拟物，因为钒化合物在任何严格需要胰岛素的糖尿病模型中都不能完全替代胰岛素，如BB大鼠（1型糖尿病）[125]。此外，钒可以通过一种或多种不同于胰岛素的机制发挥其抗糖尿病作用。钒的代谢作用不包括胰岛素的所有作用，但正常动物在被给予钒后血清胰岛素分泌减少。术语如胰岛素物类似或类胰岛素在文献中经常出现，主要用于描述实验系统中无法区分钒的行为究竟是类似于还是不同于胰岛素的行为。

当将钒作为糖尿病治疗方案的一部分时，必须对它的毒性问题采取谨慎态度。为了获得更有效的钒药物并拓宽治疗窗口（治疗效果所需的剂量与引发中毒

---

❶ Willsky和Crans，未发表结果。

11.2 钒的药理学特性

症状的剂量之间的差异），促使人们使用钒配合物衍生物来治疗糖尿病。研究人员还研究了其他减少副作用的方法。将钒化合物添加到茶汤中[126]，饲喂由 STZ 诱导的糖尿病大鼠（1 型糖尿病）后，发现大鼠体内钒酸盐的毒性以及组织中钒的含量均有下降。这种形式的给药不会影响钒的总体生物分布[127]。当用钒治疗 2 型糖尿病朱克糖尿病肥胖（ZDF）大鼠时，茶汤也是有效的。减少钒毒性的另一种方法是将其置于包衣胶囊中[128]。

11.2.1.1 用于治疗糖尿病的钒化合物：盐、螯合物和过氧钒化合物

第一种用于测试类胰岛素活性的钒化合物是简单盐类，如硫酸氧钒（Ⅳ）和钒（Ⅴ）酸盐。为了提高药效并降低毒性，已开发出钒的有机配合衍生物。各种具有抗糖尿病特性的钒（Ⅲ、Ⅳ和Ⅴ）化合物的配位化学已在治疗药物的理想化学组分框架内进行了综述和讨论[124]。用于配合钒的配体包括吡喃酮酸盐、吡啶酮酸盐、吡啶甲酸盐、乙酰丙酮化物、二羧酸酯和 N,N-二十二烷基亚乙基二胺（SALEN）化合物，其中大多为天然衍生物。一些含硫化合物也被用作钒的配体。对钒具有强结合亲和力的天然化合物也被使用过，其中谷氨酸 γ-羟基己酸的 L-异构体已得到特别成功的应用[129]；也已有关于作为 PTP 抑制剂的单、二过氧钒酸盐配合物的类胰岛素功能的研究[130]。这些药剂缺乏水解稳定性且有大量自由基形成，这限制了它们在治疗中的应用[131]。大环二核钒氧配合物可以调整 STZ 诱导的糖尿病大鼠的脂质代谢的改变且未观察到毒性[132]。

11.2.1.2 钒化合物在生物模型中的作用

以下几节将讨论对细胞、动物和人类使用钒化合物的作用。钒化合物能与生物系统的成分结合，可能改变其氧化还原电位，并与相关配体分离。因此，在任何生物系统中都很难确定具有类胰岛素作用的钒的确切化学形式。在以下几节中给出的钒的添加形式可能都不是它在细胞中的活性形式。

下文将描述特定的钒诱导的代谢途径成分的活性或表达水平的改变。许多变化不是由通路酶本身的改变所引起的，而是由酶及参与调控的各种因素引起的，这通常被称为信使传导系统。11.3 节将讨论在受钒影响的一般信号传导过程中本节所述的相应改变。

A 细胞系统

在细胞培养系统中已开展了很多关于钒化合物和胰岛素对碳水化合物、脂质和蛋白质代谢的比较研究[133,134]。在组织培养系统中已发现了胰岛素对葡萄糖摄取和代谢的所有影响。在脂肪细胞中钒酸盐会抑制脂解作用，促进脂肪生成和其他脂质代谢反应。胰岛素治疗中唯一不常见的是对氮代谢的影响。结果表明，合成代谢对蛋白质合成和氨基酸摄取的刺激是不一样的，并随实验条件

的不同而变化。在其他研究中，将钒化合物和胰岛素单独添加到细胞系统时会表现出不同的效果。向脱辅基蛋白 B（脂质转运脂蛋白系统的一种成分）培养的原代大鼠肝细胞中添加钒酸盐或胰岛素会增加细胞内糖原的积累，而钒酸盐的添加只会刺激细胞内脂肪的生成[135]。下文将阐述钒和胰岛素在细胞效应方面的其他具体差异。

研究发现钒化合物可以刺激多种生化途径，这为研究钒化合物的作用机理提供了具体的方向。利用中国仓鼠卵巢细胞，人们研究了一些有机钒化合物对 PKB 信号和糖原合成酶激酶 3（GSK3）活性的影响。GSK-3 是刺激糖原代谢的激酶，它是 PI-3K 的下游目标（见 11.3 节）。所有这些蛋白的磷酸化都是由生化技术确定的，这些结果有助于钒化合物对葡萄糖稳态的控制[136]。

随着细胞系统中的钒配合物和糖尿病研究工作的不断发展，不依赖于胰岛素的机制逐渐清晰。一种涉及 PI-3K 的不依赖于胰岛素的信号转导途径似乎参与了大鼠脂肪细胞的糖原代谢反应[137]。与传统途径主要的区别是，只有钒酸盐通过激活胞质蛋白酪氨酸激酶促进糖原生成，是以不依赖胰岛素受体的方式介导的。

用钒酸盐和过氧钒酸盐模拟肌肉细胞内葡萄糖转运和葡萄糖转运蛋白从细胞内储存到细胞质膜的过程，该过程涉及一种不受胰岛素刺激的 PI-3K 和蛋白激酶 C 系统的机制。用钒酸盐、过氧钒酸盐或胰岛素刺激后，在培养的肌肉细胞中将葡萄糖转运蛋白 4（GLUT4）转运到细胞质膜上需要一个完整的肌动蛋白网络[138]。有时钒的类胰岛素作用会刺激整个实际代谢途径。这方面的一个例子是，钒酸盐促进葡萄糖进入脂质（一种抗脂性效应）时可观察到其对戊糖磷酸途径的刺激[139]。

钒酸盐能刺激胞液中的蛋白激酶，如脂肪细胞及其提取物所证实的。膜上和胞质蛋白酪氨酸激酶的活化已在脂肪细胞中得到证实，而膜质酶已被假定为一种在胰岛素信号传导途径中涉及 PI-3K 活性而不激活胰岛素受体底物-1(IRS-1) 的途径[140]。通常很难确定蛋白激酶的激活是直接的还是刺激蛋白磷酸酶的结果。在这个脂肪细胞系统中，从细胞解体后的分离提取物中可以观察到激酶的刺激作用，这一事实支持了以下观点：在细胞中添加钒可以通过一种尚未明确的机制直接刺激激酶。在其他刺激 3T3-L1 脂肪细胞的实验中，二（乙酰丙酮）钒（Ⅳ）氧、二（麦芽酚）钒（Ⅳ）氧（BMOV）和二（1-N-氧-吡啶-2 硫醇）钒（Ⅳ）氧会导致在胰岛素的协同作用下胰岛素受体和 IRS-1 的酪氨酸磷酸化作用增强，这可以通过磷酪氨酸残基的抗体测定[141]。

在动物实验前，检测细胞培养中脂肪细胞释放的游离脂肪酸的方法已成功用于检测钒化合物的抗糖尿病功效。对脂肪细胞添加肾上腺素会促进游离脂肪酸的释放。如果将钒酸盐添加到受肾上腺素刺激的细胞中，游离脂肪酸的释放将被抑制。利用该系统对胰岛素类似物——吡啶甲酸钒配合物进行了详细的结构活性关系研究。本研究中使用的 7 种化合物根据 IC_{50} 值进行排序，结果表明在吡啶甲酸配体的第 5 或第 3 号位上引入吸电子的卤素原子或供电子的甲基基团能提高原化合物的活性[142]。这些化合物能有效降低 STZ 诱导的糖尿病大鼠的血糖含量，虽然获得的结果不能以有效性对化合物进行排序。近年来，在对 STZ 诱导的糖尿病大鼠进行研究之前，游离脂肪酸已被用于研究 1-羟基-4,5,6 取代的 2(1H)-吡啶酮的钒氧化合物的作用，并证实这些化合物能够降低糖尿病动物的血糖水平[143]。

B 动物模型

为了全面了解钒或任何其他药物的抗糖尿病作用，对钒的研究已从借助细胞模型扩展到借助哺乳动物糖尿病模型，这些动物模型通常是啮齿动物。这类模型已被建立并被用于研究钒对 1 型和 2 型糖尿病的疗效。钒化合物在各种模型系统中的应用情况将在下文阐述。对受影响的分子信号传导系统的详细描述见文献 [12, 13, 100, 133]。

链脲霉素对产生胰岛素的胰腺 β 细胞的破坏能力使 STZ-诱导的糖尿病动物成为 1 型糖尿病的良好模型。然而，这些动物不像 1 型糖尿病患者那样依赖胰岛素。在 STZ 处理过的远亲繁殖的 Wistar 大鼠模型中，只有 40%~70% 的动物表现出对钒有抗糖尿病反应[100]。尽管如此，该 1 型糖尿病模型仍被广泛用于研究钒化合物的抗糖尿病性质。

关于钒化合物对糖尿病的主要并发症——心血管功能的影响已有综述[144]。早期研究表明，患有 STZ 诱导糖尿病大鼠经口喂饲具有抗糖尿病作用的钒化合物（硫酸氧钒）可以改善患病大鼠的心脏功能[122]。近年来的研究则主要集中在对钒有抗糖尿病反应，并进一步了解了抗糖尿病作用的直接机制。假定钒或任何其他药物改善糖尿病的基本代谢问题将减轻疾病引起的长期并发症。在饮食中补充矿物质，如铬，似乎可以辅助传统的糖尿病治疗并减缓并发症的发展。通过膳食途径来改善矿物质缺乏的症状时，直接补充矿物质被认为是最有效的[145]。

对钒（Ⅳ，Ⅴ）羟肟酸化合物的比较表明，钒（Ⅴ）化合物比钒（Ⅳ）化合物具有更强的胰岛素增强效果，对于缓解患有 STZ 诱导糖尿病小鼠的症状方面，这两种化合物均优于硫酸氧钒或偏钒酸钠。钒在组织中的分布是相同的，而与所施用的钒配合物无关；但是，施用钒酸盐时钒的组织分布不同于施用钒配合物后的组织分布[146]。这些结果表明，尽管这些配合物最终在组织中的分布情况相同，但钒羟胺酸配合物的抗糖尿病活性差异与钒的不通过氧化状态有关。

并非所有的钒螯合物都有抗糖尿病的性质。例如，由麦芽醇衍生出 4 个混合 O, S 结合的二齿配体前体，得到 4 个新的配合物（2 个吡喃硫酮和 2 个吡啶硫酮），这些配合物水解稳定，没有明显的胰岛素增强特性[147]。作为一种抗糖尿病药物，钒化合物的最终效力取决于它与合适生物靶点的相关性。在许多情况下，如果使复合物结合在一起的键过于强固而有效地阻止了复合物的解离，那么这种情况下，钒化合物将不具备抗胰岛素类似物作用。然而，能与结合位点结合的配体可以促进结合并增强配合物的有效性。比较无效钒化合物和无效过渡金属化合物与能有效抗糖尿病的过渡金属化合物的化学性质，有助于阐明这些化合物抗糖尿病作用的基础，尤其是具有明显药效的钒化合物。

使用 1 型糖尿病动物模型证明了钒具有一种不依赖胰岛素的作用机制。实验中对照组动物用钒处理后胰岛素分泌较少，这意味着钒可以部分替代胰岛素。利用患有遗传性 1 型糖尿病的 BB 大鼠模型对钒进行了测试，这种糖尿病会随着年龄的增长而加重，且随后需要用胰岛素治疗。用硫酸氧钒治疗的糖尿病 BB 鼠不能完全替代胰岛素，但它降低了维持动物存活所需的胰岛素量[125]。钒化合物在 BB 鼠中不能完全替代胰岛素的发现支持了钒具有胰岛素增强效果这一观点[100]。有意思的是，铬的胰岛素增强抗糖尿病作用研究已十分透彻，似乎胰岛素增强效果是它治疗糖尿病的唯一机制[148]。铬在 STZ 诱导糖尿病模型中完全无效，如果铬的抗糖尿病作用需要一定水平的胰岛素（低于 stz-diabetes 大鼠的胰岛素水平），这是可以预料的。在 STZ 诱导糖尿病大鼠中，多数动物对钒的处理有响应，虽然它们对钒的响应与残留的胰岛素有关[100]，但这意味着存在一种与胰岛素无关的钒的作用机制。

钒化合物在胰岛素抵抗动物模型和 2 型糖尿病动物模型中可以发挥疗效。口服钒化合物可使 *ob/ob* 小鼠、*db/db* 小鼠和 *fa/fa* 大鼠的血糖水平降低至接近正常水平[149~151]。这些啮齿类动物模型为显性基因的纯合子，以肥胖、高血糖和高胰岛素血症为特征[12]。*ob* 等位基因是瘦蛋白基因，*db* 和 *fa* 分别是小鼠和大鼠体内瘦蛋白受体基因。瘦蛋白是脂肪细胞中产生并作用于中枢神经系统受体的细胞因子激素之一，其作用包括抑制食物摄入和促进能量消耗[99]。

在胰岛素抵抗和 2 型糖尿病动物模型中，用钒酸盐或钒有机化合物进行治疗均可降低血浆胰岛素水平并提高动物的胰岛素敏感度。已有关于这一研究的综述[13]。患高胰岛素血症时，ZDF 大鼠出现明显的高血糖症状，随后表现出细胞衰竭。2 型糖尿病大鼠模型是由朱克肥胖（ZF）（*fa/fa*）大鼠发展而来的。在这些动物中，用钒慢性治疗可使升高的血浆葡萄糖水平降低[152,153]。钒对 2 型糖尿病的作用可能需要几周的时间来实现，而对 1 型糖尿病的作用在 3~4 天内就会展现出。

在糖尿病大鼠模型中，血清中同型半胱氨酸水平会升高，这是心脏功能障碍的预测指标，心脏是糖尿病并发症的靶器官。口服 BMOV 和二（乙基麦芽酚）氧钒（Ⅳ）（BEOV）可降低 ZF 大鼠（1 型糖尿病大鼠）中高同型半胱氨酸水平，对 ZDF 大鼠（2 型糖尿病大鼠）则没有作用[154]。这些化合物的施用确实降低了 STZ 诱导的 1 型糖尿病模型中的高同型半胱氨酸水平[155]。通过比较 BEOV 和苹果酸罗格列酮（RSG）（一种已知的胰岛素致敏剂）对 ZDF 大鼠糖尿病的治疗作用，可发现这两种化合物均可防止高血糖的发生，并改善胰岛素敏感性和维持正常的胰岛形态[156]。在这两种治疗中，脂联素（脂肪组织分泌的激素）的循环水平也有所不同。与较瘦的对照组大鼠相比，ZDF 大鼠的脂联素水平较低，而经过 BMOV 治疗的大鼠可维持正常水平的脂联素。相反，经 RSG 治疗的大鼠脂联素循环水平增加了近 4 倍。这项研究表明，钒治疗在配合其他糖尿病治疗的方法上具有优势。

C 人类临床研究

对患有 1 型和 2 型糖尿病的患者进行了钒盐（正钒酸钠和硫酸氧钒）的人体试验，给药方案为让患者每天服用 25～100mg 钒，持续 2～6 周[11,157~160]。这些剂量低于啮齿动物的给药量，尽管会引起一些胃肠不适，但是人体可接受。一些但不是全部研究观察到胰岛素敏感性的增高、非氧化性葡萄糖的生成、糖原合成和胰岛素抑制肝葡萄糖生成等现象。在这些患者群体中，血清中的钒含量是变化的，并且与临床疗效无关。钒治疗可增加胰岛素受体、胰岛素反应底物 1 和 PI-3K 的蛋白酪氨酸磷酸化水平[11]。有趣的是，服用胰岛素并不会增加这些蛋白质的磷酸化水平，这意味着这些患者体内钒和胰岛素之间的反应是通过相同的信号转导途径介导的。鉴于人体对钒反应的可变性，需要更大的样本量来证明钒是否具有显著影响。关于毒性较低的钒配合物在人体内的临床试验，迄今为止只有 BEOV 配合物完成了第 1 阶段的临床试验[124]。

11.2.2 钒作为癌症的治疗剂

对钒化合物抗肿瘤作用的研究已有一段历史了。1979 年，人们发现二环戊二烯基二氯钒（Ⅳ）(C_5H_5)VCl_2（一种金属茂化合物）具有抗肿瘤活性[161]。该化合物可抑制各种癌细胞系和体内实体瘤的生长。具有类胰岛素活性的过氧化钒（Ⅴ）化合物对小鼠白血病细胞具有抗肿瘤活性。现在已知二钒配合物可诱导细胞系凋亡。二钒配合物的凋亡信号似乎不同于使用最广泛的金属癌症治疗剂——顺铂，这是因为它引发原发性 DNA 损伤并涉及 p53 诱导[162]。p53 蛋白是一种分子质量为 53kDa 的肿瘤抑制因子，通常在细胞凋亡、调控细胞周期和维持基因组稳定的过程中起作用。与其他 4 种茂金属二氯化物（钛、锆、钼和铪）相比，茂钒（Ⅳ）金属在对人体睾丸癌细胞系进行的测试中是最有效的细胞毒性化合物[163]。

关于钒在细胞系中抗肿瘤作用的最新研究试图将抗癌性与信号转导过程联系起来。COX-2 是前列腺素形成所必需的酶，它能被非甾体消炎药（NSAIDs）抑制。在肺癌细胞系中，钒酸盐诱导 COX-2 表达，细胞应激的其他激酶标志物、细胞外信号调节蛋白激酶（ERK）、c-Jun 末端氨基蛋白激酶（JNK）和丝裂原活化蛋白激酶（MAPK）途径的 p39 也被激活。过氧化氢酶（一种 H_2O_2 清除剂）

可降低钒酸盐对 COX-2 表达的增强作用[164]。许多钒化合物在癌细胞 K562 中的抗增殖作用被发现与细胞凋亡的启动有关。并进一步研究了转录因子 GATA-1 和 NF-κβ 与靶 DNA 的结合。这些实验表明，钒化合物中阴离子的存在对于 K562 细胞的作用是必需的，而钒（Ⅳ）氧化态在抑制转录因子 DNA 相互作用中起重要作用[165]。

越来越多的证据表明钒会干扰细胞骨架的正常功能，这也可能与它的抗肿瘤作用有关。紫杉醇是一种非常有效的化疗药物，它可以抑制细胞骨架中微管的功能。在 Morris 5123 肝癌细胞中，与半胱氨酸及其衍生物配位的钒（Ⅲ）会抑制这些肿瘤细胞的生长并参与肌动蛋白细胞骨架结构的重排[166]。

目前，人们已经证明钒在动物体内的治疗可以干扰恶性肿瘤的增殖。1984年，人们发现口服硫酸氧钒可减少乳腺癌发病率[167]。新的实验涉及诱导大鼠乳腺癌的治疗，开始了持续 35 周的口服钒酸盐治疗。正如组织学所探明的，钒治疗使大鼠幸免于癌症。另外，还观察到肿瘤总发生率显著降低和肿瘤出现时间的延迟。经过钒治疗的动物体内组织中的金属硫蛋白的分布量较低，金属硫蛋白是乳腺癌的预后标志物。经过钒治疗的大鼠的乳腺组织细胞凋亡增加，这可能与钒的抗癌作用有关[168]。

钒化合物通过限制细胞增殖和染色体畸变在肝癌发展的前期阶段来抵抗大鼠肝癌的发生[169]。钒的抗肿瘤作用可能与它诱导肿瘤细胞凋亡和选择性 DNA 损伤有关[170]。钒酸盐也被证明能有效抑制结肠癌的发生[171]。研究人员已经发现钒（Ⅲ）半胱氨酸配合物对经 3,4-苯并芘处理的 Wistar 大鼠肺癌细胞的转移具有拮抗作用[172]。

二甲二（4,7-二甲基-1,10-邻菲啰啉）硫酸氧钒（Ⅳ）（Metvan）是一种新型广谱抗癌药物，具有良好的药效和相对较低的毒性[173]。在原发性白血病细胞中，它比地塞米松和长春新碱这些标准化疗药物更能有效诱导细胞凋亡。钒化合物通过切割和片段化 DNA 以及质膜脂过氧化反应诱导抗肿瘤细胞的细胞周期停滞或对细胞产生毒性作用[174]，这可能是由前面描述的细胞氧化还原作用来介导的。

钒化合物在这些实验中的成果表明钒在未来化疗中的积极作用。研究发现钒抑制癌细胞生长是存在问题的，因为抗糖尿病的钒化合物也抑制哺乳动物正常细胞的生长，所以通过比较抗肿瘤生长活性在肿瘤细胞和相关非转化细胞系的作用，评估抗肿瘤生长活性是非常必要的，这已在骨肉瘤的研究中完成[175]，研究已证明有机钒（Ⅳ）化合物对骨肉瘤细胞的增殖具有更强的抑制作用，有机钒（Ⅳ）化合物使骨肉瘤细胞中氧化应激标志物例如硫代巴比妥酸反应底物（TBARS）增加，诱导细胞凋亡和激活细胞外信号调节蛋白激酶。

11.3 钒的治疗和细胞凋亡机制

糖尿病是由生长激素和胰岛素的量或用量的改变而引起的,而癌症是由正常生长途径的不受控制而引起的。两种疾病实际上是一个具有不同代谢变化的疾病系。这两个过程涉及许多相同的磷酸化级联反应,并利用了转录因子,这些转录因子可以通过低水平的 ROS 和 RNS 的变化来控制。当这作为两种疾病的治疗剂时会引发细胞凋亡。以下部分概述了钒化合物作为这些疾病的治疗剂时所涉及的信号转导过程的改变。对于糖尿病,主要的信号转导途径是生长激素途径;对杀死癌细胞来说,主要的信号转导途径是凋亡途径。钒用于保护正常细胞免于癌症的信号转导途径尚未确定,但可能涉及生长激素途径。

11.3.1 作为钒治疗机制之一的细胞氧化还原反应

钒化合物除了可以作为过渡态类似物直接抑制 PTP-1B 和其他蛋白磷酸酶之外,钒化合物增强胰岛素活性还同它与细胞氧化还原及 ROS 形成的相互作用有关[100]。据报道,STZ 诱导的糖尿病大鼠长期口服钒(Ⅲ、Ⅳ或Ⅴ)—二吡啶甲酸化合物后,其血糖和血清吸收钒的能力存在差异。如果在治疗过程中,钒化合物参与细胞内氧化还原反应,则可以预期这种差异。钒(Ⅴ)二吡啶羧酸化合物在降低血糖方面最为有效,与其他化合物相比,施用钒(Ⅲ)二吡啶羧酸化合物后,血清中的钒含量更低[176]。PTP-1B 是目前糖尿病研究中潜在的药物靶点,在抗胰岛素、抗肥胖和脂蛋白系统活性中起重要作用[177]。钒可能通过两种不同的机制影响 PTP-1B 的活性,因为 PTP-1B 的转录被认为受氧化还原调节的控制[19]。NAD(P)H 氧化酶同源物 Nox 4 调节胰岛素,从而刺激 H_2O_2 的形成,这在胰岛素信号转导中起着重要作用;也许是通过影响 PTP-1B 的转录来实现的[178]。通过质膜 NADH 氧化活性生成钒依赖的 H_2O_2 已被广泛研究[24]。通过钒刺激 NADH 氧化反应,而在细胞内形成的 H_2O_2,其除了钒化合物直接抑制酶活性位点之外,可能还会进一步抑制 PTP-1B 和其他酶。

当生成的 ROS 和 RNS 达到足够高的水平时,会造成细胞永久性损伤。人体需要清除这些受损细胞,而细胞凋亡是实现这一目的的一种途径。现在已经知道,凋亡由磷酸化/去磷酸化级联的紧密控制,钒对级联的影响将在 11.3.2 节中具体描述。除了释放具有正负两种细胞效应的活性物质外,钒具有通过干扰磷酸化信号级联来刺激细胞凋亡的能力,这对去除糖尿病受损细胞和破坏肿瘤细胞有益。以下讨论不区分钒化合物在不同细胞中的作用,如肝细胞和肌肉细胞,下面综述钒化合物对信号转导途径的组织特异性作用[13]。

11.3.2 作为治疗机制之一的钒与信号转导级联的相互作用

代谢调节在生物学上极为重要,细胞中约90%的蛋白质参与调节过程,而不是催化代谢途径本身的反应。最常见的控制代谢的信号转导系统涉及磷酸化/去磷酸化反应，这些过程的详细描述可在生物化学教科书中找到[179]。激酶磷酸化可以激活或抑制酶。信号转导途径的去磷酸化由蛋白磷酸酶介导[180]。如果酶的磷酸化形式是有活性的，那么去磷酸化形式则是无活性的，反之亦然。常见的蛋白磷酸酶是 PTP[181]和丝氨酸/苏氨酸蛋白磷酸酶[182]。双特异性磷酸酶，是一种 PTP，可以通过去磷酸化去除蛋白质上的丝氨酸和苏氨酸残基[183]。许多蛋白激酶和少量磷酸酶也是质膜中蛋白质受体的一部分。胰岛素受体具有一个面向细胞质的 PTP 结构域。

钒化合物被认为可以作为酪氨酸蛋白磷酸酶的过渡态类似物发挥其信号传导通路作用。受钒影响的信号传导途径可以大致分为激素途径、控制正常代谢过程和应激诱导途径。这些途径之间存在许多相互作用的交叉点。在新陈代谢中，信号传导途径的作用可以在几分钟内发生逆转，阻止代谢物的生物合成或分解。通过细胞环境的细微变化，应激途径通常可以迅速地从诱导细胞凋亡转变为诱导有丝分裂。

激素系统涉及由结合到膜受体外部的低分子量代谢物或蛋白引发的胞外信号的放大。通常，一种低分子量代谢物或第二信使有助于扩增过程。激素敏感的环磷酸腺苷（cAMP）系统通过其外部激素信号（如胰高血糖素或肾上腺素）与膜受体相互作用的途径发挥作用，最后导致 cAMP 的产生并最终激活蛋白激酶 A（PKA）。在此系统中，由于 1 个分子就可激活许多 PKA 分子，所以 cAMP 被视为第二信使。磷酸肌醇系统包括肌醇磷酸通过膜磷脂酶 C 从磷酸肌醇上的释放，蛋白激酶 C 的激活以及细胞内钙分布的改变。与激素敏感的 cAMP 产生系统一样，G 蛋白传达激动剂（例如乙酰胆碱）与受体磷脂酶 C 结合的信号。该系统中的第二信使是肌醇磷酸酯和钙。肌醇 1,4,5-三磷酸导致内部钙储存释放到细胞质中。胞浆钙激活蛋白激酶 C，启动一系列磷酸化级联反应，并与钙调素结合，引起结构改变，增加钙调蛋白对靶调节蛋白的亲和力。

生长激素在治疗糖尿病和癌症中至关重要，它能够激活具有内在的胞内酪氨酸蛋白激酶活性的受体，这种受体通过磷酸化其他蛋白质（通常是激酶本身）来传递信号。到目前为止，没有特定与这些系统相关联的第二信使。扩增通过激活可以使许多蛋白质磷酸化的受体相关蛋白激酶活性来实现。

涉及特定效应物的由钒调控的胁迫或钒调控的生长途径，通常可以被过量的 ROS 活化。被称为细胞因子的一种影响细胞或细胞行为之间通讯的小蛋白可能参与细胞应激反应。肿瘤坏死因子 α（TNFα）是一种与膜受体（肿瘤坏死因子受体（TNFR））结合的细胞因子应激信号。这种相互作用刺激激酶活性导致细胞损伤和炎症，并激活参与细胞凋亡的半胱氨酸依赖型天冬氨酸导向蛋白酶。丝裂原活化蛋白（MAP）激酶级联调节有丝分裂和细胞凋亡信号传导途径。

11.3 钒的治疗和细胞凋亡机制

如图 11-3 所示，钒化合物通过抑制蛋白磷酸酶与胰岛素激活的信号传导途径的相互作用。钒化合物将以钒（Ⅳ）或钒（Ⅴ）的形式穿过细胞膜（主要通过有受体蛋白促进扩散系统）。在与胰岛素结合后，受体和特异性胰岛素响应底物被磷酸化。将钒添加到此类体系中可观察到的大部分效应通过 IRS-1 产生。细胞内钒与胰岛素信号传导途径相互作用的主要场所受 PTP-1B 抑制。抑制 PTP-1B 活性有效地提高了磷酸化胰岛素受体和 IRS-1 的浓度。若它仍然被磷酸化，IRS-1 将通过激活 PI-3K 来激活葡萄糖、脂质和糖原的生物合成[99]。一些 PI-3K 激活的反应在以下描述的应激反应中也尤为重要。已发现一种参与控制多种生物过程的信号传导途径的成分，是信号传导途径的典型干扰物。

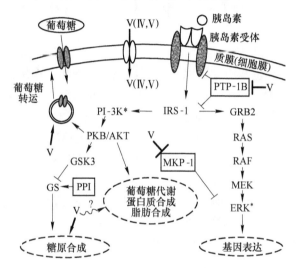

图 11-3 钒与胰岛素信号转导级联的相互作用

（在导向 V 末端带有箭头的粗线表示刺激，相反地，平端线表示抑制。从 V 导向不同代谢过程的曲折线代表了这样一个事实，即钒对不同的生物系统都有积极作用和消极影响，"?" 表示大部分所涉及的特定蛋白质仍有待阐明。ERK：细胞外信号相关蛋白激酶，GRB2：衔接蛋白，GS：糖原合成酶，GSK3：糖原合成酶激酶 3，IRS-1：胰岛素受体底物-1，MEK：丝裂原活化蛋白激酶/ERK 激酶，MKP：丝裂原激酶磷酸酶，RAF：丝氨酸/苏氨酸激酶，RAS：GTP 结合蛋白，PI-3K：磷脂酰肌醇 3 激酶，PKB/AKT：蛋白激酶 B（也称为 AKT），PP1：蛋白磷酸酶 1，PTP-1B：蛋白酪氨酸磷酸酶 1B，此图数据来源于参考文献 [12,13,99,184]）

图 11-3 中右侧的 MAPK 通路也在胰岛素结合其受体后通过 GRB2 被活化。这种活化的激酶通路最终导致调节细胞有丝分裂或死亡的转录因子的磷酸化。通常认为，钒通过 MAPK 磷酸酶家族的抑制与 MAPK 通路相互影响[12,70]，并且抑制丝裂原激酶磷酸酶-1（MKP-1）[184]。这些 MAP 激酶磷酸酶是双特异性蛋白磷酸酶，对苏氨酸-X-酪氨酸激活基序的活性最高，而这仅在 MAPKs 中发现。ERK、JNK 和 p38（一种促分裂原活化蛋白激酶）这三种 MAPK 蛋白与有丝分裂

和细胞凋亡有关。胰岛素引起了 MAPK 通路中有丝分裂部分的刺激。钒可能通过抑制 MPK 系中的蛋白磷酸酶而将该通路转向致癌或凋亡终点。

经 PI-3K 磷酸化后，PKB 被激活用于使多种酶和因子磷酸化，包括参与糖原生物合成。已有研究表明，PKB 由钒调控[185]。钒可干扰蛋白磷酸酶（如蛋白磷酸酶-1），这种酶可激活糖原合成酶进而刺激糖原合成。在 ZF 大鼠中，BMOV 的调控刺激了糖原的合成[186]。然而，在 ZF 大鼠和 STZ 糖尿病大鼠中，BMOV 处理对蛋白磷酸酶-1 或 GSK3（糖原合成抑制剂）的功能没有影响[13]。PKB 调节作用的另一个方面涉及囊泡中葡萄糖转运蛋白向质膜的运动，这是胰岛素刺激葡萄糖转运的基础。钒也有助于刺激转运蛋白的运动，可能这是通过促进 PI-3K 的活性来实现的[13]。在不同的生物系统中，探寻钒化合物对 PI-3K 活性或表达的直接影响的实验其结果不同。

除了图 11-3 所示的胰岛素生长激素途径外，还有其他类型的激素系统受到钒的影响。钒化合物也与激素敏感的 G 蛋白调节系统相互作用，产生环核苷酸作为第二信使，如 cAMP 和环鸟苷酸（cGMP）。cAMP 产生系统示意图如图 11-4 所示。激动剂（即肾上腺素或胰高血糖素）可以结合与 G 蛋白相互作用的不同受体。这种结合导致腺苷酸环化酶的活化、第二信使 cAMP 的形成和 PKA 的活化。钒化合物通过抑制磷酸二酯酶 4（PDE-IV）来影响该体系，这加速了 cAMP 的分解[13]。PKA 的活化导致许多蛋白质的活性增加，包括磷酸烯醇丙酮酸羧激酶（PEPCK）和葡萄糖-6-磷酸酶（G6P），它们是在肝脏糖异生中重要的酶。据悉，钒可以抑制大鼠肝脏中编码这些蛋白质的信使 RNA 产生[13]。cAMP 生成系统也通过与生长激素信号转导级联反应来影响胰岛素的活性。

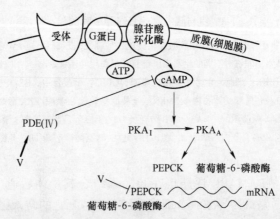

图 11-4　钒与激素敏感型 G 蛋白交互作用使产生信号转导系统的 cAMP 发生改变

（由 V 出发带箭头的粗线代表刺激，平端代表抑制。V 表明钒的交互作用已被发现。Pase：磷酸酶，PDE（Ⅳ）：磷酸二酯酶（Ⅳ），PEPCK：磷酸烯醇丙酮酸羧激酶，PKA$_I$：蛋白激酶激活，PKA$_A$：活性蛋白激酶 A。数据来源于参考文献［13］）

11.3 钒的治疗和细胞凋亡机制

如图 11-5 所示，钒化合物也被认为可以与导致细胞凋亡的细胞应激通路相互作用[70]。钒化合物可以通过催化细胞内 ROS 和 NOS 的形成来影响这些过程。所有的磷酸化/去磷酸化反应最终激活迁移到细胞核的转录因子，从而引发由 DNA 分解造成的细胞凋亡。钒被假定为通过抑制多种蛋白磷酸酶来干扰这些蛋白质的去磷酸化作用。图中的星号（*）表明，蛋白质在一个系统或另一个系统中的磷酸化水平受钒添加的影响。

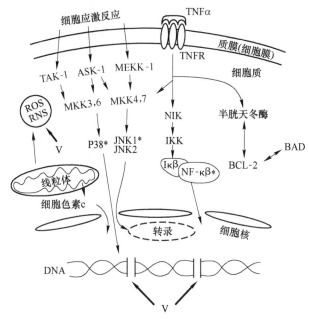

图 11-5 钒与一些细胞凋亡信号转导途径相互作用

（从 V 出来的带箭头的粗线表示刺激 ROS 和 RNS 的产生或刺激 DNA 的断裂，钒调节带星号（*）的蛋白质的磷酸化程度和持续时间。ASK-1：凋亡信号调节激酶 1，BCL-2：最初从 BCL 中分离出来的细胞凋亡控制蛋白家族之一，ERK：细胞外信号调节蛋白激酶，IKB：KB 转录因子抑制剂，IKK：IκB 激酶，JNK：cJun 末端氨基蛋白激酶，MEK：MAPK/ERK 激酶，MEKK：MAPK/ERK 激酶致活酶，MKK：丝裂原活化蛋白激酶致活酶，NIK：NF-κB 诱导激酶，p38：一种促分裂原活化蛋白激酶，TAK-1：转化生长因子β活化激酶 1，RNS：活性氮，ROS：活性氧，此图源于文献 [70]）

TNFα 直接通过与 TNFR 相互作用直接导致细胞凋亡。NF-κB 是一种由 κB（κB）抑制剂在细胞质中转录的转录因子，它必须进入细胞核中才能引发细胞凋亡。TNFα 与其受体的结合导致 IκB（∫B 转录因子的抑制剂）的泛素依赖型蛋白水解，使 NF-kB 进入细胞核。细胞凋亡的激活直接由核因子 κB（NF-κB）的刺激引起。NF-κB 的磷酸化由钒化合物控制。一项全球性的基因表达研究发现，糖尿病增加了 IκB 的形成，而钒化合物处理则会降低了这种抑制剂的产量[101]。TNFR 的激活也激活了半胱天冬酶蛋白（一类特异性切割天冬氨酸残基的蛋白酶）。

半胱天冬酶蛋白的靶点是细胞核蛋白、调节蛋白和细胞骨架蛋白，这些蛋白的降解会引起细胞凋亡反应。如图 11-5 所示，BCL 基因家族蛋白可改变半胱天冬酶的活性（分为凋亡和抗凋亡两种形态）。与 BCL 相关的死亡（BAD）蛋白是一种促凋亡蛋白，而 BCL-2 是一种抗凋亡蛋白。BCL 蛋白与半胱天冬酶相互作用，以确定细胞凋亡的发生是否由其自身被 PI-3K 磷酸化所导致。

　　如上所述，在图 11-5 中的应激通路中存在大量串扰。图 11-3 中所示的 ERKs、JNKs 和 p38 都是激酶，它们是 MAPK 系统的一部分。如图 11-1 所示，PKB 同样能使 BAD 蛋白磷酸化，其在图 11-5 中由 BCL-2 表达。MAPK 通路影响有丝分裂过程，而 PI-3K 效应与生长激素通路的关系更为密切[187]。

11.4　总结

　　钒对细胞生长、细胞氧化还原和酶的功能有显著影响，它是一些酶活性位点的组成成分，是一种公认的必需超痕量营养元素，但剂量过高则会产生毒性。目前人们正在积极开展治疗糖尿病和癌症的钒化合物的研究工作。钒对生物过程中的诸多影响源于其与细胞组分（包括细胞信号转导途径中的因子）的特定相互作用。

　　钒化合物和作为信号转导途径的蛋白质之间的反应很复杂，它是作为磷酸酶反应的过渡态类似物和细胞氧化还原反应的调节剂来起作用的，人们普遍认为钒化合物主要与生长激素、细胞凋亡过程、MAP 激酶和调节 cAMP 途径的激素敏感 G 蛋白有关。在文献中，讨论钒对调节蛋白的作用时通常不会涉及信号转导途径，但在测定那些控制新陈代谢或细胞生长的特定调节蛋白时人们发现，钒化合物会对磷酸化过程或其他活动进行调节，因此在阐明钒化合物的一般作用机理时，把这种调节蛋白放在恰当的通用转导途径上是很有用的。

　　钒对代谢和生长过程中的诸多影响源于其对酶抑制（如 PTPs）及与细胞氧化还原系统相互作用时的非特异性影响，从而可能导致 ROS 和 RNS 的生成。目前应用于化疗中的钒化合物，在生理条件下会在动物或活细胞内解离，因此，想要成功开发出治疗糖尿病或人类癌症的含钒药物，取决于是否设计出对目标生物靶点具有特异性的钒化合物，它们必须能与靶点反应，或者可以分解为能与目标靶点反应的形式。这种钒化合物的设计取决于构建钒配合物的能力，不仅能靶向特定的酶或代谢途径，而且必须能够稳定到达靶点的稳定性。这就需要详细了解钒化合物的化学和氧化还原活性，并且能够引入适当的影响这些功能的因子。

本章缩写

　　（1）AKT：PKB（蛋白激酶 B）的另一种叫法。

　　（2）ASK：apoptosis signal-regulating kinase，凋亡信号调节激酶。

11.4 总结

（3）ATP：adenosine triphosphate，三磷酸腺苷。

（4）BAD：BCL-associated death，和 BCL（B 细胞淋巴瘤）相关的死亡。

（5）BCL：B cell lymphoma，B 细胞淋巴瘤，一类调节细胞凋亡的蛋白质。

（6）BEOV：bis（ethyl maltolate）oxovanadium（Ⅳ），二（乙基麦芽酚）氧钒（Ⅳ）。

（7）BMOV：bis（maltolate）oxovanadium（Ⅳ），二（麦芽酚）氧钒（Ⅳ）。

（8）cAMP：cyclic AMP，环磷酸腺苷。

（9）db：leptin receptor gene in mice，小鼠体内瘦蛋白受体基因。

（10）DNA：Deoxyribonucleic acid，脱氧核糖核酸。

（11）ERK：extracellular signal-regulated protein kinase，细胞外信号调节蛋白激酶。

（12）fa：leptin receptor gene in rats，大鼠体内瘦蛋白受体基因。

（13）G proteins：guanine nucleotide binding regulatory proteins，鸟嘌呤核苷酸结合调节蛋白。

（14）G1：first gap in mitotic cell cycle，有丝分裂细胞周期的第一间隙。

（15）G2：second gap in mitotic cell cycle，有丝分裂细胞周期的第二间隙。

（16）GLUT4：glucose transporter 4，葡萄糖转运蛋白-4。

（17）GRB2：一种衔接蛋白，用 src 致癌基因同源结构域 2 和 3 将 MAPK 通路和 IRS-1 连接起来。

（18）GS：glycogen synthase，糖原合成酶。

（19）GSH：glutathione，谷胱甘肽。

（20）GSK3：glycogen synthetase kinase 3，糖原合成酶激酶 3。

（21）GTP：guanosine triphosphate，三磷酸鸟苷。

（22）IκB：Inhibitor of ∫B transcription factor，∫B 转录因子的抑制剂。

（23）IKK：I ∫B kinaseI，∫B 激酶。

（24）IRS-1：insulin receptor substrate-1，胰岛素受体底物-1。

（25）JNK：cJun N-terminal protein kinase，cJun 末端氨基蛋白激酶。

（26）M phase：M 期（也叫有丝分裂期），有丝分裂细胞周期的一部分，包括有丝分裂和细胞质分裂，在这一期间，细胞将复制好的基因组分裂成两个完全相同的部分。

（27）MAPK：mitogen activated protein kinase，丝裂原活化蛋白激酶。

（28）MEK：MAPK/ERK kinase，MAPK/ERK 激酶。

（29）MEKK：MAPK/ERK kinase kinase，MAPK/ERK 激酶致活酶。

（30）Metvan：bis（4,7-dimethyl-1,10-phenanthroline）sulfate oxovanadium（Ⅳ），二甲双（4,7-二甲基-1,10-邻菲啰啉）硫酸氧钒（Ⅳ）。

（31）MKK：mitogen activated protein kinase kinase，丝裂原活化蛋白激酶致活酶。

（32）MKP：mitogen kinase phosphatase，丝裂原激酶磷酸酶。

（33）mRNA：messenger RNA，信使 RNA。

（34）NAD(P)H：Nicotinamide adenine dinucleotide (phosphate)，烟酰胺腺嘌呤二核苷酸（磷酸）。

（35）NFAT：nuclear factor of activated T cells，活化 T 细胞转录因子。

（36）NF-κB：nuclear factor κB，核因子∫B。

（37）NIK：NF-κB-inducing kinase，NF-∫B诱导激酶。

（38）NSAIDS：non-steroidal anti-inflammatory drugs，非甾体消炎药。

（39）*ob*：leptin gene in mice，小鼠的瘦蛋白基因。

（40）p38：由细胞因子和应激激活的丝裂原活化蛋白激酶。

（41）p53：用来调节细胞周期，有抑癌作用的一种转录因子。

（42）Pase：phosphatase，磷酸酶。

（43）PDE-Ⅳ：phosphodiesterase (Ⅳ)，磷酸二酯酶 4。

（44）PEPCK：phosphoenolpyruvate carboxy kinase，磷酸烯醇丙酮酸羧激酶。

（45）PI-3K：phosphatidylinositol 3-kinase，磷脂酰肌醇 3-激酶。

（46）PKA：protein kinase A，蛋白激酶 A。

（47）PKB：protein kinase B，蛋白激酶 B。

（48）PP1：protein phosphatase 1，蛋白磷酸酶 1。

（49）PTP：Protein tyrosine phosphatase，蛋白酪氨酸磷酸酶。

（50）RAF：参与丝裂原信号转导的丝氨酸/苏氨酸蛋白激酶家族。

（51）RAS：鸟嘌呤核苷酸结合蛋白家族。

（52）RBC：red blood cell，红细胞。

（53）RNS：reactive nitrogen species，活性氮。

（54）ROS：reactive oxygen species，活性氧。

（55）RSG：rosiglitazone malate，苹果酸罗格列酮。

（56）SALEN：disalicylidene ethylenediamine，二水杨醛缩乙二胺。

（57）S phase：S 期（DNA 合成期），细胞有丝分裂周期中的合成期，在这一阶段，DNA 复制。

（58）STZ：链脲佐菌素，一种通过破坏胰岛 β 细胞而诱发糖尿病的药物。

（59）TAK-1：转化生长因子 β 活化激酶 1，是一种 MAPK 激酶致活酶。

（60）TBARS：thiobarbituric acid reactive substrates，硫代巴比妥酸反应底物。

（61）TNFα：tumor necrosis factor α，肿瘤坏死因子 α。

（62）TNFR：tumor necrosis factor receptor，肿瘤坏死因子受体。

(63) V：vanadium，钒。

(64) VUr：Vanadium-uridine，钒尿苷。

(65) ZF：Zucker Fatty，朱克肥胖。

(66) ZDF：Zucker Diabetic Fatty，朱克糖尿病肥胖。

参 考 文 献

[1] Cantley, L. C., Jr., L. Josephson, R. Warner, M. Yanagisawa, C. Lechene, and G. uidotti. 1977. Vanadate is a potent (sodium, potassium ion)-dependent ATPase inhibitor found in ATP derived from muscle. J. Biol. Chem. 252：7421-3.

[2] Boyd, D. W. and K. Kustin. 1984. Vanadium：A versatile biochemical effector with an elusive biological function. Adv. Inorg. Biochem. 6：311-65.

[3] Sigel, H. and A. Sigel (Eds.). 1995. Vanadium and its role in life. Marcel Dekker, New York.

[4] Tracey, A. S. and D. C. Crans (Eds.). 1998. Vanadium compounds：Chemistry, biochemistry, and therapeutic applications. American Chemical Society, Washington, D. C.

[5] Crans, D. C., J. J. Smee, E. Gaidamauskas, and L. Yang. 2004. The chemistry and biochemistry of vanadium and the biological activities exerted by vanadium compounds. Chem. Reviews 104：849-902.

[6] Degani, H., M. Gochin, S. J. D. Karlish, and Y. Shechter. 1981. Electron paramagnetic resonance studies and insulin-like effects of vanadium in rat adipocytes. Biochemistry 20：5795-5799.

[7] Willsky, G. R., D. A. White, and B. C. McCabe. 1984. Metabolism of added orthovanadate to vanadyl and high-molecular-weight vanadates by Saccharomyces cerevisiae. J. Biol. Chem. 259：13273-13281.

[8] Willsky, G. R., A. B. Goldfine, and P. J. Kostyniak. 1998. Pharmacology and toxicology of oxovanadium species：Oxovanadium pharmacology. ACS Symp. Ser. 711：278-296.

[9] Soares, S. S., H. Martins, and M. Aureliano. 2006. Vanadium distribution following decavanadate administration. Arch. Environ. Contam. Toxicol. 50：60-64.

[10] Aureliano, M. and R. M. Gandara. 2005. Decavanadate effects in biological systems. J. Inorg. Biochem. 99：979-985.

[11] Goldfine, A. B., M. E. Patti, L. Zuberi, B. J. Goldstein, R. LeBlanc, E. J. Landaker, Z. Y. Jiang, G. R. Willsky, and C. R. Kahn. 2000. Metabolic effects of vanadyl sulfate in humans with non-insulin-dependent diabetes mellitus：In vivo and in vitro studies. Metabolism：49：400-410.

[12] Goldfine, A. B., D. C. Simonson, F. Folli, M. E. Patti, and C. R. Kahn. 1995. In vivo and in vitro studies of vanadate in human and rodent diabetes mellitus. Mol. Cell. Biochem. 153：217-231.

[13] Marzban, L. and J. H. McNeill. 2003. Insulin-like actions of vanadium：Potential as a

therapeutic agent. J. Trace Elem. Med. Biol. 16: 253-267.

[14] Baran, E. J. 2000. Oxovanadium (Ⅳ) and oxovanadium (Ⅴ) complexes relevant to biological systems. J. Inorg. Biochem. 80: 1-10.

[15] Biswas, S., A. S. Chida, and I. Rahman. 2006. Redox modifications of protein-thiols: Emerging roles in cell signaling. Biochem. Pharmacol. 71: 551-564.

[16] Song, B., N. Aebischer, and C. Orvig. 2002. Reduction of $[VO_2(ma)_2]^-$ and $[VO_2(ema)_2]^-$ by ascorbic acid and glutathione: Kinetic studies of pro-drugs for the enhancement of insulin action. Inorg. Chem. 41: 1357-1364.

[17] Yoshinaga, M., T. Ueki, N. Yamaguchi, K. Kamino, and H. Michibata. 2006. Glutathione transferases with vanadium-binding activity isolated from the vanadium-rich ascidian Ascidia sydneiensis samea. Biochim. Biophys. Acta 1760: 495-503.

[18] Stone, J. R. and S. Yang. 2006. Hydrogen peroxide: A signaling messenger. Antiox. Redox Signal. 8: 243-270.

[19] Salmeen, A., J. N. Andersen, M. P. Myers, T. C. Meng, J. A. Hinks, N. K. Tonks, and D. Barford. 2003. Redox regulation of protein tyrosine phosphatase 1B involves a sulphenyl-amide intermediate. Nature. 423: 769-773.

[20] Vijaya, S., F. L. Crane, and T. Ramasarma. 1984. A vanadate-stimulated NADH oxidase in erythrocyte membrane generates hydrogen peroxide. Mol. Cell. Biochem. 62: 175-85.

[21] Coulombe, R. A. J., D. P. Briskin, R. J. Keller, W. R. Thornley, and R. P. Sharma. 1987. Vanadate-dependent oxidation of pyridine nucleotides in rat liver microsomal membranes. Biochim. Biophys. Acta 255: 267-273.

[22] Briskin, D. P., W. R. Thornley, and R. J. Poole. 1985. Vanadate-dependent NADH oxidation in microsomal membranes of sugar beet. Biochim. Biophys. Acta 236: 228-237.

[23] Minasi, L. A. and G. R. Willsky. 1991. Characterization of vanadate-dependent NADH oxidation stimulated by Saccharomyces cerevisiae plasma membranes. J. of Bacteriol. 173: 834-841.

[24] Liochev, I. S. and I. Fridovich. 1990. Vanadate-stimulated oxidation of NAD(P)H in the presence of biological membranes and other sources of O_2^-. Arch. Biochem. Biophys. 279: 1-7.

[25] Liochev, S. and I. Fridovich. 1986. The vanadate-stimulated oxidation of NAD(P)H by biomembranes is a superoxide initiated free radical chain reaction. Biochim. Biophys. Acta 250: 139-145.

[26] Liochev, S. I. and I. Fridovich. 1989. Vanadate-stimulated oxidation of NAD(P)H. Free Rad. Biol. Med. 6: 617-622.

[27] Liochev, S. and I. Fridovitch. 1987. The oxidation of NADH by tetravalent vanadium. Biochim. Biophys. Acta 255: 274-278.

[28] Minasi, L. A., A. Chang, and G. R. Willsky. 1990. Plasma membrane-stimulated vanadate-dependent NADH oxidation is not the primary mediator of vanadate toxicity in Saccharomyces cerevisiae. J. Biol. Chem. 265: 14907-14910.

[29] Shi, X. and N. S. Dalal. 1993. Vanadate-mediated hydroxyl radical generation from superoxide

radical in the presence of NADH: Haber-Weiss vs. Fenton mechanism. Arch. Biochem. Biophys. 307: 336-341.

[30] Kalyani, P. and T. Ramasarma. 1993. A novel phenomenon of burst of oxygen uptake during decavanadate-dependent oxidation of NADH. Mol. Cell. Biochem. 121: 21-29.

[31] Ramasarma, T. and A. V. S. Rao. 2006. Decavanadate interacts with microsomal NADH oxidation system and enhances cytochrome c reduction. Mol. Cell. Biochem. 281: 139-144.

[32] Rao, A. V. S. and T. Ramasarma. 2000. NADH-dependent decavanadate reductase, an alternative activity of NADP-specific isocitrate dehydrogenase protein. Biochim. Biophys. Acta 1474: 321-330.

[33] Ravishankar, H. N. and T. Ramasarma. 1995. Requirement of a diperoxovanadatederived intermediate for the interdependent oxidation of vanadyl and NADH. Biochim. Biophys. Acta 316: 319-326.

[34] Ramasarma, T. and H. N. Ravishankar. 2005. Formation of an oxo-radical of peroxovanadate during reduction of diperoxovanadate with vanadyl sulfate or ferrous sulfate. Biochim. Biophys. Acta 1722: 30-35.

[35] Willsky, G. R. 1990. Vanadium in the biosphere. InVanadium in biological systems. Physiology and biochemistry, N. D. Chasteen (Ed.), Kluwer, Dordrecht. pp. 1-24.

[36] Lowenstein, C. J., J. L. Dinerman, and S. H. Snyder. 1994. Nitric oxide: A physiologic messenger. Ann. Intern. Med. 120: 227-237.

[37] Kotchevar, A. T., P. Ghosh, D. D. DuMez, and F. M. Uckun. 2001. Induction of aerobic peroxidation of liposomal membranes by bis (cyclopentadienyl)-vanadium (IV) (acetylacetonate) complexes. J. Inorg. Biochem. 83: 151-160.

[38] Keller, R. J., R. P. Sharma, T. A. Grover, and L. H. Piette. 1988. Vanadium and lipid peroxidation: Evidence for involvement of vanadyl and hydroxyl radical. Biochim. Biophys. Acta 265: 524-533.

[39] Huang, C., M. Ding, J. Li, S. S. Leonard, Y. Rojanasakul, V. Castranova, V. Vallyathan, G. Ju, and X. Shi. 2001. Vanadium-induced nuclear factor of activated T cells activation through hydrogen peroxide. J. Biol. Chem. 25: 22397-22403.

[40] Fickl, H., A. J. Theron, H. Grimmer, J. Oommen, G. J. Ramafi, H. C. Steel, S. S. Visser, and R. Anderson. 2006. Vanadium promotes hydroxyl radical formation by activated human neutrophils. Free Radic. Biol. Med. 40: 146-155.

[41] Scibior, A., H. Zaporowska, J. Ostrowski, and A. Banach. 2006. Combined effect of vanadium (V) and chromium (III) on lipid peroxidation in liver and kidney of rats. Chem. - Biol. Interact. 159: 213-222.

[42] Li, Z., J. D. Carter, L. A. Dailey, and Y. C. Huang. 2004. Vanadyl sulfate inhibits NO production via threonine phosphorylation of eNOS. Environ. Health Persp. 112: 201-206.

[43] Meurer, S., S. Pioch, S. Gross, and W. Muller-Esterl. 2005. Reactive oxygen species induce tyrosine phosphorylation of and Src kinase recruitment to NO-sensitive guanylyl

cyclase. J. Biolog. Chem. 280: 33149-56.

[44] Carreras, J., R. Bartrons, and S. Grisolia. 1980. Vanadate inhibits 2,3-bisphosphoglycerate dependent phosphoglycerate mutases but does not affect the 2,3-bisphosphoglycerate independent phosphoglycerate mutases. Biochem. Biophys. Res. Commun. 96: 1267-1273.

[45] Carreras, J., F. Climent, R. Bartrons, and G. Pons. 1982. Effect of vanadate on the formation and stability of the phosphoenzyme forms of 2,3-bisphosphoglyceratedependent phosphoglycerate mutase and of phosphoglucomutase. Biochim. Biophysic. Acta 705: 238-242.

[46] Liu, S., M. J. Gresser, and A. S. Tracey. 1992. 1-H and 51-V nmr studies of the reaction of vanadate and 2-vanadio-3-phosphoglycerate with phosphoglycerate mutase. J. Biochem. 31: 2677-2685.

[47] Leon-Lai, C. H., M. J. Gresser, and A. S. Tracey. 1996. Influence of vanadium (V) complexes on the catalytic activity of ribonuclease A. The role of vanadate complexes as transition state analogues to reactions at phosphate. Can. J. Chem. 74: 38-48.

[48] Raines, R. T. 1998. Ribonuclease A. Chem Rev. 98: 1045-1065.

[49] Lindquist, R. N., J. L. Lynn, Jr., and G. E. Lienhard. 1973. Possible transition-state analogs for ribonuclease. The complexes of uridine with oxovanadium (Ⅳ) ion and vanadium (V) ion. J. Am. Chem. Soc. 95: 8762-8768.

[50] Tracey, A. S., J. S. Jaswal, M. J. Gresser, and D. Rehder. 1990. Condensation of aqueous vanadate with the common nucleosides. Inorg. Chem. 29: 4283-4288.

[51] Tracey, A. S. and C. H. Leon-Lai. 1991. 1-H and 51-V NMR investigation of the complexes formed between vanadate and nucleosides. Inorg. Chem. 30: 3200-3204.

[52] Messmore, J. M. and R. T. Raines. 2000. Pentavalent organo-vanadates as transition state analogues for phosphoryl transfer reactions. J. Am. Chem. Soc. 122: 9911-9916.

[53] Ray, W. J., Jr. and C. B. Post. 1990. The oxyvanadium constellation in transitionstateanalogue complexes of phosphoglucomutase and ribonuclease. Structural deductions from electron-transfer spectra. J. Biochem. 29: 2779-2789.

[54] Borah, B., C. W. Chen, W. Egan, M. Miller, A. Wlodawer, and J. S. Cohen. 1985. Nuclear magnetic resonance and neutron diffraction studies of the complex of ribonuclease A with uridine vanadate, a transition-state analogue. J. Biochem. 24: 2058-2067.

[55] Wladkowski, B. D., L. A. Svensson, L. Sjolin, J. E. Ladner, and G. L. Gilliland. 1998. Structure (1.3 A) and charge state of a ribonuclease A-uridine vanadate complex: Implications for the phosphate ester hydrolysis mechanism. J. Am. Chem. Soc. 120: 5488-5498.

[56] Deng, H., J. W. Burgner, II, and R. H. Callender. 1998. Structure of the ribonuclease A-uridine-vanadate transition state analogue complex by Raman difference spectroscopy: Mechanistic implications. J. Am. Chem. Soc. 120: 4717-4722.

[57] Veenstra, T. D. and L. Lee. 1994. NMR study of the positions of his-12 and his-119 in the ribonuclease A-uridine vanadate complex. Biophys. J. 67: 331-335.

[58] Messmore, J. M. and R. T. Raines. 2000. Decavanadate inhibits catalysis by ribonuclease A. Bio-

chim. Biophys. Acta 381: 25-30.

[59] Kostrewa, D., H. W. Choe, U. Heinemann, and W. Saenger. 1989. Crystal structure of guanosine-free ribonuclease T1, complexed with vanadate (V), suggests conformation change upon substrate binding. Biochemistry 28: 7592-7600.

[60] Swarup, G., S. Cohen, and D. L. Garbers. 1982. Inhibition of membrane phosphotyrosyl-protein phosphatase activity by vanadate. Biochem. Biophys. Res. Commun. 107: 1104-1109.

[61] Huyer, G. 1997. Mechanism of inhibition of protein tyrosine phosphatases by vanadate and pervanadate. J. Biolog. Chem. 272: 843-851.

[62] Denu, J. M., D. L. Lohse, J. Vijayalakshmi, M. A. Saper, and J. E. Dixon. 1996. Visualization of intermediate and transition-state structures in protein-tyrosine phosphatase catalysis. Proceedings of the National Academy of Sciences of the U. S. A. 93: 2493-2498.

[63] Goldstein, B. J. 1998. Tyrosine phosphoprotein phosphatases. Oxford University Press, Oxford, U. K., New York.

[64] Nxumalo, F., N. R. Glover, and A. S. Tracey. 1998. Kinetics and molecular modelling studies of the inhibition of protein tyrosine phosphatases by N, N-dimethylhydroxylamine complexes of vanadium (V). Journal of Biological Inorg. Chem. 3: 534-542.

[65] Cuncic, C., N. Detich, D. Ethier, A. S. Tracey, M. J. Gresser, and C. Ramachandran. 1999. Vanadate inhibition of protein tyrosine phosphatases in Jurkat cells: Modulation by redox state. J. Biolog. Inorg. Chem. 4: 354-359.

[66] Bhattacharyya, S. and A. S. Tracey. 2001. Vanadium (V) complexes in enzyme systems: Aqueouschemistry, inhibition and molecular modeling in inhibitor design. J. Inorg. Biochem. 85: 9-13.

[67] Bhattacharyya, S., A. Martinsson, R. J. Batchelor, F. W. B. Einstein, and A. S. Tracey. 2001. N, N-dimethylhydroxamidovanadium (V). Interactions with sulfhydryl-containing ligands: V (V) equilibria and the structure of a V (IV) dithiothreitol complex. Can. J. Chem. 79: 938-948.

[68] Tracey, A. S. 2000. Hydroxamido vanadates: Aqueous chemistry and function in protein tyrosine phosphatases and cell cultures. J. Inorg. Biochem. 80: 11-16.

[69] Alberts, B., A. Johnson, J. Lewis, K. Roberts, and P. Walter. 2002. Molecular biology of the cell. Garland Science Taylor & Francis Group, New York.

[70] Morinville, A., D. Maysinger, and A. Shaver. 1998. From Vanadis to Atropos: Vanadium compounds as pharmacological tools in cell death signalling. Trends Pharmacol. Sci. 19: 452-460.

[71] Huang, C., Z. Zhang, M. Ding, J. Li, J. Ye, S. S. Leonard, H. -M. Shen, L. Butterworth, Y. Lu, M. Costa and others. 2000. Vanadate induces p53 transactivation through hydrogen peroxide and causes apoptosis. J. Biol. Chem. 275: 32516-32522.

[72] Leopardi, P., P. Villani, E. Cordelli, E. Siniscalchi, E. Veschetti, and R. Crebelli. 2005. Assessment of the in vivo genotoxicity of vanadate: Analysis of micronuclei and DNA damage induced in mice by oral exposure. Toxicol. Lett. 158: 39-49.

[73] Sam, M., J. H. Hwang, G. Chanfreau, and M. M. Abu-Omar. 2004. Hydroxyl radical is the active species in photochemical DNA strand scission by bis (peroxo) vanadium (V) phenanthroline. Inorg. Chem. 43: 8447-8455.

[74] Verquin, G., G. Fontaine, M. Bria, E. Zhilinskaya, E. Abi-Aad, A. Aboukais, B. Baldeyrou, C. Bailly, and J.-L. Bernier. 2004. DNA modification by oxovanadium (IV) complexes of SALEN derivatives. J. Biol. Inorg. Chem. 9: 345-353.

[75] Morita, A., J. Zhu, N. Suzuki, A. Enomoto, Y. Matsumoto, M. Tomita, T. Suzuki, K. Ohtomo, and Y. Hosoi. 2006. Sodium orthovanadate suppresses DNA damageinduced caspase activation and apoptosis by inactivating p53. Cell Death Differ. 13: 499-511.

[76] Afshari, C., S. Kodama, H. Bivins, T. B. Willard, H. Fujiki, and J. C. Barrett. 1993. Induction of neoplastic progression in Syrian hamster embryo cells treated with protein phosphatase inhibitors. Cancer Res. 53: 1777-1782.

[77] Klarlund, J. K. 1985. Transformation of cells by an inhibitor of phosphatases acting on phosphotyrosine in proteins. Cell 41: 707-717.

[78] Aguirre, M. V., J. A. Juaristi, M. A. Alvarez, and N. C. Brandan. 2005. Characteristics of in vivo murine erythropoietic response to sodium orthovanadate. Chemico-Biolog. Interact. 156: 55-68.

[79] Rumora, L., A. Shaver, T. Z. Grubisic, and D. Maysinger. 2001. MKP-1 as a target for pharmacological manipulations in PC12 cell survival. Neurochem. Int. 39: 25-32.

[80] Domingo, J. L. 2002. Vanadium and tungsten derivatives as antidiabetic agents: A review of their toxic effects. Biol. Trace Elem. Res. 88: 97-112.

[81] Eckhert, C. D. 2006. Other trace elements. In Modern nutrition in health and disease. 10th ed. Shils, M. E., M. Shike, A. C. Ross, C. Benjamin, and R. J. Cousins (Eds.). Lippincott Williams and Wilkins, Philadelphia. pp. 338-350.

[82] Harris, W. R., S. B. Friedman, and D. Silberman. 1984. Behavior of vanadate and vanadyl ion in canine blood. J. Inorg. Biochem. 20: 157-169.

[83] Patterson, B. W., S. L. Hansard, II, C. B. Ammerman, P. R. Henry, L. A. Zech, and W. R. Fisher. 1986. Kinetic model of whole-body vanadium metabolism: Studies in sheep. Am. J. Physiol. 251: R325-R332.

[84] Sabbioni, E., E. Marafante, L. Amantini, L. Ubertalli, and C. Birattari. 1978. Similarity in metabolic patterns of different chemical species of vanadium in the rat. Bioorg. Chem. 8: 503-515.

[85] Setyawati, I. A., K. H. Thompson, V. G. Yuen, Y. Sun, M. Battell, D. M. Lyster, C. Vo, T. J. Ruth, S. Zeisler, J. H. McNeill and others. 1998. Kinetic analysis and comparison of uptake, distribution, and excretion of 48V-labeled compounds in rats. J. Appl. Physiol. 84: 569-575.

[86] Thompson, K. H., M. Battell, and J. H. McNeill. 1998. Toxicology of vanadium in mammals. InVanadium in the environment. Part 2. Health effects, Nriagu, J. O. (Ed.). John Wiley and

参 考 文 献

Sons, Ann Arbor, MI. pp. 21-37.

[87] Goldfine, A. B. , G. Willsky, and C. R. Kahn. 1998. Vanadium salts in the treatment of human diabetes mellitus. ACS Symposium Series 711: 353-368.

[88] Ramanadham, S. , C. Heyliger, M. J. Gresser, A. S. Tracey, and J. H. McNeill. 1991. The distribution and half-life for retention of vanadium in the organs of normal and diabetic rats orally fed vanadium (Ⅳ) and vanadium (Ⅴ). Biol. Trace Elem. Res. 30: 119.

[89] Dikanov, S. A. , B. D. Liboiron, and C. Orvig. 2002. Two-dimensional (2D) pulsed electron paramagnetic resonance study of VO^{2+}-triphosphate interactions: Evidence for tridentate triphosphate coordination, and relevance to bone uptake and insulin enhancement by vanadium pharmaceuticals. J. Am. Chem. Soc. 124: 2969-2978.

[90] Stroop, S. D. , G. Helinek, and H. L. Greene. 1982. More sensitive flameless atomic absorption analysis of vanadium in tissue and serum. Clin. Chem. 28: 79-82.

[91] Leibovitz, B. 1993. Vanadium (vanadyl): Does it really increase anabolism? Musc. Develop. October: 74-75, 191.

[92] Costigan, M. , R. Cary, and S. Dobson. 2001. Vanadium pentoxide and other inorganic vanadium compounds. Concise International Chemical Assessment Document 29: i-v, 1-53.

[93] Anonymous. 1988. Environmental Health Criteria 81. Vanadium. World Health Organization, Geneva.

[94] Ress, N. B. , B. J. Chou, R. A. Renne, J. A. Dill, R. A. Miller, J. H. Roycroft, J. R. Hailey, J. K. Haseman, and J. R. Bucher. 2003. Carcinogenicity of inhaled vanadium pentoxide in F344/N rats and B6C3F1 mice. Toxicol. Sci. 74: 287-296.

[95] Cohen, M. D, Z. Yang, J. Zelikoff and R. B. Schlesinger. 1996. Pulmonary immunotoxicity of inhaled ammonium metavanadate in Fischer 344 rats. Fundam. Appl. Toxicol. 33: 254-263.

[96] Valko, M. , H. Morris, and M. T. D. Cronin. 2005. Metals, toxicity and oxidative stress. Curr. Med. Chem. 12: 1161-1208.

[97] Hulley, P. A. , F. Gordon, and F. S. Hough. 1998. Inhibition of mitogen-activated protein kinase activity and proliferation of an early osteoblast cell line (MBA 15.4) by dexamethasone: Role of protein phosphatases. Endocrinology 139: 2423-2431.

[98] Silver, S. , L. T. Phung, and G. Silver. 2006. Silver as biocides in burn and wound dressings and bacterial resistance to silver compounds. J. Ind. Microbiol. Biotechnol. 33: 627-634.

[99] Saltiel, A. R. and C. R. Kahn. 2001. Insulin signalling and the regulation of glucose and lipid metabolism. Nature. 414: 799-806.

[100] Cam, M. C. , R. W. Brownsey, and J. H. McNeill. 2000. Mechanisms of vanadium action: Insulin-mimetic or insulin-enhancing agent? Can. J. Physiol. Pharmacol. 78: 829-847.

[101] Willsky, G. R. , L. -H. Chi, D. P. Gaile, Z. Hu, and D. C. Crans. 2006. Diabetes altered gene expression in rat skeletal muscle corrected by oral administration of vanadyl sulfate. Physiol. Genom. 26: 192-201.

[102] Brownlee, M. 2005. Banting Lecture 2004: The pathophysiology of diabetic complications, a

unifying mechanism. Diabetes 54: 1615-1625.

[103] Raza, H. P., S. K. Prabu, M. A. Robin, and N. G. Avadhani. 2004. Elevated mitochondrial cytochrome P450 2E1 and glutathione S-transferase A4-4 in streptozotocininduced diabetic rats. Diabetes 53: 185-194.

[104] Tabatabaie, T., A. Vasquez-Weldon, D. R. Moore, and Y. Kotake. 2003. Free radicals and the pathogenesis of type 1 diabetes: Beta-cell cytokine-mediated free radical generation via cyclooxygenase-2. Diabetes. 52: 1994-1999.

[105] Robertson, R. P., J. Harmon, P. O. Tran, Y. Tanaka, and H. Takahashi. 2003. Glucose toxicity in beta-cells: Type 2 diabetes, good radicals gone bad, and the glutathione connection. Diabetes. 52: 581-587.

[106] Thornalley, P. J., A. C. McLellan, T. W. Lo, J. Benn, and P. H. Sonksen. 1996. Negative association between erythrocyte reduced glutathione concentration and diabetic complications. Clin. Sci. 91: 575-582.

[107] Yoshida, K., J. Hirokawa, S. Tagami, Y. Kawakami, Y. Urata, and T. Kondo. 1995. Weakened cellular scavenging activity against oxidative stress in diabetes mellitus: Regulation of glutathione synthesis and efflux. Diabetologia. 38: 201-210.

[108] Rusnak, F. and T. Reiter. 2000. Sensing electrons: Protein phosphatase redox regulation. Tr. Biochem. Sci. 25: 527-529.

[109] Goldstein, B. J., K. Mahadev, X. Wu, L. Zhu, and H. Motoshima. 2005. Role of insulin-induced reactive oxygen species in the insulin signaling pathway. Antiox. Redox Signal. 7: 1021-1031.

[110] Anderson, R. A. 2000. Chromium in the prevention and control of diabetes. Diabetes Metabol. 26: 22-27.

[111] Clodfelder, B. J., R. G. Upchurch, and J. B. Vincent. 2004. A comparison of the insulinsensitive transport of chromium in healthy and model diabetic rats. J. Inorg. Biochem. 98: 522-533.

[112] Brautigan, D. L., A. Kruszewski, and H. Wang. 2006. Chromium and vanadate combination increases insulin-induced glucose uptake by 3T3-L1 adipocytes. Biochem. Biophys. Res. Commun. 347: 769-773.

[113] Fernandez-Alvarez, J., A. Barbera, B. Nadal, S. Barcelo-Batllori, S. Piquer, M. Claret, J. J. Guinovart, and R. Gomis. 2004. Stable and functional regeneration of pancreatic beta-cell population in STZ-rats treated with tungstate. Diabetologia. 47: 470-477.

[114] Dominguez, J. E., M. C. Munoz, D. Zafra, I. Sanchez-Perez, S. Baque, M. Caron, C. Mercurio, A. Barbera, R. Perona, R. Gomis and others. 2003. The antidiabetic agent sodium tungstate activates glycogen synthesis through an insulin receptor-independent pathway. J. Biol. Chem. 278: 42785-42794.

[115] Ozcelikay, A. T., D. J. Becker, L. N. Ongemba, A. M. Pottier, J. C. Henquin, and S. M. Brichard. 1996. Improvement of glucose and lipid metabolism in diabetic rats treated with molybdate. J. Am. J. Physiol. 270: E344-E352.

[116] Thompson, K. H., J. Chiles, V. G. Yuen, J. Tse, J. H. McNeill, and C. Orvig. 2004. Comparison of anti-hyperglycemic effect amongst vanadium, molybdenum and other metal maltol complexes. J. Inorg. Biochem. 98: 683-690.

[117] Crans, D. C., L. Yang, J. A. Alfano, L. -H. Chi, W. Jin, M. Mahroof-Tahir, K. Robbins, M. M. Toloue, L. K. Chan, A. J. Plante, R. Z. Grayson, and G. R. Willsky. 2003. (4-Hydroxypyridine-2, 6-dicarboxylato) oxovanadate (V)—a new insulin-like compound: Chemistry, effects on myoblast and yeast cell growth and effects on hyperglycemia in rats with STZ-induced diabetes. Coord. Chem. Rev. 237: 13-22.

[118] Thompson, K. H., K. Boehmerle, E. Polishchuk, C. Martins, P. Toleikis, J. Tse, V. Yuen, J. H. McNeill, and C. Orvig. 2004. Complementary inhibition of synoviocyte, smooth muscle cell or mouse lymphoma cell proliferation by a vanadyl curcumin complex compared to curcumin alone. J. Inorg. Biochem. 98: 2063-2070.

[119] Lyonnet, M. and E. Martin. 1899. L'emploi therapeutique des derives du vanadium. La Presse Medicale 32: 191-192.

[120] Dubyak, G. R. and A. Kleinzeller. 1980. The insulin-mimetic effects of vanadate in isolated rat adipocytes. Dissociation from effects of vanadate as a (Na^+-K^+) ATPase inhibitor. The J. Biol. Chem. 255: 5306-5312.

[121] Shechter, Y. and S. J. D. Karlish. 1980. Insulin-like stimulation of glucose oxidation in rat adipocytes by vanadyl (Ⅳ) ions. Nature 284: 556-558.

[122] Heyliger, C. E., A. G. Tahiliani, and J. H. McNeill. 1985. Effect of vanadate on elevated blood glucose and depressed cardiac performance of diabetic rats. Science. 227: 1474-1477.

[123] Meyerovitch, J., Z. Farfel, J. Sack, and Y. Shechter. 1987. Oral administration of vanadate normalizes blood glucose levels in streptozotocin-treated rats. Characterization and mode of action. J. Biol. Chem. 262: 6658-6662.

[124] Thompson, K. H. and C. Orvig. 2001. Coordination chemistry of vanadium in metallopharmaceutical candidate compounds. Coor. Chem. Rev. 219-221: 1033-1053.

[125] Battell, M. L., V. G. Yuen, and J. H. McNeill. 1992. Treatment of BB rats with vanadyl sulphate. Pharmacol. Commun. 1: 291-301.

[126] Edel, A. L., M. Kopilas, T. A. Clark, F. Aguilar, P. K. Ganguly, C. E. Heyliger, and G. N. Pierce. 2006. Short-term bioaccumulation of vanadium when ingested with a tea decoction in streptozotocin-induced diabetic rats. Metabol. 55: 263-270.

[127] Clark, T. A., A. L. Edel, C. E. Heyliger, and G. N. Pierce. 2004. Effective control of glycemic status and toxicity in Zucker diabetic fatty rats with an orally administered vanadate compound. Can. J. Physiol. Pharm. 82: 888-894.

[128] Fugono, J., H. Yasui, and H. Sakurai. 2005. Improvement of diabetic states in streptozotocin-induced type 1 diabetic rats by vanadyl sulfate in enteric-coated capsules. Can. J. Physiol. Pharm. 57: 665-669.

[129] Shechter, Y., I. Goldwaser, M. Mironchik, M. Fridkin, and D. Gefel. 2003. Historic per-

spective and recent developments on the insulin-like actions of vanadium; toward developing vanadium-based drugs for diabetes. Coor. Chem. Rev. 237: 3-11.

[130] Bevan, A. P., P. G. Drake, J. F. Yale, A. Shaver, and B. I. Posner. 1995. Peroxovanadium compounds: Biological actions and mechanism of insulin-mimesis. Mol. Cell. Biochem. 153: 49-58.

[131] Thompson, K. H., J. H. McNeill, and C. Orvig. 1999. Vanadium compounds as insulin mimics. Chem. Rev. 99: 2561-2571.

[132] Ramachandran, B. and S. Subramanian. 2005. Amelioration of diabetic dyslipidemia by macrocyclic binuclear oxovanadium complex on streptozotocin induced diabetic rats. Mol. Cell. Biochem. 272: 157-164.

[133] Tsiani, E. and I. G. Fantus. 1997. Vanadium compounds. Biological actions and potential as pharmacological agents. Tr. Endo. Metabol. 8: 51-58.

[134] Shechter, Y., G. Eldberg, A. Shisheva, D. Gefel, N. Sekar, S. Qian, R. Bruck, E. Gershonov, D. C. Crans, Y. Goldwasser and others. 1998. Insulin-like effects of vanadium; reviewing in vivo and in vitro studies and mechanisms of action. ACS Symposium Series 711: 308-315.

[135] Jackson, T. K., A. I. Salhanick, J. D. Sparks, C. E. Sparks, M. Bolognino, and J. M. Amatruda. 1988. Insulin-mimetic effects of vanadates in primary cultures of rat hepatocytes. Diabetes 37: 1234-1240.

[136] Mehdi, M. Z. and A. K. Srivastava. 2005. Organo-vanadium compounds are potent activators of the protein kinase B signaling pathway and protein tyrosine phosphorylation: Mechanism of insulinomimesis. Biochim. Biophys. Acta 440: 158-164.

[137] Sekar, N., J. Li, Z. He, D. Gefel, and Y. Shechter. 1999. Independent signal-transduction pathways for vanadate and for insulin in the activation of glycogen synthase and glycogenesis in rat adipocytes. Endocrinology 140: 1125-1131.

[138] Tsiani, E., E. Bogdanovic, A. Sorisky, L. Nagy, and I. G. Fantus. 1998. Tyrosine phosphatase inhibitors, vanadate and pervanadate, stimulate glucose transport and GLUT translocation in muscle cells by a mechanism independent of phosphatidylinositol 3-kinase and protein kinase C. Diabetes 47: 1676-1686.

[139] Duckworth, W. C., S. S. Solomon, J. Lepnieks, F. G. Hamel, S. Hand, and D. E. Peavy. 1988. Insulin-like effects of vanadate in isolated rat adipocytes. Endocrinology 122: 2285-2289.

[140] Elberg, G., Z. He, J. Li, N. Sekar, and Y. Shechter. 1997. Vanadate activates membranous nonreceptor protein tyrosine kinase in rat adipocytes. Diabetes 46: 1684-1690.

[141] Ou, H., L. Yan, D. Mustafi, M. Makinen, M. J. Brady. 2005. The vanadyl (VO^{2+}) chelate bis (acetylacetonato) oxovanadium (Ⅳ) potentiates tyrosine phosphorylation of the insulin receptor. J. Biolog. Inorg. Chem. 10: 874-886.

[142] Sakurai, H. and H. Yasui. 2003. Structure-activity relationship of insulinomimetic vanadyl-pico-

linate complexes in view of their clinical use. J. Trace Elem. Med. Biol. 16: 269-280.

[143] Yamaguchi, M., K. Wakasugi, R. Saito, Y. Adachi, Y. Yoshikawa, H. Sakurai, and A. Katoh. 2006. Syntheses of vanadyl and zinc (Ⅱ) complexes of 1-hydroxy-4,5,6-substituted 2 (1H)-pyrimidinones and their insulin-mimetic activities. J. Inorg. Biochem. 100: 260-269.

[144] Coderre, L. and A. K. Srivastava. 2005. Vanadium and the cardiovascular functions. Can. J. Physiol. Pharm. 82: 833-839.

[145] Bonnefont-Rousselot, D. 2005. The role of antioxidant micronutrients in the prevention of diabetic complications. Treat. Endo. 3: 41-52.

[146] Haratake, M., M. Fukunaga, M. Ono, and M. Nakayama. 2005. Synthesis of vanadium (Ⅳ, Ⅴ) hydroxamic acid complexes and in vivo assessment of their insulin-like activity. J. Biol. Inorg. Chem. 10: 250-258.

[147] Monga, V., K. H. Thompson, V. G. Yuen, V. Sharma, B. O. Patrick, J. H. McNeill, and C. Orvig. 2005. Vanadium complexes with mixed O, S anionic ligands derived from maltol: Synthesis, characterization, and biological studies. Inorg. Chem. 44: 2678-2688.

[148] Sun, Y., B. J. Clodfelder, A. A. Shute, T. Irvin, and J. B. Vincent. 2002. The biomimetic [Cr(3)O(O(2)CCH(2)CH(3))(6)(H(2)O)(3)](+) decreases plasma insulin, cholesterol, and triglycerides in healthy and type Ⅱ diabetic rats but not type Ⅰ diabetic rats. J. Biol. Inorg. Chem. 7: 852-862.

[149] Brichard, S. M., A. M. Pottier, and J. C. Henquin. 1989. Long term improvement of glucose homeostasis by vanadate in obese hyperinsulinemic fa/fa rats. Endocrinology 125: 2510-2516.

[150] Brichard, S. M., C. J. Bailey, and J. C. Henquin. 1990. Marked improvement of glucose homeostasis in diabetic ob/ob mice given oral vanadate. Diabetes 39: 1326-1332.

[151] Meyerovitch, J., P. Rothenberg, Y. Shechter, S. Bonner-Weir, and C. R. Kahn. 1991. Vanadate normalizes hyperglycemia in two mouse models of non-insulin-dependent diabetes mellitus. J. Clin. Invest. 87: 1286-1294.

[152] Yuen, V. G., R. A. Pederson, S. Dai, C. Orvig, and J. H. McNeill. 1996. Effects of low and high dose administration of bis(maltolato) oxovanadium (Ⅳ) on fa/fa Zucker rats. Can. J. Physiol. Pharmacol. 74: 1001-1009.

[153] Yuen, V. G., E. Vera, M. L. Battell, W. M. Li, and J. H. McNeill. 1999. Acute and chronic oral administration of bis(maltolato) oxovanadium (Ⅳ) in Zucker diabetic fatty (ZDF) rats. Diabetes Res. Clin. Pract. 43: 9-19.

[154] Wasan, K. M., V. Risovic, V. G. Yuen, and J. H. McNeill. 2006. Differences in plasma homocysteine levels between Zucker fatty and Zucker diabetic fatty rats following 3 weeks oral administration of organic vanadium compounds. J. Tr. Elem. Med. Biol. 19: 251-258. The Influence of Vanadium Compounds on Biological Systems 211.

[155] Wasan, K. M., V. Risovic, V. G. Yuen, A. Hicke, and J. H. McNeill. 2004. Effects of three and eight weeks oral administration of bis(maltolato) oxovanadium (Ⅳ) on plasma homocysteine and cysteine levels in streptozotocin-induced diabetic rats. Exp. Clin. Cardiol. 9:

125-129.

[156] Winter, C. L., J. S. Lange, M. G. Davis, G. S. Gerwe, T. R. Downs, K. G. Peters, and B. Kasibhatla. 2005. A nonspecific phosphotyrosine phosphatase inhibitor, bis (maltolato) oxovanadium (Ⅳ), improves glucose tolerance and prevents diabetes in Zucker diabetic fatty rats. Exp. Biol. Med. 230: 207-216.

[157] Cohen, N., M. Halberstam, P. Shlimovich, C. J. Chang, H. Shamoon, and L. Rossetti. 1995. Oral vanadyl sulfate improves hepatic and peripheral insulin sensitivity in patients with non-insulindependent diabetes mellitus. J. Clin. Invest. 95: 2501-2509.

[158] Boden, G., X. Chen, J. Ruiz, G. D. V. van Rossum, and S. Turco. 1996. Effects of vanadyl sulfate on carbohydrate and lipid metabolism in patients with non-insulindependent diabetes mellitus. Metabol. 45: 1130-1135.

[159] Halberstam, M., N. Cohen, P. Shlimovich, L. Rossetti, and H. Shamoon. 1996. Oral vanadyl sulfate improves insulin sensitivity in NIDDM but not in obese nondiabetic subjects. Diabetes 45: 659-666.

[160] Cusi, K., S. Cukier, R. A. DeFronzo, M. Torres, F. M. Puchulu, and J. C. P. Redondo. 2001. Vanadyl sulfate improves hepatic and muscle insulin sensitivity in type 2 diabetes. J. Clin. Endo. Metabol. 86: 1410-1417.

[161] Djordjevic, C. 1995. Antitumor activity of vanadium compounds. Metal Ions in Biological Systems 31: 595-616.

[162] Aubrecht, J., R. K. Narla, P. Ghosh, J. Stanek, and F. M. Uckun. 1999. Molecular genotoxicity profiles of apoptosis-inducing vanadocene complexes. Toxicol. Appl. Pharm. 154: 228-235.

[163] Ghosh, P., O. J. D'Cruz, R. K. Narla, and F. M. Uckun. 2000. Apoptosis-inducing vanadocene compounds against human testicular cancer. Clin. Can. Res. 6: 1536-1545.

[164] Chien, P. S., O. T. Mak, and H. J. Huang. 2006. Induction of COX-2 protein expression by vanadate in A549 human lung carcinoma cell line through EGF receptor and p38 MAPK-mediated pathway. Biochem. Biophys. Res. Commun. 339: 562-568.

[165] Lampronti, I., N. Bianchi, M. Borgatti, E. Fabbri, L. Vizzielo, M. T. H. Khan, A. Ather, D. Brezena, M. M. Tahir, and R. Gambari. 2005. Effects of vanadium complexes on cell growth of human leukemia cells and protein-DNA interactions. Oncol. Rep. 14: 9-15.

[166] Osinska-Krolicka, I., H. Podsiadly, K. Bukietynska, M. Zemanek-Zboch, D. Nowak, K. Suchoszek-Lukaniuk, and M. Malicka-Blaszkiewicz. 2004. Vanadium (Ⅲ) complexes with L-cysteine-stability, speciation and the effect on actin in hepatoma Morris 5123 cells. J. Inorg. Biochem. 98: 2087-2098.

[167] Thompson, H. J., N. D. Chasteen, and L. D. Meeker. 1984. Dietary vanadyl (Ⅳ) sulfate inhibits chemically-induced mammary carinogenesis. Carcinogenesis 5: 849-851.

[168] Ray, R. S., S. Roy, S. Samanta, D. Maitra, and M. Chatterjee. 2005. Protective role of vanadium on the early process of rat mammary carcinogenesis by influencing expression of metal-

lothionein, GGT-positive foci and DNA fragmentation. Cell Biochem. Funct. 23: 447-456.

[169] Chakraborty, T., A. Chatterjee, M. G. Saralaya, D. Dhachinamoorthi, and M. Chaterjee. 2006. Vanadium inhibits the development of 2-acetylaminofluorene-induced premalignant phenotype in a two-stage chemical rat hepatocarcinogenesis model. Life Sciences 78: 2839-2851.

[170] Mukherjee, B., B. Patra, S. Mahapatra, P. Banerjee, A. Tiwari, and M. Chatterjee. 2004. Vanadium—an element of atypical biological significance. Toxicol. Let. 150: 135-143.

[171] Kanna, P. S., M. G. Saralaya, K. Samanta, and M. Chatterjee. 2005. Vanadium inhibits DNA-protein cross-links and ameliorates surface level changes of aberrant crypt foci during 1, 2-dimethylhydrazine induced rat colon carcinogenesis. Cell Biol. Toxicol. 21: 41-52.

[172] Papaioannou, A., M. Manos, S. Karkabounas, R. Liasko, A. M. Evangelou, I. Correia, V. Kalfakakou, J. C. Pessoa, and T. Kabanos. 2004. Solid state and solution studies of a vanadium (Ⅲ)-L-cysteine compound and demonstration of its antimetastatic, antioxidant and inhibition of neutral endopeptidase activities. J. Inorg. Biochem. 98: 959-968.

[173] D'Cruz, O. J. and F. M. Uckun. 2002. Metvan: A novel oxovanadium (Ⅳ) complex with broad spectrum anticancer activity. Expert Opinion on Investigational Drugs 11: 1829-1836.

[174] Evangelou Angelos, M. 2002. Vanadium in cancer treatment. Crit. Rev. Oncol. Hematol. 42: 249-265.

[175] Molinuevo, M. S., D. A. Barrio, A. M. Cortizo, and S. B. Etcheverry. 2004. Antitumoral properties of two new vanadyl (Ⅳ) complexes in osteoblasts in culture: Role of apoptosis and oxidative stress. Can. Chemo. Pharm. 53: 163-172.

[176] Buglyo, P., D. C. Crans, E. M. Nagy, R. L. Lindo, L. Yang, J. J. Smee, W. Jin, L.-H. Chi, M. E. Godzala, Ⅲ, and G. R. Willsky. 2005. Aqueous chemistry of the vanadium Ⅲ (Ⅷ) and the Ⅷ-dipicolinate systems and a comparison of the effect of three oxidation states of vanadium compounds on diabetic hyperglycemia in rats. Inorg. Chem. 44: 5416-5427.

[177] Qiu, W., R. K. Avramoglu, N. Dube, T. M. Chong, M. Naples, A. C., K. G. Sidiropoulos, G. F. Lewis, J. S. Cohn, M. L. Tremblay, and K. Adeli. 2004. Hepatic TRP-1B expression regulates the assembly and secretion of apolipoprotein B-containing lipoproteins. Evidence from protein tyrosine phosphatase-1B overexpression knockout and RNAi studies. Diabetes 53: 3057-3066.

[178] Mahadev, K., H. Motoshima, X. Wu, J. M. Ruddy, R. S. Arnold, G. Cheng, J. D. Lambeth, and B. J. Goldstein. 2004. The NAD(P)H oxidase homolog Nox4 modulates insulin-stimulated generation of H_2O_2 and plays an integral role in insulin signal transduction. Mol. Cell. Biol. 24: 1844-1854.

[179] Mathews, C. K., K. E. Van Holde, and K. G. Ahern. 2000. Biochemistry. Benjamin/ Cummings, San Francisco.

[180] Hunter, T. 1995. Protein kinases and phosphatases: The yin and yang of protein phosphorylation and signalling. Cell. 80: 225-236.

[181] Fauman, E. B. and M. A. Saper. 1996. Structure and function of the protein tyrosine phosphata-

ses. Tr. Biochem. Sci. 21: 413-417.
[182] Barford, D. 1996. Molecular mechanisms of the protein serine/threonine phosphatases. Tr. Biochem. Sci. 21: 407-412.
[183] Denu, J. M. and J. E. Dixon. 1995. A catalytic mechanism for the dual-specific phosphatases. Biochemistry 92: 5910-5914.
[184] Hulley, P. and A. Davison. 2003. Regulation of tyrosine phosphorylation cascades by phosphatases: What the actions of vanadium teach us. J. Trace Elem. Med. Biol. 16: 281-290.
[185] Li, J., Q. Tong, X. Shi, M. Costa, and C. Huang. 2005. ERKs activation and calcium signaling are both required for VEGF induction by vanadium in mouse epidermal Cl41 cells. Mol. Cell. Biochem. 279: 25-33.
[186] Semiz, S. and J. H. McNeill. 2002. Oral treatment with vanadium of Zucker fatty rats activates muscle glycogen synthesis and insulin-stimulated protein phosphatase-1 activity. Mol. Cell. Biochem. 236: 123-131.
[187] Mehdi, M. Z., S. K. Pandey, J.-F. Theberge, and A. K. Srivastava. 2006. Insulin signal mimicry as a mechanism for the insulin-like effects of vanadium. Cell Biochem. Biophys. 44: 73-81.

12 技术发展

12.1 分子网络和纳米材料

钒酸盐的许多反应表明,当使用合适的配体时,通过利用液相的自组装作用,可能形成超分子的固定钒链和含钒网。一般需要有双齿模块反应才会顺利进行。V=O 键不容易被破坏,因此不易形成由两个三齿配体构成的配合物,但是在无水无氧环境中情况可能会不同。令人惊讶的是表面活性剂水溶液为纳米线和纳米管的自组装提供了一种介质。这使得利用溶致液晶独特的流动和磁自对准特性在这些实体上施加特定的物理特性成为可能。

研究表明,基于菲罗啉/酒石酸的双核铬配合物在水溶液中会自发形成一种自组织的带状结构,它会聚合成一种溶致液晶[1]。这表明如果使用适当的钒酸盐配体,可以形成类似的自排列材料。吡啶甲酸、双吡啶和其他双齿配体以一种非常有利的方式反应形成双配合物。如果这些配体被修改为如图 12-1a 中所示的结构,那么当钒酸盐存在时就可能会形成简单的网络。如果配体被扩展以包括更多的连接基团,则可能形成更广阔的网络,简图 12-1b 描述了几种可能的配位形式。对固定配体模板上连接基团位置的恰当选择,使不同类型网络之间的选择成为可能。例如,可以在线性、梯形和扩展网络之间进行选择,甚至还可以形成螺旋状。如果能够形成这类材料,就可以期待其具有独特的化学性质,并可能为开发有用的纳米材料提供基础。

钒(V)配合物的结合体是已知的,例如,在五氧化二钒(V_2O_5)、硼酸和磷酸的反应中观察到它们与其他反应物一起形成了硼磷酸钒网[2]。在逆胶束水溶液三(异丙基)氧钒酸盐反应形成 V_2O_5(纳米级)的过程中观察到一个特别有趣的模板化

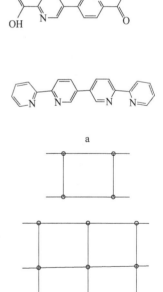

图 12-1 双齿配体的假想结构以及可能的配位形式

的自组装过程。制备 1d 可获得约 90nm 长的纳米棒。而 100d 的熟化工作可制备更细长的纳米杆，实际是约 1000nm 的纳米线[3]。

反向胶束与向列性溶致液晶有许多共同的特征。例如在核磁共振光谱仪中，由于协同效应，当施加磁场时，向列性使溶致液晶的胶束会自发、均匀地排成一排，并发生流代对准。这些发现使科技得到了发展，因此，这为获得大量排列均一的纳米线提供了一种合理的可能性，从而可以开发出更多的用途。通过电泳沉积可以获得高度有序的类似单晶的纳米棒和纳米管，并引起来自 V_2O_5 渗胶束的纳米晶簇的生长。纳米棒长度约为 10μm，直径约为 200nm，大小均匀的 V_2O_5 纳米棒基本都是单向排列的。用类似方法获得的纳米管的外形尺寸也差不多，其内径为 100nm[4]。

从表面活性剂溶液中制备基于 V_2O_5 的钒纳米管也是可能的。它们是由氧化三异丙基钒（V）酸盐形成，并具有可通过电子掺杂控制的独特电子特性[5]。事实上，这些纳米管提供了旋转控制的可能性，因此，在自旋电子器件的发展中具有很大的潜力。

异丙醇钒用途广泛。除了以上应用，还被用来在二氧化硅金属薄膜上生成 V_2O_5 纳米线。V_2O_5 纳米线在离子束制备金属纳米线的过程中起到掩底的作用来保护底层膜。通过在酸性介质中溶解去除 V_2O_5 膜，可得到所需的金属纳米线。这一过程严格控制金属丝的尺寸（厚 6nm，宽 15~20nm[6]）。

多金属含氧酸盐是重要的催化剂，此外在光学、电子、磁性等领域也有广泛的应用。多氧阴离子核中的含钒杂多酸配合金属盐赋予了这种结构更多的性能，其主要的性能是能形成几乎无限的网络，可以被用作涂层或其他薄膜材料。这些材料还具有电磁可调性和光致变色性。与有机聚合物结合后称之为混合聚合物，其被赋予特殊的电化学性质，使电容器和电池等能利用杂多酸盐的氧化还原特性的电存储设备成为可能[7]。

这些领域对于钒的研究尚处于起步阶段，但很明显钒纳米材料的应用具有巨大的潜力。

12.2　钒氧化还原电池

钒化学过程的一个普遍特点是钒及它的许多配合物能很容易地进行氧化还原反应。常通过调节 pH 值、浓度，甚至温度来延长或维持一个特定氧化态的系统完整性。另外，尝试使用钒的氧化还原性质，特别是在催化反应中的氧化还原性质，已经取得了很大的成功。钒氧化还原也已成功地应用于氧化还原电池的开发。该电池在 2.5mol/L 硫酸中分别使用 V(V)/V(Ⅳ) 和 V(Ⅲ)/V(Ⅱ) 氧化还原电对作为正负半电池电解质。图 12-2 是钒电池的示意图。氧化还原电池中的钒组件都是由五氧化二钒制备的。在钒氧化还原电池中有两种充电—放电反应，

12.2 钒氧化还原电池

如式 12-1 和式 12-2 所示。涉及的氧化还原反应的热力学性质已被广泛研究[8]。

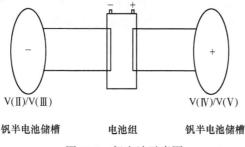

图 12-2　钒电池示意图

正极反应：

$$VO_2^+ + 2H^+ + e^- \underset{充电}{\overset{放电}{\rightleftharpoons}} VO^{2+} + H_2O \quad E^\ominus = 1.00V \quad (12-1)$$

负极反应：

$$V^{3+} + e^- \underset{充电}{\overset{放电}{\rightleftharpoons}} V^{2+} \quad E^\ominus = -0.26V \quad (12-2)$$

因为在电池的两个部分都使用了相同的电解质，如果不小心混合了带电电解质，就会导致一部分能量作为热量损失。将电解质恢复到不带电状态，就可以在不损害电池的情况下循环使用。在下一个电池周期中，电解液只需简单充电。这种电池的一个重要特点是在电池循环过程中不会产生氢气。

这种电池的特性是：（1）电池的容量受这两个氧化还原电池体积的限制。（2）电池充电简单，只需用完全充电的电解液替代已放电的电解液。耗尽的溶液可以在适当的储存槽中重新充电。电池的容量仅仅是电池体积的函数，这意味着更易获得较大的电存储容量；这些电池具有很大的潜力作为循环发电系统（如风力发电、太阳能发电或类似的发电电站）的存储设备。例如，塔斯马尼亚水电公司的赫胥黎山风电场最近在国王岛发电厂安装了一个大型的钒电池系统。由于电解材料的长期稳定性和可回收性，几乎不存在排放物和其他因素，所有储能技术中该氧化还原电池的生态影响最低。

可以简单地通过更换放电后的电解液和充电的电解液使电池再生。因此，这项技术在移动设备上有许多潜在的应用。理论上已经证明了，几乎所有的移动电池驱动装置都适合这项新技术。由于电解液的腐蚀性和小部件的费用，钒电池目前还未被用于家用电器上，但未来技术的发展可能会实现这样的应用。

钒电池技术的发展产生了第二种氧化还原电池，除了使用钒溴化物作为电解液，它的其他功能类似于上述电池[9]。该电池通过使用钒-溴化物溶液、改进的电池设计和利用薄膜来改善两个半电解池的电子交换，从而改善了钒氧化还原电池的设计。该电池采用比例为 50∶50 的 V(Ⅲ)(VBr$_3$) 和 V(Ⅳ)(VBr$_4$) 溴化物混合物作为电解液。因为在电池的两半部分都使用了相同的电解质，所以没有交叉污染的问题。该电池的能量密度是现有系统的两倍。这主要是因为该电池的钒浓度可达 3mol/L 甚至 4mol/L，所以所需体积小于原始电池的体积，这可为如风能和太阳能的存储系统和公交车、卡车以及市区内的货车等电动汽车提供便利。

12.3 银钒氧化物电池

对银与钒酸盐、五氧化二钒的反应的研究已有 3/4 个世纪的历史。这项工作的一个方面是开发银钒氧化物电池。锂银钒氧化物（Li/SVO）电池通常用于小规模应用，这些应用需要几年以上的长期功能的高度可靠性，比如医疗植入设备（如心律除颤器、神经刺激器、心房除颤器和药物注射装置等）。此类电池中锂作为阳极，电解质为液态有机电解质，由导电添加剂、黏合剂和银钒氧化物组成阴极，银钒氧化物是一种钒氧化物和银化合物（常用的是硝酸银或氧化银）反应产生的青铜色物质。由于银/钒氧化物电池的应用价值，它们仍在不断的开发中，人们对电池内的材料不断进行修饰。例如，有人提出如果将氟化银（AgF_2）加入电池基质中[10]，就可能对电池进行改进。另一项研究表明，在锂钒氧化物电池的电极上可以使用五氧化二钒带-碳纳米管[11]。第 13 章将详细介绍银/钒氧化物电池的发展及其潜力，特别是在可植入的医疗设备中的应用。

参考文献

[1] Imae, T., Y. Ikeda, M. Iida, N. Koine, and S. Kaizaki. 1998. Self-organization of a dinuclear metal complex in lyotropic liquid crystal: Ribbonlike supramolecular assemblies. Langmuir 14: 5631-5635.

[2] Wang, Y., J. Yu Q. Pan, Y. Du, Y. Zou, and R. Xu. 2004. Synthesis and structural characterization of 0D vanadium borophosphate [Co(en)$_3$]$_2$[V$_3$P$_3$BO$_{19}$][H$_2$PO$_4$]·H$_2$O and 1D vanadium oxides [Co(en)$_3$][V$_3$O$_9$]·H$_2$O and [Co(en)$_2$][V$_3$O$_9$]·H$_2$O templated by cobalt complexes: Cooperative organization of the complexes and the inorganic networks. Inorg. Chem. 43: 559-565.

[3] Pinna, N., M. Willinger, K. Weiss, J. Urban, and R. Schlogl. 2003. Local structure of nanoscopic materials: V$_2$O$_5$ nanorods and nanowires. Nano Lett. 3: 1131-1134.

[4] Wang, Y., K. Takahashi, H. Shang, and G. Cao. 2005. Synthesis and electrochemical properties of vanadium pentoxide nanotube arrays. J. Phys. Chem. B 109: 3085-3088.

[5] Kruslin-Elbaum, L., D. M. Newns, H. Zeng, V. Derycke, J. Z. Sun, and R. Sandstrom. 2004. Room-temperature ferromagnetic nanotubes controlled by electron or hole doping. Nature 431: 672-676.

[6] Sordan, R., M. Burghard, and K. Kern. 2001. Removable template route to metallic nanowires

and nanogaps. Appl. Phys. Lett. 79: 2073-2075.

[7] Casan-Pastor, N. and P. Gomez-Romero. 2004. Polyoxometalates: From inorganic chemistry to materials science. Front. Biosci. 9: 1759-1770.

[8] Heintz, A. and Ch. Illenberger. 1998. Thermodynamics of vanadium redox flow batteries: Electrochemical and calorimetric investigations. Ber. Bunsenges. Phys. Chem. 102: 1401-1409.

[9] M. Skyllas-Kazacos. 2004. New vanadium bromide redox fuel cell. In P. D. Bourkas, P. Halaris (Eds.), Power and energy systems (442): EuroPES 2004, 226. Calgary, Acta Press.

[10] Sorensen, E. M., H. K. Izumi, J. T. Vaughey, C. L. Stern, and K. R. Poeppelmeier. 2005. $Ag_4V_2O_6F_2$: An electrochemically active and high silver density phase. J. Am. Chem. Soc. 127: 6347-6352.

[11] Sakamoto, J. S. and B. Dunn. 2002. Vanadium oxide-carbon nanotube composite electrodes for use in secondary lithium batteries. J. Electrochem. Soc. 149: A26-A30.

13 银钒氧化物材料的制备、表征及其在电池上的应用

13.1 引言

本章对有关银钒氧化物材料（以下简称SVO）的制备、表征及其在电池应用上的一些参考文献进行了简短的综述，其中术语SVO用来描述一类以化学计量比或非化学计量比配比的含银、钒及氧元素的材料。关于SVO的研究发布时间较早，最初是SVO多相的合成及其表征。然而，随着SVO可作为电池中重要电极材料的发现，有关SVO的出版物和专利数量在过去20年里显著增多。尽管不够全面，但本章的目的是让读者对SVO的最初研究成果有一个全面的了解，从而进一步了解SVO电池化学性质的最新研究进展。

13.2 银钒氧化物及相关材料的制备、结构和反应活性

值得注意的是，SVO具有多种相态，包括按化学计量和非化学计量配比的。因此，制备SVO时改变反应条件、起始原料、试剂化学计量比将得到许多具有不同结构和性质的产物。此外，银氧化态的改变，特别是SVO中钒组分的改变，加上一些SVO材料的开链结构，使得这类材料非常适合电子转移应用。因此在相近时间段出现的有关SVO电池应用及SVO氧化还原催化剂应用的报道也就不足为奇了。一些涉及SVO固相结构和SVO基催化剂对有机基质催化作用的报道见13.2节，因为其可能与13.3节讲述的SVO电池化学性质相关。

本节将按时间顺序列出有关SVO化学成分的文献报告。请注意SVO化学成分的历史演变，从已发现的SVO相态的变化到制备特定相态所需的合成方案，然后到所建议的各种形式的SVO结构，最后到SVO的化学反应活性（特别是氧化还原催化活性）。

最早发表的有关SVO化合物的文章中部分是由Briton和Robinson于1930年撰写的[1]。其进行了以银为电极并用钒酸钠溶液电化学滴定硝酸银溶液的研究，在此过程中，形成不同银/钒比例的含银钒酸盐沉淀，银：钒比例为3:1和1:1时沉淀为橙色，而银：钒比例为2:1时沉淀为淡黄色。此外，确定了钒酸盐产物的溶解性，从1×10^{-24}的1:1的化合物到2×10^{-14}的3:1的钒酸银及5×10^{-7}的1:1的化合物。随后，在1933年，Briton和Robinson报道了一些通过不同的沉

13.2 银钒氧化物及相关材料的制备、结构和反应活性

淀方法从冷的硝酸银/碱性钒酸盐溶液中分离符合化学计量比的固体 $AgVO_3$、$Ag_4V_2O_7$ 和 Ag_3VO_4 的实验细节[2]。需要强调的是为了获得符合化学计量比的固体物质，需要陈化或煮沸反应物水溶液。

1964 年，Deschanvres 和 Raveau 报道称通过银粉和 V_2O_5 粉末在真空或空气中反应即可制得 3 种相的 SVO[3]。并按不同的 x 值范围为 $Ag_xV_2O_5$ 定义了其相态及不同相的混合物。在 $0.17 \leqslant x \leqslant 0.45$ 时，能够观察到一个非化学计量比的均相 β，$0.6 \leqslant x \leqslant 0.8$ 时能够观察到均匀的非化学计量比的 δ 相，$0.45 \leqslant x \leqslant 0.6$ 时出现 β 和 δ 两相区，在空气介质中反应时能够得到非化学计量比的 ε 相，$1 \leqslant x \leqslant 1.15$ 时获得均匀的非化学计量比的 ε 相，在 $x=1$ 时，在空气中反应可获得符合化学计量比的产物 $Ag_2V_4O_{11}$，并观察到闪亮的湛蓝的晶体。当银含量更高时产物为硝酸银。最后，可以注意到在 500℃ 时 δ 相发生复杂的空气氧化，生成了 β 相和 δ 相的混合物。

1965 年，Andersson 将水和 V_2O_5 粉末混合后放在镀银容器中于 2000atm（1atm=101325Pa）的大气压下在 300~700℃ 的温度下密封加热[4,5]。经过 3d 加热加压得到了蓝黑色晶体 $Ag_{1-x}V_2O_5$，这些晶体呈杆状或片状。利用 X 射线粉末衍射发现晶体在 C2/m 的空间群，通过最小二乘处理后得到 x 值约为 0.32。测得一个单斜晶胞的各项参数值为 $a=1.1742nm$，$b=0.3667nm$，$c=0.8738nm$，$β=90.48°$。两个独立的钒原子（V_1 和 V_2）均被分解，每一个都具有扭曲的八面体构型。5 个 V_1—O 键的键长为 0.142~0.195nm，5 个 V_2—O 键的键长为 0.154~0.210nm，对于 V_1 和 V_2 而言，在键长为 0.243nm 和 0.235nm 的距离处存在另一个氧原子以形成每个钒周围的扭曲八面体构型。银离子的配位数为 5，Ag—O 键的键长范围为 0.248~0.268nm，总体结构为扭曲的 VO_6 八面体的双曲折带，并且其与夹在 V_2O_5 层之间的银离子共边共角。最后比较了 $Ag_{1-x}V_2O_5$ 和 $Na_xTi_4O_8$ 的结构。

1966 年，Hagenmuller 等人制备并报道了包括 $Ag_xV_2O_5$ 在内的一系列的钒青铜[6]，其包括的 4 种相态为 $0 \leqslant x \leqslant 0.01$ 的斜方晶 α 相，$0.29 \leqslant x \leqslant 0.41$ 的单斜 β 相，$0.67 \leqslant x \leqslant 0.86$ 的单斜 δ 相，在 $x>0.86$ 时能够观察到银色金属和 δ 相，$x=0.86$ 时测得的晶胞参数为 $a=(1.173±0.003)nm$，$b=(0.366±0.002)nm$，$c=(0.875±0.002)nm$，$β=91°30'±30'$，空间群为 $C_{2h}^3(Z=4)$，这些晶胞的维数与 Andersson 报道的 $Ag_{1-x}V_2O_5(x=0.32$，见上文) 的晶胞维数类似，但是空间族群是不同的。α 相的电导率大小为 $10^{-3}\Omega^{-1} \cdot cm^{-1}$（$T=300K$），而报道的 β 相和 δ 相的电导率为 $1\Omega^{-1} \cdot cm^{-1}$（$T=300K$）。

同样在 1966 年，Fleury 等人对 Ag_2O-V_2O_5 系统进行了热分析，并按照 5 种不同的化学计量比（1∶7、1∶2、1∶1、2∶1 和 3∶1）[7] 混合两种固体氧化物

而得到了一种相图。前四种化合物 AgV_7O_{18}、$Ag_2V_4O_{11}$、$AgVO_3$、$Ag_4V_2O_7$ 的熔点范围从 AgV_7O_{18} 的 732℃ 到 $Ag_4V_2O_7$ 的 392℃，其中熔点的降低与 Ag：V 比率的增加相一致。为防止原位生成非化学计量比的铜物质，在氧气氛围中进行热分析。

1967 年，Galy 等人将通式为 $M_xV_2O_5$（M 为一价、二价及三价金属）的非化学计量比的钒黄铜的相范围与金属 M 的离子半径及插入率相联系[8]，该分析中包括了 Andersson（参见上文）表述的 δ 相 $Ag_{1-x}V_2O_5$。比较了单斜 C2/m 晶体与其他 5 个 $M_xV_2O_5$ 相型（即 α、β、γ、α′ 和零相位）的结构，在所有情况下，$M_xV_2O_5$ 相中的 V_2O_5 由扭曲的八面体和双椎体组成，形成了在固相中呈二维或三位排列的平行链。而金属阳离子位于两个或多个 V_2O_5 链之间。

同样在 1967 年，Casalot 和 Pouchard 通过银粉和 V_2O_5 粉末及 $AgVO_3$ 粉末和 V_2O_5 粉末的反应得到了 Ag_2O-V_2O_5-VO_2 体系的相图[9]。通过银粉和 V_2O_5 粉末在 600℃反应，能够观察到 $Ag_xV_2O_5$ 的连续 3 个相变化，包括从 $0 \leq x \leq 0.01$ 开始的由 V_2O_5 中 Ag^+ 离子的固溶体组成的 α 相，从 $0.29 \leq x \leq 0.41$ 开始的单斜 β 相及 $0.67 \leq x \leq 0.86$ 的 δ 相。这些相的熔点分别为：α 相 672℃、β 相 715℃、δ 相 690℃。在融化过程中 α 相和 β 相是稳定的，但在融化及随后的冷却过程中 δ 相转化为 β 相、VO_2 和 $AgVO_3$ 的混合物。当 x 值在两个相之间时，均能观察到相邻两相。在氧气氛围且温度范围为 350～640℃ 的条件下通过 $AgVO_3$ 和 V_2O_5 的反应可制得连续的 4 个相：相Ⅰ是 $AgVO_3$ 的 β 相，相Ⅱ对应 $Ag_2V_4O_{11-e}$ 的缺氧相，相Ⅲ和相Ⅳ共存，而相Ⅲ表述为 $Ag_{1+x}V_3O_8$，当 V：Ag 比例大于 2.5 时，相Ⅳ开始出现，当 V：Ag＝6 时相Ⅳ是纯净相并且出现在 $Ag_{0.33}V_2O_5$ 的 β 相中。

同样在 1967 年，Lukas 等人在反应温度为 450～600℃ 的条件下加热 $AgVO_3$ 和 V_2O_5 的固体粉末得到了 SVO[10]。首先得到的是 $Ag_xV_m^{4+}V_n^{5+}O_y$ 的两个非化学计量比相的混合物：相Ⅰ（其中 $0.29 \leq x \leq 0.43$，$0.32 \leq m \leq 0.44$、$1.56 \leq n \leq 1.68$，$4.96 \leq y \leq 5.05$）和相ⅡA（$0.80 \leq x \leq 0.99$，$0.06 \leq m \leq 0.20$，$1.90 \leq n \leq 1.94$，$5.32 \leq y \leq 5.46$）。用 HNO_3 和 $Ag_xV_m^{4+}V_n^{5+}O_y$ 的第三个非化学计量比相处理该混合物得到ⅡB 相，其中 $0.67 \leq x \leq 0.77$，$0.05 \leq m \leq 0.09$，$1.91 \leq n \leq 1.95$，$5.22 \leq y \leq 5.36$。值得注意的是，相ⅡB 的 V^{4+} 很少，可能是 HNO_3 将 V^{4+} 氧化成 V^{5+} 所致。通过 TGA、IR 光谱、X 射线衍射和氧化还原滴定对该混合物进行表征。

同样在 1967 年，Raveau 研究了从 V_2O_5 粉末与 Ag_2O 粉末的混合物中得到的 SVO 材料的一些化学反应[11]。他的研究证实了多种 SVO 化学反应。首先，Raveau 研究了在真空、惰性气体和氧气中加热 SVO 的效果，在某些条件下观察到了 SVO 相之间的相互转换。例如，β-$Ag_xV_2O_5$ 在空气或氧气中是稳定的，但在真空中不稳定。而在空气中，δ-$Ag_xV_2O_5$ 在 500℃ 的条件下氧化形成 $Ag_2V_4O_{11}$ 和

13.2 银钒氧化物及相关材料的制备、结构和反应活性

β-$Ag_xV_2O_5$。此外，$Ag_2V_4O_{11-y}$ 由真空中的 $Ag_2V_4O_{11}$ 在 450℃ 时分解形成，$Ag_2V_4O_{11-y}$ 在 550℃ 的真空中分解成 δ-Ag_xV_2O、Ag 和 O。再者，$Ag_2V_4O_{11-y}$ 由 γ-$AgVO_3$ 在 450℃ 时形成，而 $Ag_2V_4O_{11}$ 和 $Ag_2V_4O_{11-y}$ 在 500℃ 时与 VO_2 反应生成 δ-$Ag_xV_2O_5$。随后，Raveau 研究了氨气和 δ-$Ag_xV_2O_5$，以及液态氨与 β-$Ag_xV_2O_5$ 和 δ-$Ag_xV_2O_5$ 的反应。总的来说，存在湿度时，钒酸铵和银是反应产物。

1974年，Drozdov 等人报道了 $Ag_{4-x}V_4O_{12}$（$x=1.05$）的晶体结构，他们指出银（I）化学计量比的偏差使结构分析变复杂[12]。该结构由 V_4O_{12} 重复晶胞构成，由 V 形中心八面体组成，形成无限延伸的独立钒氧棒（[V_4O_{12}]）。Drozdov 等人认为无限延伸的棒状结构决定了 $Ag_{4-x}V_4O_{12}$（$x=1.05$）晶体的纤维特性。值得注意的是，以前报道的非化学计量比的赤褐色钒的无限延伸钒基棒不是孤立的，而是更复杂的二维和三维结构的一部分。有趣的是，为了平衡电荷，在目标化合物 $Ag_{4-x}V_4O_{12}$（$x=1.05$）的化学计量比中，至少有一个银离子高于+1价，或者至少一个有氧离子低于−2价。

在 Fleury（见下文）研究相图十年后，Volkov 等人在 1976 年报道了 V_2O_5-$AgVO_3$ 系统的平衡相图[13]。将 V_2O_5 与 $AgVO_3$ 粉末的混合物在空气中加热 200h，空气温度为 400~450℃。对产物进行化学分析和 X 射线衍射分析后发现了 3 种物质：β-$Ag_xV_{12}O_{30}$（$1.7 \leq x \leq 2.0$）、γ-$Ag_{1.12}V_3O_{7.8}$ 和 ε-$Ag_2V_4O_{10.85}$，都用 X 射线衍射进行了表征。Fleury 和 Volkov 都指出，SVO 产物的组成是反应中氧气压力的函数，因此在构建 V_2O_5-$AgVO_3$ 的平衡相图时，需注意特定的平衡条件。由于 Fleury 用的是氧气，Volkov 用的是空气，所以制备 SVO 化合物时得到的相图不同。

同样在 1976 年，Scholtens 测量了 Ag 在固体 $Ag_xV_2O_5$ 中的扩散常数，在温度为 200~450℃ 范围内，该扩散常数是 x 的函数[14]。$Ag_xV_2O_5$ 有 3 种制备方式：（1）Ag 与固体 V_2O_5 在 650℃ 条件下反应生成；（2）Ag_2CO_3、V_2O_4 与固体 V_2O_5 在 650℃ 条件下反应生成；（3）AgI 与固体 V_2O_5 在高于 300℃ 条件下反应生成。$Ag_xV_2O_5$ 中 Ag 的扩散常数（D_{Ag^+}）随 x 变化而变化：当 $x=0.30$ 时，$D_{Ag^+}=10^{-13}$，当 $x=0.70$ 时，$D_{Ag^+}=10^{-16}$。当 $x=0.30$ 时，$Ag_xV_2O_5$ 处于 β 相，而当 $x=0.70$ 时，$Ag_xV_2O_5$ 处于 δ 相。由于这两相中所含的扩散通道大小几乎相同，但 β 相中有更多未被银离子占据的能量等效位点，因此 Scholtens 认为 $Ag_xV_2O_5$ 在 β 相中扩散速度更快。

在 1981 年，Andreikov 和 Volkov 报道了固体非均相 SVO 催化剂对邻二甲苯和萘的氧化作用[15]。通过将 $AgNO_3$ 和固体 V_2O_5 以 12 种不同的配比方式制备的混合物置于空气中，并加热使其在 750℃ 下高温熔化来制备该催化剂。反应得到了几种类型的 SVO 催化剂，其中既包括符合该配比的类型，也包括不符合该配比的类型。用 X 射线衍射法对 Ag 含量较低（$0 \leq x \leq 0.02$）的 α 相材料（$Ag_xV_2O_5$）

进行了表征，而对于β相材料（$Ag_xV_6O_{15}$），测得其 x 的值处于 0.85~1.0 之间。同时在其中还检测到了银钒酸盐 $Ag_{1.2}V_3O_7$（γ）、$Ag_2V_4O_{10.5}$（ε）以及偏钒酸银 $AgVO_3$ 的存在。当 SVO 中含有摩尔分数为 20%~30% 的 Ag 时，其催化活性达到最大。值得注意的是，除了产物 $AgVO_3$ 及 $Ag/(Ag+V)=0.14$ 的β相材料 $Ag_xV_6O_{15}$ 均不发生分解的情况，其余条件下催化剂的组成在催化过程中都会发生变化。

在 1983 年，Van Den Berg 等人借助 DTA、TGA 和 DTG 技术，在各种惰性、氧化和还原条件下，对比分析了 $Ag_{0.35}V_2O_5$ 粉末以及 0.35 Ag 粉末和 V_2O_5 的粉末混合物的热力学性质[16]。Ag 可催化 V_2O_5 中的 V 的气态还原，且 0.35 Ag 粉末和 V_2O_5 的粉末混合物的初始还原 DTG 曲线与 $Ag_{0.35}V_2O_5$ 粉末不同。且混合粉末的第二还原 DTG 曲线与 $Ag_{0.35}V_2O_5$ 粉末的初始还原 DTG 曲线类似，这可能意味着混合物在经过初始加热之后形成了 $Ag_{0.35}V_2O_5$。

在 Volkov 发表了其研究结果的 9 年后，Wenda 在 1985 年对 V_2O_5-Ag_2O 体系进行了研究[17]。将 V_2O_5 和 Ag_2O 磨碎并混合制得的混合粉末置于暴露在空气中的石英管内，在 380~640℃ 下加热一段时间（选取多个加热时间尺度）。用 DTA、TGA 和 X 射线粉末衍射法对材料进行表征。其包括 V_2O_5、固体 Ag 或在 V_2O_5 中的固体 Ag_2O、β-$Ag_{0.30}V_{1.7}O_{4.25}$、$Ag_2V_4O_{11}$、β-$AgVO_3$、Ag_3VO_4 和 Ag 共 7 个相。在 Fleury 和 Volkov 的著作中给出了部分相图。然而与 Fleury 不同的是，在 Wenda 的研究中并未检测到由α相到β相（372℃）以及β相到γ相（473℃）的热转变；Ag_2O 的摩尔分数为 12%~35% 的液相线形状不同；且当温度在 400℃，Ag_2O 的摩尔分数大于 66 时，未观察到样品的热效应。

Galy 等人对 V_2O_5 的结构及其 MV_2O_5 相的相关结构化学性质进行了研究（见下文）。在 1986 年，他们对 V_2O_5 的结构进行了更为精细的报道。报道指出，V_2O_5 为层状结构，其中包含有边角共用的正方锥形 VO_5，且 V_2O_5 层通过 V 和 O 之间的弱相互作用（V—O 距离为 0.2791(0.3)nm）连接在一起[18]。这项报道具有很高的价值，因为先前的报道是将 V_2O_5 中的 VO_5 描述为三角双锥形而非正方锥形。

1989 年，Znaidi 等人借助溶胶-凝胶法，用 V_2O_5 的干凝胶合成了单斜β相 SVO[19]。V_2O_5 凝胶是通过酸化水溶性钒得到的，由此制得的 V_2O_5 纤维为 100nm 长、10nm 宽、1nm 厚的缠结的扁平带状结构。将 V_2O_5 凝胶干燥从而得到薄的干凝胶膜，并将其置于浓度为 0.1mol/L 的银离子溶液中浸泡几分钟。通过浸泡得到面间距 1.09nm 的插层化合物 $Ag_{0.36}V_2O_5 \cdot 1.17H_2O$。通过脱水并对所得的插层干凝胶进行加热，可以得到赤褐色的 $Ag_{0.36}V_2O_5$。最后对粉末进行 X 射线衍射，并结合热重分析和差热分析，对这一赤褐色物质进行了表征。

在 1991 年，Vassileva 等人报道了以 Al_2O_3 负载的 SVO 催化剂可在空气中将苯彻底氧化[20]。催化剂的制备方法如下：首先，将 $AgNO_3$ 和 NH_4VO_3 按 1:71

13.2 银钒氧化物及相关材料的制备、结构和反应活性

到 1∶1 的比例溶于水溶液中,然后将溶液加热蒸干去除水分,最后将所得的固体产物置于空气中,在 500~520℃下煅烧。通过观测 V^{5+}、V^{4+} 和 V^{3+} 组分(质量分数,%)作为催化时间的函数的变化情况来对催化剂进行表征。通常,V^{5+} 的含量随着催化反应的进行而降低,而 V^{4+} 和 V^{3+} 的含量则均会增加。当 Ag/V 比很小(≪1∶1)时,催化剂的催化活性很高且能维持很长时间,而当 Ag/V 为 1∶1 时,其催化活性则非常低。Vassileva 等人对此进行了合理的解释,他们指出,当 Ag 不与钒氧化合物发生化学结合且在催化过程中不生成明显的 Ag 相时,可以维持最佳的 V^{5+}/V^{4+} 比。

在 1992 年,Galy 研究了由于金属阳离子结合引起的 V_2O_5 的结构变化,并对其进行了合理的解释[21]。在 1994 年,Deramond 等人对银离子插入 β-$Ag_xV_2O_5$ ($0.29 \leq x \leq 0.41$)的通道中的过程进行了研究[22]。借助 Casalot 和 Pouchard 关于 $Ag_xV_2O_5$ 的研究结果(见下文),Deramond 等人探明了 β-$Ag_xV_2O_5$ 的结构并对其中的 x 的值为何可以超过 β 相的理论极限($x = 0.33$)给出了合理的解释。β-$Ag_xV_2O_5$ 中的 x 值较大的原因是,与先前观察到的其他金属阳离子相比,银离子可以分布在更多的位点上,从而导致了 β 相的 $M_xV_2O_5$ 中的 x 出现了 1 个超过原有上限值(0.33)的新的上限值(0.66)。

在 1993~1994 年,Crespi 等人和 Zandbergen 等人采用高分辨电子显微镜(HREM)和 X 射线粉末衍射(XRD)对 $Ag_{2-x}V_4O_{11}$ 进行了表征[23,24]。在氧气氛围中,将 Ag_2O 粉末与 V_2O_5 粉末以 1∶2 的比例混合,在 500℃下固相反应 6 h,从而制得 SVO 样品。值得注意的是,利用 HREM 观察到 SVO 表面上的 Ag 颗粒较小,因此,他们认为 $Ag_{2-x}V_4O_{11}$ 比 $Ag_2V_4O_{11}$ 更适宜用来制备 SVO。利用 HREM 可以观察到 2 个相(相 I 和相 II)。相 I 为主导相态,其晶体所含的是属于二维晶胞($a = 0.77$nm、$c = 0.90$nm、$β = 125°$)的 C 中心单斜晶胞($a = 1.53$nm,$b = 0.360$nm,$c = 0.95$nm,$β = 125°$)。相 II 与相 I 不同,其仅沿 C^* 轴堆叠,且其晶体所含的也是属于二维晶胞($a = 0.77$nm,$c = 0.72$nm,$β = 102°$)的 C 中心单斜晶胞($a = 1.53$nm,$b = 0.36$nm,$c = 0.76$nm,$β = 102°$)。根据 V_4O_{11} 的位移可以提出几种可能的 $Ag_{2-x}V_4O_{11}$ 的构型。在 V_4O_{11} 层之间的 V 阳离子以扭曲的六配位形式存在,而银离子则与 O 以不规则的形式进行配位。

在 1996 年,Rozier 等人用单晶 X 射线衍射测定了 β-$AgVO_3$ 的结构,并将其与已报道的 $Ag_2V_4O_{11}$ 和 δ-$Ag_xV_2O_5$ 的结构进行了比较[25]。β-$AgVO_3$ 晶体是按以下方式制备的:(1)在氧气氛围中,将 $Ag_2O/V_2O_5 = 1∶1$ 的混合粉末置于金坩埚中,于 420℃下加热 12h;(2)在与步骤(1)相同的条件下对产物进行再次加热;(3)通入氧气,将步骤(2)中所得的产物置于金坩埚中,于 500℃下加热 10h,然后以 2℃/h 的速率将温度降至 450℃,最后淬火至室温。在探明了几种晶体之后,将 β-$AgVO_3$ 的结构归为单斜晶系,Cm 空间群,其结构为无限延伸

的、与扭曲的 VO_6 八面体共边的 $[V_4O_{12}]_n$ 双锯齿链,且含有 4 个键长不同(为 0.167(0.4)~0.244(0.8)nm)的 V—O 键。存在可以形成 3 种几何构型的 4 种银离子:第 1 种银离子的几何结构为弱畸变八面体(典型键长为 0.243(0.4)nm);第 2 和第 3 种银离子的几何结构为正方锥形(典型键长为 0.240nm);第 4 种银离子的几何结构为单轴三角棱柱,其中 Ag—O 键的键长处于 0.222~0.289nm 范围内。由于第 4 种单轴三角棱柱型的银离子的构型是最大的且其沿 [010] 方向相互之间是共面的,因此 Rozier 等人提出这些银离子可能在晶格内发生特殊的位移。此外,他们还提出 β-$AgVO_3$ 的结构式可以写为 $Ag[Ag_3V_4O_{12}]$,其中银离子属于第 4 种几何结构(单轴三角棱镜)。最后,他们还讨论了 β-$AgVO_3$、$Ag_2V_4O_{11}$ 和 δ-$Ag_xV_4O_{10}$ 之间在结构上的相似性,并提出得失 Ag_2O 或 O 是其发生互变的可能途径。

在 1997 年,Rozier 和 Galy 根据 Rozier 在 1996 年的报道,他们详细介绍了通过失去 $Ag_2V_4O_{11-y}$ 上的 O,$Ag_2V_4O_{11}$ 转变为 $Ag_{1+x}V_3O_8$ 的机理。将 Ag_2O 和 V_2O_5 以物质的量比 1:2 的比例混合,并将所得的混合物置于密封石英坩埚中,于 450℃ 下加热 10h,之后在 500℃ 下再次加热 10h,从而制得 ε-$Ag_2V_4O_{11}$ 多晶体样品。为了得到 ε-$Ag_2V_4O_{11}$ 单晶体,将该多晶体置于密封石英安瓿中,于 560℃ 下加热 5h,接着以 2℃/h 的速率将其冷却至 540℃,最后淬火至室温。对 ε-$Ag_2V_4O_{11}$ 晶体进行完整的单晶 X 射线分析,确定了其晶体的化学式不是 $Ag_2V_4O_{11}$ 而是 $Ag_{1+x}V_3O_8$,且空间群为 $P2_1/m$。$[V_3O_8]_n$ 链的骨架是围绕 3 个独立的 V 位点建立的:V1 与 O 之间形成五配位的三角双锥结构,而 V2 和 V3 与 O 之间形成的是六配位的八面体结构。银离子主要存在于弱畸变的八面体结构的位点上(典型的 Ag—O 键的键长为 0.2438(0.8)nm),然而 Rozier 和 Galy 指出,还有些 Ag(I)存在于四面体和三角棱柱结构的位点上。这些位点上的 Ag—O 键的键长在 0.209(0.1)~0.330(0.1)nm 范围内变化。Rozier 和 Galy 提出,如果在惰性气体氛围中制得的材料为 $Ag_{1+x}V_3O_8$,则 Leising 和 Takauchi[55](见下文)及 Tarascon 和 Garcia Alvarado[71](见下文)得出的关于在空气或惰性气体氛围中能够制得 SVO 的电化学结论就可以得到合理的解释。最后,Rozier 和 Galy 提出并讨论了 Ag_2O-V_2O_5-V_2O_4 三元相图,这一相图很可能使得 ε-$Ag_2V_4O_{11}$-to-$Ag_{1+x}V_3O_8$ 过渡态更为合理[26]。

1998 年,Ge 和 Zhang 按照 V/Ag 分别为 1:0、9:1、3:1、2.16:1、1.5:1、1:1 和 0:1 制备了 V-Ag 催化剂,并通过 H_2/N_2 气体中的程序升温还原、X 射线衍射和紫外漫反射光谱研究了这些材料的还原过程[27]。和 Vasielva 等人在 1991 年的研究相关,Zhang 制备的催化剂是在少量草酸的存在下,将硝酸银和偏钒酸铵水溶液混合而得。蒸发除去水,将干燥产物在 450℃ 的马弗炉中煅烧 9h。有趣的是,V/Ag = 1:0 时产物的表面积最大,V/Ag = 0:1 时产物的表面积最

13.3 银钒氧化物的电池应用

小。还原 $Ag_2V_4O_{11}$、$Ag_2V_4O_{10.84}$ 和 $Ag_{1.2}V_3O_8$，首先形成 Ag、V_6O_{13} 和 H_2O，然后 V_6O_{13} 还原为 VO_2，进而还原为 V_2O_3。

2000 年，Rozier 等人用固态化学和 X 射线衍射测量开展了 Li 插入 V_2O_5 和 $Ag_2V_4O_{11-y}$ 的研究[28]。通过 $LiVO_3$ 与 VO_2 的固相反应制备 γ-$LiVO_5$，然后用 C_4H_9Li 或 $Li_2C_2O_4$ 来制备 Li 插入 γ-$LiVO_5$ 生成的 $Li_{x'}V_2O_5$。对于 $Li_{x'}V_2O_5$，当 $x'>1$ 时，通过 X 射线衍射观察到多个相态。因此，把在 Li/V_2O_5 电池放电期间得到的梯形放电剖面合理解释为直到获得 $LiVO_2$ 的多个阶段的分层。对于贫氧的 $Ag_2V_4O_{11-y}$，因为它的 X 射线衍射图谱与预测的 $Ag_{1+x}V_3O_8$ X 射线衍射图谱相同，因此把与贫氧的 $Ag_2V_4O_{11-y}$ 相关的电化学解释为含 Li 的 $Ag_{1+x}V_3O_8$。Rozier 等人提出的机理涉及锂（Li）首次插入 $Ag_{1+x}V_3O_8$ 生成（Li，Ag）$^+_{1+x}V_3O_8$，然后生成 $Li_{1+x}V_3O_8$。这一机制解释了 $Ag_{1+x}V_3O_8$ 和 $Li_{1+x}V_3O_8$ 放电曲线的相似性。最后，通过 $Li_2C_2O_4$ 与 $Ag_{1.2}V_2O_8$ 的反应，将 Li 插入 $Ag_{1+x}V_3O_8$ 中，得到 $Li_{1+x}V_3O_8$ 和金属 Ag 的混合物，这与所提出的机理一致。

2003 年，Takeuchi 和同事们进行了 SVO 合成机理的研究[29]。利用 Ag_2CO_3 或银（0）粉末，以及 V_2O_5 进行热分析，并用这些初始材料解释 SVO 的形成机制。$AgCO_3$ 和 V_2O_5 的反应通过两步分解/化合反应进行，温度范围为 150～400℃。与上述结果一致，在 350℃的条件下，银（0）粉末与 V_2O_5 在空气或氧气中反应生成 ε 相 $Ag_2V_4O_{11}$。相反，银（0）粉末和 V_2O_5 在惰性气体中反应生成了贫氧型赤褐色 AgV_2O_5。

2005 年，Mao 和同事们报道了单晶 $Ag_2V_4O_{11}$ 纳米棒的水热合成[30]。将 $AgNO_3$、V_2O_5 和 1,6-己二胺溶于水中，在内壁为聚四氟乙烯的不锈钢高压蒸汽灭菌锅中于 180℃加热 2d。扫描电子显微镜（SEM）和透射电子显微镜（TEM）显示，SVO 产物的宽度为 70～200nm，长度为 2～5μm。用 X 射线衍射（XRD）和 X 射线光电子谱（XPS）对 SVO 产物进行了表征，发现不存在杂质。热重分析表明，在 486℃以下的质量损失是由残余有机模板的分解和氧化钒层之间失水所致的。磁性分析表明纳米棒是顺磁性的，这归因于氧不足。

2005 年，Sharma 及其同事报道了通过有机模板层状钒酸盐（$(org)_xV_2O_5$）的离子交换合成银钒酸盐[31]。利用先前报道的步骤[32]制备层状钒酸盐，然后在 1mol/L 的 $AgNO_3$ 溶液中搅拌以进行离子交换。通过反应介质的颜色监测离子交换反应的进展，观察到颜色从绿色变到黄色。XRD 数据表明，$(org)_xV_2O_5$ 的初始层状结构在与硝酸银混合的几小时内被破坏，β-$AgVO_3$ 相在 36～48h 后逐渐改变。用 TEM 观察，产物由 $AgVO_3$ 纳米棒组成，其表面被直径为 2～5nm 的球状银纳米颗粒覆盖。

13.3 银钒氧化物的电池应用

因为锂（Li）具有高的电化学等效性（或对于给定重量材料的高库仑输

出),所以含锂金属阳极的高级电池具有高的能量密度。Li 金属的电化学当量为 3860mA/g,在 25℃时,标准电位为 $-3.05\text{V}^{[33]}$。这些值对于任何金属都是最高的,所以 Li 是极好的阳极材料。因为 Li 要与水反应,所以锂阳极电池的一个特点是需要使用非水电解质溶液。与水电解质相比,有机基电解质的低电导率可以限制电池的电流或额定容量。然而,在需要高功率和高电池容量的特殊应用中,高效能锂电池才显示功效。在这一领域,SVO 作为锂电池阴极材料的商机被发现,并且在过去 20 年中对其进行了积极的研究。

商业中,SVO 一直是最早(非充电)的锂阳极电池中的阴极材料。因为 SVO 主要与植入式医疗器械的电池相关,所以它产生的影响最大。具体来说,Li/SVO 电池能够产生用于植入式心脏除颤器(ICDS)操作所需的高脉冲电流[34]。ICDS 监测患者的心脏,并对心室颤动的患者提供高能量的电击,使心脏恢复正常的跳动。在使用该装置期间,在装置的整个寿命阶段(数年)需要连续的低电流消耗来为监控电路供电。此外,当检测到心房颤动时,电池必须快速输送一系列高电流脉冲,通常为 2~3A 的量级[35,36]。并且,已经证明了 Li/SVO 电池作为可植入电池的安全性和可靠性。1991 年,Holmes 和 Visbisky 报道了基于 SVO 电池植入型除颤器的可靠性[37]。在 37℃时,测试了恒定电阻负载和脉冲放电下的 788 个电池。虽然没有电池在测试中提前结束放电,但可以计算出每月的最大随机失败率为 0.0167% ($\alpha = 0.90$)。Takeuchi 也对植入式 Li/SVO 电池的可靠性和其质量保证进行了检测[38],测试了超过 3800 个电池,最终数据表明,在 90% 的置信区间内,最大随机故障率为 0.005%,这证明了该项技术的成功。

已有多篇关于将 SVO 作为 ICD 应用的高速阴极材料的论文和专利。除了 SVO 作为阴极显示的高倍率性能外,该材料还显示出相对于锂电池中使用的其他固体正极材料的高能量密度(见表 13-1)。此外,还有人对 SVO 和相关材料作为锂和锂离子型电池的可充电阴极材料感兴趣。以下部分将回顾与这两种预期的应用有关的文献。

表 13-1 锂离子电池及其阴极材料单位质量的电池容量

阴极材料	电池容量/mA·h·g^{-1}	参考文献
$LiWO_2$	120	[84]
$LiMn_2O_4$	123	[39]
$LiCoO_2$	131	[39]
$LiNi_{0.5}Co_{0.5}O_2$	147	[39]
$LiNiO_2$	160	[83]
$LiMoO_2$	199	[84]
TiS_2	226	[84]

13.3 银钒氧化物的电池应用

续表 13-1

阴极材料	电池容量/mA·h·g^{-1}	参考文献
MnO$_2$	308	[85]
SVO（Ag$_2$V$_4$O$_{11}$）	315	[51]
CF$_x$	860	[86]

13.3.1 最初的银钒氧化电池

1978 年，Scholtens 及其合作者研究了 Ag/Ag-β-Al$_2$O$_3$/Ag$_x$V$_2$O$_5$ 型固体电解质电池时，第一次使用了 SVO 作为电池阴极材料，在 x 值的范围内金属银作阳极，Ag$_x$V$_2$O$_5$ 作阴极[39]。使用原电池测量计算了化合物中银的部分热力学焓和熵函数，研究了 $0.1<x<0.7$ 范围内的化合物，其中在 $0.29<x<0.41$ 的范围内，成功测量了电导率，该区域被表示为 x 相，并且从热力学测量结果上被确定为最稳定的。鉴于后见之明，有趣的是，作者评论说 Ag$_x$V$_2$O$_5$ 材料（与银离子电解质结合使用）没有为实际的存储单元提供可能性。

1982 年 Li/SVO 电池开始发展了，在那时，两项美国专利中的第一项是将金属钒氧化物用作电化学电池的阴极，这个专利被授予 Liang 等人[40]。利用热分解的方法使钒氧化物与几种元素（包括银）反应以制备 SVO，该专利公开了 Ag$_2$V$_4$O$_{11}$ 作为阴极用于非水性的液体电解质的锂电池，并且该系统最初是用于高温（150℃）电池应用的。

1984 年，Keister 等人提出了使用基于 Li/SVO 的系统来为植入设备供电[41]，在这篇文章中，SVO 材料是指 AgV$_2$O$_5$，但对 AgV$_2$O$_{5.5~6.0}$ 进行元素分析发现，该材料实际上是 SVO（Ag$_2$V$_4$O$_{11}$）的 ε-相。电池中有一个由 SVO 阴极包封的单个中心锂阳极，以此来限制电极之间的接触面积并因此限制电池的额定容量。脉冲测试在 0.8mA/cm^2 的电流密度下进行，对应于 10mA 的总体低电流。电化学电池由 SVO 阴极、锂阳极和在碳酸丙烯酯中的 1mol/L LiBF$_4$ 电解质盐组成。尽管液体电解质的低导电率也限制了这种电池的倍率性能，但溶剂的高沸点使得电池能够耐受高达 125℃ 的高压釜温度。

1986 年，Keister 等人详细介绍了基于 SVO 化学的第一个植入级商品化电池，这是在植入式心脏除颤器中使用 Li/SVO 电池的一个重要里程碑[42]。该系统采用 Ag$_2$V$_4$O$_{11}$ 阴极材料、液态有机电解质和锂阳极，这些被放置在棱柱形密封不锈钢容器内。在对这个电池进行广泛的安全和性能测试时，证明电池能够承受恶劣的条件以及在低持续电流和高电流脉动负载下均能保持原有功能。这种电池的倍率性能大幅度提高部分原因是使用了多板电池设计，以并联配置的方式连接几个阴极板，使得阴极的有效表面积增加，从而能使电池提供更高的电流。该电池使用

2A 脉冲电流进行脉冲测试，远远高于先前研究中进行的 10mA 脉冲测试。

1986 年，Takeuchi 等人进一步改善了 Li/SVO 电池系统在高电流放电条件下的性能[43]。他们研究了一种非水性电解质，这种电解质是由锂盐（$LiSO_3CF_3$ 或 $LiAsF_6$）在 50∶50 的碳酸丙烯酯和二甲氧基乙烷混合物中组成的，该电解质体系对阳极和阴极材料表现出高导电性和良好的稳定性。当电池在阴极区域以 $20mA/cm^2$ 的高电流密度脉冲放电时，可获得高达 76% 的理论容量。在 1987 年，Holmes 等人也报道了这个新开发电池的性能[44]。

一些出版物中继续详细描述了 Li/SVO 电池系统的电化学特性。1987 年，Takeuchi 和 Piliero 进一步研究了锂电池的基于 $Ag_2V_4O_{11}$ 的阴极材料的合成和表征[45]。通过热分解 $AgNO_3$ 和 V_2O_5 的混合物来制备银钒比率为 0.10~1.1 的 SVO 阴极材料。利用这种材料制造锂阳极电池，并在几种不同的负载下放电。主要含有 V_2O_5 的阴极产生的电量最低，而主要含有 $AgVO_3$ 的材料产生的电量要略高一些。脉冲放电条件下，$Ag_2V_4O_{11}$ 阴极在任何材料的测试下均显示出最高的电容和最低的电阻。使用正丁基锂进行阴极材料的化学锂化，并且这些实验表明 $Ag_2V_4O_{11}$ 的理论体积能量密度最高，这与实际的电化学电池数据一致。有趣的是对于不同的阴极材料，观察到的放电曲线也大不一样。由于锂金属阳极的电压在放电期间几乎是恒定的，所以当电池耗尽时，阴极在确定电池电压方面起主要作用。电池电压对这些电池阴极中银钒比的依赖性说明了 SVO 不同阶段所显示的电化学行为的差异。

1987 年，Thiebolt 和 Takeuchi 详细研究了 $Li/Ag_2V_4O_{11}$ 电池在放电过程中 SVO 的电化学还原。在这项工作中，他们在整个 SVO 的电化学放电过程中确定了 5 个电压峰[46,47]。将 $Li/Ag_2V_4O_{11}$ 电池放电至各个阶段并拆卸以研究每个峰区域的阴极组成，使用化学滴定和原子吸收来揭示每个样品中存在的银和钒的总量和氧化态。最值得注意的是，本文首次阐述了 Li/SVO 的低速循环伏安法，使用 $Ag_2V_4O_{11}$ 分析物、石墨导电添加剂和作为黏合剂的聚丙烯酸来制备电极。本实验使用 0.08mV/s 的低扫描速率，在伏安图上得到易于分辨的峰。

1987 年，Bergman 等人做了 Li/SVO 电池的量热分析[48]。他们对电池放电期间的热散在几个电阻负载下进行了阐述，从而以确定电池的长期稳定性。尽管量热测定表明该电池每年自放电率高达 3.4%，但分析放电后存在的剩余锂，表明每年实际自放电率低于 1%。这个差异归因于锂和非法拉第贡献的伴生副反应，电池极化和熵导致的散热很小。

1988 年，Takeuchi 和 Thiebolt 测量了锂在 SVO 电极中的扩散速率[49]。将电池放电至不同的放电程度，使其平衡，然后以高电流脉冲，在脉冲之后，监测电压的恢复以确定锂的扩散速率。能够确定的是对于不同放电程度，电压恢复的速率和幅度不是恒定的，这表明 SVO 的电化学特性随着材料减少而改变。

13.3 银钒氧化物的电池应用

1989年，Bergman和Takeuchi研究了Li/SVO电池的复阻抗特性[50]。在各种放电水平下产生复杂阻抗响应，并且电池被重复存储并脉冲以确定电压延迟。电压延迟是指电池在长时间存储后经受高电流脉冲后的瞬态初始电压下降。预计后续的脉冲不会显示相同的电压降。这项研究记录了850~905mV的电压降，由于电压延迟，电压降为100~150mV。

1990年，Takeuchi等人研究了Li/SVO电池的潜在非医疗应用中的低温性能[51]。在-40℃，恒定电阻负载下，电池只有理论容量的23%，在0℃时，获得理论容量的70%。在脉冲放电下，-40℃时获得理论容量的40%。除了电化学测试之外，电池在短路和挤压条件下都是安全的。设计重物冲击试验以使内部短路，没有观察到由于暴力产生的电池变化现象。

1991年，Takeuchi和Thiebolt研究了密封Li/SVO电池内锂沉积的性质和机理[52]。他们组装中性电池，并在大电流间歇性放电下测量了电解质与阳极之间的电流。该电流与通过破坏性分析电池所测量的沉积锂的量有关。在放电过程中，观察到小的金属锂团沉积在电池内部的非活性组分上。研究结果表明，高倍率下的非均匀放电会引起锂沉积，其中放电过程中的电池取向、电流水平和脉冲放电频率对锂沉积量的确定起着重要作用。

自1993年，一些发表的报告更详细地研究了$Ag_2V_4O_{11}$的合成方法对使用该阴极材料的电池性能的影响。Leising和Takeuchi研究了合成温度对SVO的影响[53]。在320~540℃时用$AgNO_3$和V_2O_5反应制备了$Ag_2V_4O_{11}$。材料的形貌特征表现出温度依赖性，在320℃和375℃时合成的材料为不规则形状的颗粒，而在450℃时合成的材料为小（直径<1μm）针状纳米颗粒。尽管快速放电试验的结果与在320~450℃时制备的阴极材料非常相似，但物理表征表明，合成温度对固体产物性能的测定起着重要的作用。在540℃制备的材料与其他材料有很大的差别。这是由于在540℃时，$Ag_2V_4O_{11}$材料开始软化，冷却时会产生大的含有不同相的板状混合物。

1993年Crespi获得了美国专利，该专利是通过$AgVO_3$或Ag_2O与V_2O_5反应制备的SVO阴极构建的Li/SVO电池[54]。发明人认为，在520℃下进行的化学加成反应产生了$Ag_2V_4O_{11}$，其电化学性能不同于Liang等人在1982年获得的专利中所概述的现有技术制备的材料[40]。Liang等人是在360℃时通过将$AgNO_3$和V_2O_5热分解制备$Ag_2V_4O_{11}$。结果表明，当测试电池用$12mA/cm^2$或$19mA/cm^2$的电流密度脉冲时，520℃时化学合成制备的阴极材料比360℃时热分解所制备的材料具有更高的倍率性能。通过XRD测量，520℃制备的化学合成材料比360℃制备的热分解材料具有更大的结晶度。

1994年Leising和Takeuchi研究了在空气和氩气中于500℃的条件下，用多种不同的银前驱物（包括$AgNO_3$、$AgNO_2$、$AgNO_3$、Ag_2O、$AgCO_3$和Ag）合成

SVO[55]。在相同温度下于空气中，用热分解反应（AgNO$_3$）或化学加成反应（Ag$_2$O 或 AgVO$_3$）所制备的材料在形态、热性能和电化学性能方面相似。有趣的是，XRD 结果显示，在 500℃时通过热分解反应合成的 Ag$_2$V$_4$O$_{11}$ 的结晶度实际上高于通过化学加成反应所制备的 Ag$_2$V$_4$O$_{11}$。通过热分解反应在较高温度（500~520℃）下制备的 Ag$_2$V$_4$O$_{11}$ 结晶度增加，Crespi 和 Chen 于 1999 年重申了该专利[56]。在这项专利中，根据 Liang 等人的方法，发明人主张通过热分解反应于 360℃下制备 Ag$_2$V$_4$O$_{11}$，然后再加热到更高的温度以得到结晶度更高的材料。

1994 年 Leising 等人发表了锂电池中的 SVO 放电反应的详细特征[57]。本研究在 0<x<6.6 范围内制备了 Li$_x$Ag$_2$V$_4$O$_{11}$，并采用物理化学和湿法化学表征相结合的方法对产物的组成进行了鉴定。XRD 结果表明，在 Li+Ag$_2$V$_4$O$_{11}$→Li$_x$Ag$_2$V$_4$O$_{11}$ 的反应过程中，SVO 的还原导致在 0<x<2.4 范围内结晶度降低，同时 Ag$^+$ 还原为 Ag^0。银离子还原成银单质银对电池化学起重要作用，这约占 SVO 阴极材料总容量的 30%，有还原性银单质的 Ag$_2$V$_4$O$_{11}$ 的电导率比最初的 Ag$_2$V$_4$O$_{11}$ 高 5 个数量级。还原性阴极材料的强导电性有助于 Li/SVO 系统显示高倍率性能，这是材料的一个关键特性。当 Li$_x$Ag$_2$V$_4$O$_{11}$ 中的 x 值大于 2.4 时，V^{5+} 被还原为 V^{4+} 和 V^{3+}。当 x 值大于 3.8 时，V^{4+} 还原为 V^{3+} 与 V^{5+} 还原为 V^{4+} 两个过程相互竞争，这导致混合价态物质的形成，即在同一样品中存在 V^{3+}、V^{4+} 和 V^{5+}。

1995 年，Crespi 等人采用高分辨电镜研究了轻度缺银的 Ag$_{2-y}$V$_4$O$_{11}$ 的结构[58]。在放电反应中，在针状 SVO 颗粒的外侧观察到银颗粒，证实了该材料锂化的第一步是还原银。在这个过程中，偶然发现了钒氧化物层的堆叠。

已有关于合成 SVO 阴极材料新途径的报道。1995 年 Takeuchi 和 Thiebolt 申请了专利，这项专利是通过向钒化合物中添加单质银（无水混合物）制备 SVO 阴极材料。并发现氧缺乏的 SVO 化合物，将其设计成可在电池的放电曲线中提供所需形状[59]。继 1996 年的这项工作之后，Takeuchi 和 Thiebolt 申请了几个制备无定形 SVO 的专利，这些方法是通过化学加成反应在足够高的温度下熔化混合物然后快速冷却[60]，还讨论了 P$_2$O$_5$ 掺杂剂的使用。

已有关于电池设计新方法的报道。Crespi 等人[61]和 Skarstad[62]分别在 1995 年和 1997 年提出缠绕式电极设计可以提高设计效率。该电池中每份 Ag$_2$V$_4$O$_{11}$ 要消耗 6.67 当量的锂。所用的结晶 SVO 材料通过组合反应制备。Takeuchi 等人在 1998 年也描述了螺旋缠绕的锂/SVO 电池[63]。该电池实现了 540W·h/L 的体积能量密度，在大于 3Ω 的负载下输送超过理论容量 50% 的电量，并在 2.0A 成功脉冲放电。进行了短路、强制过放电、挤压和充电等安全测试，在这些恶劣条件下，电池没有破裂、排气或泄漏。

1998 年，Gan 和 Takeuchi 确定了阳极表面薄膜成分在 SVO 电池性能中的关键作用[64]。发现添加二氧化碳合成子如碳酸二苄酯和苄基琥珀酰亚胺碳酸酯可减少银钒氧化物电池中的电阻累积和减缓电压延迟。

近来人们对利用新的合成方法制备具有改进电化学性能的 SVO 产生了一些兴趣。2004 年，Xie 及其同事报道了用超声溶胶-凝胶法将 V_2O_5 凝胶合成 $Ag_2V_4O_{11}$ 凝胶[65]。通过钒酸盐缩聚制备 V_2O_5 凝胶，然后直接与 Ag_2O 粉末混合，再超声处理将粉末分散于凝胶中。将得到的 $Ag_2V_4O_{11}$ 凝胶在 50℃ 下真空干燥，然后在 150~450℃ 的空气中加热 10h。X 射线衍射显示 SVO 在 350℃ 时完全结晶。在 30mA/g 下的金属锂放电时，使用溶胶-凝胶法合成的 SVO 比使用标准固态高温合成的 SVO 有更高的电容[24]。

Xie 及其同事继续研究银钒氧化物的溶胶-凝胶合成，并在 2005 年报道了另外的成果[66]。将 Ag_2O 以 1∶1、1∶2 和 1.2∶3 的 Ag/V 比率添加到 V_2O_5 凝胶中，分别得到 $AgVO_3$、$Ag_2V_4O_{11}$ 和 $Ag_{1.2}V_3O_8$ 等产物。与之前的 $Ag_2V_4O_{11}$ 的结果类似，使用溶胶-凝胶法合成的 $Ag_{1.2}V_3O_8$ 比用标准固态法制备的 $Ag_{1.2}V_3O_8$ 具有更高的放电容量[24]。

2006 年，Zhou 及其同事报道了通过流变相法合成 $Ag_2V_4O_{11}$[67]。将符合化学计量比的 Ag_2CO_3 和 NH_4VO_3 混合并在温度为 90~120℃ 的 Teflon 内衬不锈钢高压灭菌器中用水加热，然后取出再在 400~500℃ 的空气中加热以形成 $Ag_2V_4O_{11}$ 产物，为了方便比较，SVO 也使用先前报道的标准固态法合成[24]。流变形成的 SVO 的粒径平均较小，且分布比固态产物的粒径分布窄。当锂金属电池在 30~120mA/g 的电压下放电时，流变形成的 SVO 比固态产品具有更高的比电容。

2006 年，Popov 及其同事研究了银钒氧化物阴极的放电特性[68]。在各种操作条件下研究商业 Li-$Ag_2V_4O_{11}$ 电池，包括在 $0.08mA/cm^2$ 放电电流下的恒电流放电。在这种放电条件下确定了 3 个不同的停滞时期，这归因于银和钒化合物种类的减少。在不同放电程度下拆卸电池，并通过 SEM 进行研究。低于 2.8V 时，欧姆电阻增大，作者认为这是由于导电性差的钒氧化物的形成和银的侵蚀，增加了电子电阻和粒子间电阻。

13.3.2 可再充电的银钒氧化物电池

由于 SVO 的高能量密度（>300mA·h/g），用它作为可再充电阴极材料是很有发展空间的。然而，在 Li/SVO 电池的放电反应期间，还原的银被钒氧化物基质中的锂取代。因此，在充电条件下，这种锂取代银的可逆性仍然是一个争论的问题，下文将对此加以概述。

1991 年，Takada 等人研究了银钒复合物（$Ag_xV_2O_5$）中银嵌入的可逆性，其中材料的制备范围为 $0.3 \leq x \leq 1.0$[69]。银离子导电固体电解质用于研究复合物与银粉阳极的电化学。发现 δ 相（$0.67 \leq x \leq 0.86$）材料具有电活性，而 β 相（$0.29 \leq x \leq 0.41$）则不具有电活性。用 X 射线衍射对电化学嵌入和脱嵌银获得的银钒复合物进行表征。有人提出通过电化学反应获得SVO的新相,其结构不同于在高温下合成的 SVO 相。以 $Ag_6I_4WO_4$ 为固体电解质,阳极和阴极均使用 $Ag_{0.7}V_2O_5$ 以形成可再充电电池。阳极 $Ag_{0.7}V_2O_5$ 的使用量为阴极的两倍,从而使得配置电池阳极中的 $Ag_xV_2O_5$ 的银含量在 0.81~0.90 之间变化,对于阴极中的 $Ag_xV_2O_5$,银含量在 0.30~0.47 之间变化。这将得到运行电压为 0.5~0.25V 的电池,其充电和放电(循环)超过 600 次。然而,值得注意的是,除了电池产生的低电压之外,发现阴极的容量仅为 5~10mA·h/g。

1992 年,Garcia-Alvarado 等人提出了使用 δ 相银钒复合物($Ag_{0.68}V_2O_5$)可制造再充电锂电池的阴极材料[70]。通过 δ-$Ag_{0.68}V_2O_5$ 与 NO_2BF_4 氧化剂去除银,从而生成 $x = 0.4$、0.15、0.04 的 $Ag_xV_2O_5$。首次放电时,$x = 0.68$ 和 0.4 的 $Ag_xV_2O_5$ 阴极电池分别含有 2.9 和 2.7 当量的锂。相比之下,使用含银量较低($x = 0.15$ 和 0.04)的阴极电池显示出较大的极化,锂的初始电容降低了 2.3 和 2.1 当量,并且在第二次循环时电容大幅下降。

1994 年,Garcia-Alvarado 等人继续研究银钒氧化物二次电池,特别是 $Ag_2V_4O_{11}$ 和 $Ag_2V_4O_{11-y}$[71]。使用与他们早期研究相同的合成方法[70],用 NO_2BF_4 氧化SVO原料,生成银含量降低的新型阴极材料。样品在 1.5~3.6V 间的充电和放电过程中观察到多个相。据报道 $Li_xAg_2V_4O_{11}$ 的形成在 $0 \leq x \leq 7$ 的范围内是可逆的,尽管用锂替代银在 $0 \leq x \leq 2$ 的范围内是不可逆的。发现缺氧材料 $Ag_2V_4O_{11-y}$ 最多含有 5.7 当量的锂,从而产生较低的容量。这些新阴极材料都显示出每单位配方的最大容量为 5.7 当量的锂,类似于缺氧材料。

1995 年,West 和 Crespi 研究了温度为 100℃ 时聚合物电解质 $Li/Ag_2V_4O_{11}$ 电池中锂嵌入过程的可逆性,该电池在 2.2~3.5V 之间循环。在还原性阴极的 X 射线散射图谱中确定了金属银的形成,这与 Leising 等人[57]以及 Garcia-Alvarado 等人[71]的发现一致。然而,该研究还表明,在高温(100℃)时,当充电至 3.5V 时,在阴极上形成了 $Ag_2V_4O_{11}$ 的可逆产物。研究者提出在银充电时被氧化并重新进入氧化钒基体。基于在 25℃ 下使用碳酸亚丙基酯液体电解质的 $Li/Ag_2V_4O_{11}$ 电池的充电/放电曲线形状,研究者认为,银在环境温度下也能重新插入氧化钒结构中。$Li/Ag_2V_4O_{11}$ 系统的可逆性很差,当系统充电至 3.5V 时,循环 25 次时容量衰减 80%;当充电至 3.25V 时,循环 25 次时容量衰减 45%。容量衰减定义为与电池的起始容量相比,在循环期间的容量损失百分比。

Kawakita 等人(1997)研究了 $Ag_{1+x}V_3O_8$ 阴极材料的性能,该阴极材料通过 $Na_{1+x}V_3O_8$ 与 Ag^+ 离子的交换反应或 Ag_2O 和 V_2O_5 的固态反应来制备[73]。材料对锂阳极的放电导致银离子移位,并在放电时还原为银金属。与 West 和 Crespi[72]的研究相反,上述研究在充电过程中没有观察到银的氧化和再插入。在系统的循环伏安法中没有观察到对应于 $Ag(0) \rightarrow Ag(I)$ 的阳极峰,证实银不会返回到氧

13.3 银钒氧化物的电池应用

化钒基质中。另外,在充电阴极的 X 射线衍射图中鉴定出金属银。

Kawakita 等人后续研究了银钒氧化物系统的可逆性,并在 1998 年报道了 δ-AgV_2O_5 的应用[74]。通过 3 个可区分的电压平台将大约 3 个当量的锂插入材料中。在第一个区域,Ag(Ⅰ) 被还原为 Ag(0)。在第二区域,δ 相 $Ag_yV_2O_5$ 变为 ε 相 $Li_xV_2O_5$,在第三区域,额外的锂离子被插入到 ε 材料中。一旦 Ag(0) 在放电过程中形成,Ag(Ⅰ) 就不会回到钒酸盐上。

同样在 1998 年,Kawakita 等人通过使用钠离子取代 $Ag_2V_4O_{11}$ 中的部分银离子来制备化学式为 $(Na_yAg_{1-y})_2V_4O_{11}$ 的层状钠 SVO[75]。其放电曲线类似于纯 SVO 的放电曲线,并且在与钒 (V) 还原的竞争中观察到银离子的还原。与放电时变成无定形的 $Ag_2V_4O_{11}$ 不同,$Na_{1.54}Ag_{0.46}V_4O_{11}$ 在深度放电至 2V 时仍显示对应于起始材料的 X 射线衍射。这种材料成功循环,比纯 SVO 观察到的容量损失更小,表明钠可能稳定了材料结构。研究者认为用钠取代一些银会产生柱效应,其中钠离子继续连接材料中的相邻层。

Coustier 等人研究了 Ag(0) 粉末与 V_2O_5 水凝胶反应生成银掺杂的钒氧化物[76~78]。将 V_2O_5 水凝胶的混合物与银粉剧烈混合后直至银被完全氧化。向钒氧化物中加入完全等量的银生成了与 $Ag_2V_4O_{11}$ 中发现的那些对应的多个 X 射线衍射峰的材料。银的加入使 V_2O_5 的电导率增加了 3 倍。阴极由该材料构成并排出锂,插入最多 4 个当量的锂。在循环过程中无银损失。$Ag_{0.3}V_2O_5$ 样品在以 $C/4$ 倍率循环 65 次后保持超过 $250mA·h/g$ 的容量。

Chu 和 Qin 研究了 $Ag-V_2O_5$ 薄膜的合成及其作为电极在二次锂电池中的用途[79]。通过混合符合化学计量比的银粉和 V_2O_5 粉末制备物质的量比为 0.1~0.7 的 Ag/V_2O_5。当使用脉冲激光沉积法,在充满氧的环境中用 355nm 激光照射时,会发现沉积时间可以影响薄膜的结晶度,其中 300℃下沉积 0.5h 的 $Ag_{0.3}V_2O_5$ 薄膜的 X 射线衍射(仅使用稀疏的 100~200nm 晶粒通过扫描电子显微镜)结果表明,其显示无定形而少量的结构。相比之下,在 300℃下沉积 2h 的 $Ag_{0.3}V_2O_5$ 薄膜通过 SEM,结果显示出明显的多晶相 X 射线衍射峰和规则的 20~30nm 的晶粒。无定形 $Ag_{0.3}V_2O_5$ 薄膜电极表现出最佳的电化学性能,在 2℃速率下 4.0~1.0V 的比容量为 $396mA·h/g$,20℃时的容量为 $260mA·h/g$,循环超过 1000 个周期也没有明显的衰减。

Huang 等人继续研究薄膜银氧化钒复合阴极,并在 2003 年报道了 $Li_2Ag_{0.5}V_2O_5$ 阴极的合成和电化学性质[80]。使用脉冲激光沉积,其中靶点由碳酸锂、银和五氧化二钒的混合物以物质的量比 $x:1:2$ ($x=0$、1、2、3、4) 制备。XRD 结果表明 $Li_xAg_2V_2O_5$ ($x=2$、3、4) 复合膜具有与 β-$Li_{0.33}V_2O_5$ 相似的结构。$Li_xAg_{0.5}V_2O_5$ ($x=2$) 阴极的电化学性能优于纯 V_2O_5、$Ag_{0.5}V_2O_5$ 和 $Li_xAg_{0.5}V_2O_5$ ($x=1$、3、4) 膜的电化学性能,结果显示全固态薄膜锂电池具有 $60μA/(μm·cm^2)$ 的容量，电流密度为 $7\mu A/cm^2$。该电池表现出一些可逆性问题，由于薄膜阴极从结晶相到无定形复合薄膜的相变，在初始循环时具有尖锐的容量衰减，并且在随后的 40 个循环中更平缓地衰减，这是由制造薄膜电池而造成的。

Huang 等人（2004）报道了 Ag：V_2O_5 物质的量比为 0.5 的薄膜电极的合成和性质[81]。通过脉冲激光沉积在氧气中制备这些膜，其中使用经 355nm 激光照射通过混合 Ag/V_2O_5 的物质的量比为 0.5 的银和 V_2O_5 粉末制成的目标物。使用经锂化和锂化的 Ag：V_2O_5 物质的量比为 0.5 的薄膜分别作为阳极和阴极电极来组装摇摆型电池。放电容量达到 $22\mu A/(\mu m \cdot cm^2)$，在 $10\mu A/cm^2$ 的电流下容量衰减达 100 次。

Hwang 等（2004）报道了用于薄膜电池的银钒氧化物薄膜的合成和性质[82]。非晶态 V_2O_5 薄膜同时与高纯度金属银靶点共溅射。通过 ICP-AES 分析，银靶射频功率为 10W、20W、30W 和 40W 时的成分分别被确定为 $Ag_{0.1}V_2O_5$、$Ag_{0.3}V_2O_5$、$Ag_{0.8}V_2O_5$ 和 $Ag_{1.8}V_2O_5$。X 射线衍射显示 V_2O_5 或 SVO 没有特征峰，表明未掺杂与 Ag 溅射的膜都是非晶态的。通过 SEM 发现，随着掺杂 Ag 量的增加，沉积膜的表面晶粒尺寸变得更大。所有固态电池均采用未掺杂的 V_2O_5、$Ag_{0.1}V_2O_5$、$Ag_{0.8}V_2O_5$ 和 $Ag_{1.8}V_2O_5$ 薄膜阴极与锂金属进行制备。$Ag_{1.8}V_2O_5$ 薄膜比未掺杂的 V_2O_5 薄膜具有更低的放电容量，研究者将其归因于 $Ag_{1.8}V_2O_5$ 薄膜的大晶粒尺寸。$Ag_{0.8}V_2O_5$ 的放电容量最高，在电流密度为 $20\mu A/cm^2$、终止电压为 1.5~3.6V 的情况下，可产生约 $80\mu Ah/(cm^2 \cdot \mu m)$ 的放电电流，且在 200 次充放电循环中几乎没有电池损耗。

13.4 总结

Ag-V 氧化物是一种具有丰富合成和电化学历史的材料。早期论文报道了材料合成和表征，并特别强调了 SVO 的几个不同相。通过改变反应条件、起始原料和试剂的化学计量比，人们合成了具有不同性质的产物。从已有材料中举个例子，在空气存在下，Ag 与钒氧化物的不同掺入比例可产生 β（$Ag_{0.3}V_2O_5$）相、γ（$Ag_{1.12}V_3O_{7.8}$）相和 ε($Ag_2V_4O_{11}$) 相以及 $AgVO_3$、$Ag_4V_2O_7$ 和 Ag_3VO_4 等物质。此外，这些起始材料在惰性气体中结合也能产生不同的产物，包括化学式一般为 $Ag_xV_2O_5$ 的材料如 α 相（$0 \leq x \leq 0.01$）、β 相（$0.29 \leq x \leq 0.41$）、δ 相（$0.67 \leq x \leq 0.86$）物质。除了 SVO 的物理特性之外，还有一些关于这些材料的化学反应活性的报道。其中的一部分侧重于相变与温度和气体变化的关系，而另一部分以 SVO 作为有机底物氧化的催化剂。综上所述，这些早期 SVO 材料的表征研究为 SVO 的成功商业化应用奠定了重要的基础。

当发现该材料是先进锂电池的一种良好的正极材料后，人们将 SVO 研究的重点转移到了 ε 相上。SVO 作为阴极材料具有很高的倍率性能和电池容量，Li/SVO

电池因此成功商业化应用于植入式医疗器械电源。这种应用的重要性以及 SVO 阴极材料所发挥的重要作用使得近年来关于 SVO 的报道大幅度增加。Li/SVO 电池已经在多个参考文献中证明了它的高度可靠性和安全性。围绕 SVO 正极材料的许多工作也集中在材料的电化学表征上,如详细分析和描述 SVO 的锂化过程。同样,在出版物和专利中已提出许多制备 SVO 的合成方法,以优化其作为主阴极材料的性能。作为不可再充电锂离子电池的延伸课题,一些研究还探讨了 SVO 作为可再充电阴极材料的能力。在关于 SVO 材料的充放电时 Ag 氧化/还原可逆性的文献中仍然存在一些争议。这个问题可能需要进一步研究才能达成共识。考虑到 SVO 化学的复杂性,加上 SVO 的化学性质和 SVO 电池的电化学性能参数之间微妙的、有时不太明确的结构-功能关系,SVO 研究的前景仍然是很光明的。

参 考 文 献

[1] Briton, H. T. S. and R. A. Robinson. 1930. Physicochemical studies of complex acids. Part Ⅳ. The vanadates of silver. J. Chem. Soc. London. 2328-2343.

[2] Briton, H. T. S. and R. A. Robinson. 1933. Physicochemical studies of complex acids. Part Ⅹ. The precipitation of metallic vanadates, with a note on Moser and Brandl's method of estimating vanadium. J. Chem. Soc. London. 512-517.

[3] Deschanvres, A. and B. Raveau. 1964. V-Ag-O-system. C. R. Acad. Sc. Paris. 259: 3553-3554.

[4] Andersson, S. 1965. Hydrothermally grown crystals of silver vanadium oxides bronzes. Acta Chem. Scand. 19: 269-270.

[5] Andersson, S. 1965. The crystal structure of a new silver vanadium oxide bronze, $Ag_{1-x}V_2O_5$ (x. approx. 0. 32). Acta Chem. Scand. 19: 1371-1375.

[6] Hagenmuller, P., J. Galy, M. Pouchard, and A. Casalot. 1966. Recent research on vanadium bronzes. I. Monovalent interstitial elements. Mat. Res. Bull. 1: 45-54.

[7] Fleury, P., R. Kohlmuller, and M. G. Chaudron. 1966. System Ag_2O-V_2O_5. C. R. Acad. Sc. Paris. 262: 475-477.

[8] Galy, J., M. Pouchard, A. Casalot, and P. Hagenmuller. 1967. Oxygenated vanadium bronzes. Bull Soc. Fr. Mineral. Cristallogr., XC. 544-548.

[9] Casalot, A. and M. Pouchard. 1967. New nonstoichiometric phases of the silver oxidevanadium pentoxide-vanadium dioxide system. I. Chemical and chrystallographic study. Bull. Soc. Chim. 10: 3817-3820.

[10] Lukas, I., C. Strusievici, and C. Liteanu. 1967. Vanadate compounds. Ⅷ. Formation of bronzes in the silver vanadate-vanadium oxide system. Z. Anorg. Alg. Chem. 349: 92-100.

[11] Raveau, B. 1967. Studies in the systems vanadium-silver-oxygen and vanadiumcopper-oxygen. Rev. Chim. Min. 4: 729-758.

[12] Drozdov, Y. N., E. A. Kuzmin, and N. V. Belov. 1974. Determination of the crystal structure of

silver vanadate ($Ag_{4-x}V_4O_{12}$) ($x=1.05$) by Shenk's method. Kristallografiya. 19: 36-38.

[13] Volkov, V. L. , A. A. Fotiev, N. G. Sharova, and L. L. Surat. 1976. Phase diagram of the vanadium pentoxide-silver metavanadate system. Russian J. Inorg. Chem. 21: 1566-1567.

[14] Scholtens, B. B. 1976. Diffusion of silver in silver vanadium bronzes. Mat. Res. Bull. 11: 1533-1538.

[15] Andreikov, E. I. and R. L. Volkov. 1981. Catalytic properties of vanadium oxide compounds of silver in the oxidation of o-xylene and napthalene. Kinetika i Katlitz 4: 963-968.

[16] Van Den Berg, J. , A. Broersma, A. J. Van Dillen, and J. W. Geus. 1983. A thermal analysis study of vanadium pentoxide and silver vanadate ($Ag_{0.35}V_2O_5$). Thermochim. Acta. 63: 123-128.

[17] Wenda, E. 1985. Phase diagram of vanadium pentoxide-molybdenum trioxide-silver oxide. I. Phase diagram of vanadium pentoxide-silver oxide system. J. Therm. Anal. 30: 879-887.

[18] Enjalbert, R. and J. Galy. 1986. A refinement of the structure of vanadium pentoxide. Acta Cryst. C42: 1467-1469.

[19] Znaidi, L. , N. Baffier, and M. Huber. 1989. Synthesis of vanadium bronzes $M_xV_2O_5$ through sol-gel processes. I. Monoclinic bronzes (M=sodium, silver). Mat. Res. Bull. 24: 1501-1514.

[20] Vassileva, M. , A. Andreev, and S. Dancheva. 1991. Complete catalytic oxidation of benzene over supported vanadium oxides modified by silver. Appl. Catal. 69: 221-234.

[21] Galy, J. 1992. Vanadium pentoxide and vanadium oxide bronzes—structural chemistry of single (S) and double (D) layer $M_xV_2O_5$ phases. J. Solid State Chem. 100: 229-245.

[22] Deramond, E. , J. -M. Savariault, and J. Galy. 1994. Silver insertion mode in β-$Ag_xV_2O_5$ tunnel structure. Acta Cryst. C50: 164-166.

[23] Crespi, A. M. , P. M. Skarstad, H. W. Zandebergen, and J. Schoonman. 1993. Proc. Symp. Lithium Batt. 93-94: 98-105.

[24] Zandbergen, H. W. , A. M. Crespi, P. M. Skarstad, and J. F. Vente. 1994. Two structures of $Ag_{2-x}V_4O_{11}$, determined by high resolution electron microscopy. J. Solid State Chem. 110: 167-175.

[25] Rozier, P. , J. M. Savariault, and J. Galy. 1996. β-$AgVO_3$ crystal structure and relationships with $Ag_2V_4O_{11}$ and δ-$Ag_xV_2O_5$. J. Solid State Chem. 122: 303-308.

[26] Rozier, P. and J. Galy. 1997. $Ag_{1.2}V_3O_8$ crystal structure: Relationship with $Ag_2V_4O_{11-y}$ and interpretation of physical properties. J. Solid State Chem. 134: 294-301.

[27] Ge, X. and H. Zhang. 1998. Temperature programmed reduction studies of V-Ag catalysts. J. Solid State Chem. 141: 186-190.

[28] Rozier, P. , J. M. Savariault, and J. Galy. 2000. Mat. Res. Soc. Symp. Proc. 575: 113-119.

[29] Takeuchi, K. J. , R. A. Leising, M. J. Palazzo, A. C. Marschilok, and E. S. Takeuchi. 2003. Advanced lithium batteries for implantable medical devices: Mechanistic study of SVO cathode synthesis. J. Power Soc. 119-121: 973-978.

[30] Mao, C. , X. Wu, H. Pan, J. Zhu, and H. Chen. 2005. Single-crystalline $Ag_2V_4O_{11}$ nanobelts: Hydrothermal synthesis, field emission, and magnetic properties. Nanotechnology. 16: 2892-2896.

[31] Sharma, S. , M. Panthoefer, M. Jansen, and A. Ramanan. 2005. Ion exchange synthesis of

silver vanadates from organically templated layered vanadates. Mat. Chem. And Physics. 91: 257-260.

[32] Sharma, S., A. Ramanan, and M. Jansen. 2004. Hydrothermal synthesis of new organically intercalated layered vanadates. Solid State Ionics. 170: 93-98.

[33] Linden, D. 1984. Lithium cells. In Handbook of batteries & fuel cells, D. Linden (Ed.). New York: McGraw-Hill. 11.5-11.6.

[34] Nelson, J. P. 1995. Proc. 12th Int. Semin. Prim. & Sec. Batt., Deerfield Beach, FL.

[35] Brodd, R. J., K. R. Bullock, R. A. Leising, R. L. Middaugh, J. R. Miller, and E. Takeuchi. 2004. Batteries, 1977 to 2002. J. Electrochem. Soc. 151: K1-K11.

[36] Takeuchi, E. S. and R. A. Leising. 2002. Lithium batteries for biomedical applications. MRS Bulletin. August: 624-627.

[37] Holmes, C. F. and M. Visbisky. 1991. Long-term testing of defibrillator batteries. Pace. 14: 341-345.

[38] Takeuchi, E. S. 1995. Reliability systems for implantable cardiac defibrillator batteries. J. Power. Sources. 54: 115-119.

[39] Scholtens, B. B., R. Polder, and G. H. J. Broers. 1978. Some thermodynamic, electrical, and electrochemical properties of silver vanadium bronzes. Electrochim. Acta. 23: 483-488.

[40] Liang, C. C., E. Bolster, and R. M. Murphy. 1982. United States Patent 4, 310, 609.

[41] Keister, P., R. T. Mead, S. J. Ebel, and W. R. Fairchild. 1984. Proc. 31st Int. Power Sources Symp. 331-338.

[42] Keister, P. P., E. S. Takeuchi, and C. F. Holmes. 1986. Cardiostim 86. 463.

[43] Takeuchi, E. S., M. A. Zelinsky, and P. Keister. 1986. Proc. 32nd Int. Power Sources Symp. 268-273.

[44] Holmes, C. F., P. Keister, and E. S. Takeuchi. 1987. High-rate lithium solid cathode battery for implantable medical devices. 1987. Prog. Batt. Solar Cells. 6: 64-66.

[45] Takeuchi, E. S. and P. Piliero. 1987. Lithium/silver vanadium oxide batteries with various silver to vanadium ratios. J. Power Sources. 21: 133-141.

[46] Thiebolt, W. C. and E. S. Takeuchi. 1987. Ext. Ab. Batt. Div. Electrochem. Soc. 29.

[47] Takeuchi, E. S. and W. C. Thiebolt. 1988. The reduction of silver vanadium oxide in lithium/silver vanadium oxide cells. J. Electrochem. Soc. 135: 2691-2694.

[48] Bergman, G. M., S. J. Ebel, E. S. Takeuchi, and P. Keister. 1987. Heat dissipation from lithium/silver vanadium oxide cells during storage and low-rate discharge. J. Power Sources. 20: 179-185.

[49] Takeuchi, E. S. and W. C. Thiebolt. 1988. Ext. Ab. Batt. Div. Electrochem. Soc. 47.

[50] Bergman, G. M. and E. S. Takeuchi. 1989. Voltage delay and complex impedance characteristics of a high-rate lithium/silver-vanadium oxide multiplate battery. J. Power Sources. 26: 365-367.

[51] Takeuchi, E. S., D. R. Tuhovak, and C. J. Post. 1990. Proc. 34th Int. Power Sources Symp. 355-358.

[52] Takeuchi, E. S. and W. C. Thiebolt. 1991. Lithium deposition in prismatic lithium cells during intermittent discharge. J. Electrochem. Soc. 138: L44-L45.

[53] Leising, R. A. and E. S. Takeuchi. 1993. Solid-state cathode materials for lithium batteries:

Effect of synthesis temperature on the physical and electrochemical properties of silver vanadium oxide. Chem. Mater. 5: 738-742.

[54] Crespi, A. M. 1993. United States Patent 5, 221, 453.

[55] Leising, R. A. and E. S. Takeuchi. 1994. Solid-state synthesis and characterization of silver vanadium oxide for use as a cathode material for lithium batteries. Chem. Mater. 6: 489-495.

[56] Crespi, A. M. and K. Chen. 1999. United States Patent 5, 955, 218.

[57] Leising, R. A., W. C. Thiebolt, and E. S. Takeuchi. 1994. Solid-state characterization of reduced silver vanadium oxide from the Li/SVO discharge reaction. Inorg. Chem. 33: 5733-5740.

[58] Crespi, A. M., P. M. Skarstad, and H. W. Zandbergen. 1995. Characterization of silver vanadium oxide cathode material by high-resolution electron microscopy. J. Power Sources. 54: 68-71.

[59] Takeuchi, E. S. and W. C. Thiebolt. 1995. United States Patent 5, 389, 472.

[60] Takeuchi, E. S. and W. C. Thiebolt. 1996. United States Patent 5, 498, 494.

[61] Crespi, A. M., F. J. Berkowitz, R. C. Buchman, M. B. Ebner, W. G. Howard, R. E. Kraska, and P. M. Skarstad. 1995. The design of batteries for implantable cardiac defibrillators. Power Sources. 15: 349-357.

[62] Skarstad, P. M. 1997. Proc. 12th Annual Battery Conf. App. Adv. 151-155.

[63] Takeuchi, E. S. and R. T. Mead. 1988. Proc. 33rd Int. Power Sources Symp. 667-675.

[64] Gan, H. and E. Takeuchi. 1998. Ext. Ab. Batt. Div. Electrochem. Soc. 332.

[65] Xie, J., J. Li, Z. Dai, H. Zhan, and Y. Zhou. 2004. Ultrasonic sol-gel synthesis of $Ag_2V_4O_{11}$ from V_2O_5 gel. J. Mat. Sci. 39: 2565-2567.

[66] Xie, J., X. Cao, J. Li, H. Zhan, Y. Xia, and Y. Zhou. 2005. Application of ultrasonic irradiation to the sol-gel synthesis of silver vanadium oxides. Ultrasonics Sonochem. 12: 289-293.

[67] Cao, X., H. Zhan, J. Xie, and Y. Zhou. 2006. Synthesis of $Ag_2V_4O_{11}$ as a cathode material for lithium battery via a rheological phase method. Materials Letters. 60: 435-438.

[68] Ramasamy, R. P., C. Feger, T. Strange, and B. N. Popov. 2006. Discharge characteristics of silver vanadium oxide cathodes. J. Applied Electrochem. 36: 487-497.

[69] Takada, K., T. Kanbara, Y. Yamamura, and S. Kondo. 1991. Electrochemical studies on silver vanadium bronzes. Eur. J. Solid State Inorg. Chem. 28: 533-545.

[70] Garcia-Alvarado, F., J. M. Tarascon, and B. Wilkens. 1992. Synthesis and electrochemical study of new copper vanadium bronzes and of two new vanadium pentoxide polymorphs: β'- and ε'-V_2O_5. J. Electrochem. Soc. 139: 3206-3214.

[71] Garcia-Alvarado, F. and J. M. Tarascon. 1994. Lithium intercalation in $Ag_2V_4O_{11}$. Solid State Ionics. 73: 247-254.

[72] West, K. and A. M. Crespi. 1995. Lithium insertion into silver vanadium oxide, $Ag_2V_4O_{11}$. J. Power Sources. 54: 334-337.

[73] Kawakita, J., Y. Katayama, T. Miura, and T. Kishi. 1997. Lithium insertion behavior of silver vanadium bronze. Solid State Ionics. 99: 71-78.

[74] Kawakita, J., H. Sasaki, M. Eguchi, T. Miura, and T. Kishi. 1998. Characteristics of δ-$Ag_yV_2O_5$ as a lithium insertion host. J. Power Sources. 70: 28-33.

[75] Kawakita, J., K. Makino, Y. Katayama, T. Miura, and T. Kishi. 1998. Preparation and characteristics of $(Na_y Ag_{1-y})_2 V_4 O_{11}$ for lithium secondary battery cathodes. J. Power Sources. 75: 244-250.

[76] Coustier, F., S. Passerini, and W. H. Smyrl. 1997. Dip-coated silver-doped V_2O_5 xerogels as host materials for lithium intercalation. Solid State Ionics. 100: 247-258.

[77] Coustier, F., J. Hill, S. Passerini, and W. H. Smyrl. 1998. Silver-doped vanadium oxides as host materials for lithium intercalation. Electrochem. Soc. Proc., 98-16: 350-355.

[78] Coustier, F., S. Passerini, J. Hill, and W. H. Smyrl. 1988. Silver-doped vanadium oxides as host materials for lithium intercalation. Mat. Res. Soc. Symp. Proc. 496: 353-358.

[79] Chu, Y. Q. and Q. Z. Qin. 2002. Fabrication and characterization of silver-V_2O_5 composite thin films as lithium-ion insertion materials. Chem. Mater. 14: 3152-3157.

[80] Huang, F., Z. Fu, and Q. Qin. 2003. A novel $Li_2 Ag_{0.5} V_2 O_5$ composite film cathode for all-solid-state lithium batteries. Electrochem. Comm. 5: 262-266.

[81] Huang, F., Z. W. Fu, Y. Q. Chu, W. Y. Liu, and Q. Z. Qin. 2004. Characterization of composite $0.5Ag: V_2O_5$ thin-film electrodes for lithium-ion rocking chair and all-solidstate batteries. Electrochem. and Solid-State Lett. 7: A180-A184.

[82] Hwang, H. S., S. H. Oh, H. S. Kim, W. I. Cho, B. W. Cho, and D. Y. Lee. 2004. Characterization of Ag-doped vanadium oxide($Ag_x V_2 O_5$) thin film for cathode of thin film battery. Electrochim. Acta. 50: 485-489.

[83] Huang, D. 1998. Advanced Battery Technology. 11: 21-23.

[84] Hossain, S. 1995. Rechargeable lithium batteries (ambient temperature). In Handbook of batteries & fuel cells, 2nd ed. D. Linden (Ed.). New York: McGraw-Hill. 36.4.

[85] Linden, D. 1995. Basic concepts. In Handbook of Batteries & Fuel Cells, 2nd ed. D. Linden (Ed.). New York: McGraw-Hill. 1.8.

[86] Linden, D. 1995. Lithium/carbon monofluoride $[Li/(CF)_n]$ cells. In Handbook of batteries & fuel cells, 2nd ed. D. Linden (Ed.). New York: McGraw-Hill. 14.59.